冲压模具
结构设计及实例

钟翔山　主编

CHONGYA MUJU
JIEGOU SHEJI JI SHILI

U0300768

化学工业出版社
·北京·

图书在版编目（CIP）数据

冲压模具结构设计及实例/钟翔山主编. —北京：
化学工业出版社，2016.11（2023.9重印）
ISBN 978-7-122-28244-6

Ⅰ.①冲⋯ Ⅱ.①钟⋯ Ⅲ.①冲模-结构设计
Ⅳ.①TG385.2

中国版本图书馆 CIP 数据核字（2016）第 241407 号

责任编辑：贾　娜　　　　　　　　　　　文字编辑：陈　喆
责任校对：王素芹　　　　　　　　　　　装帧设计：刘丽华

出版发行：化学工业出版社（北京市东城区青年湖南街 13 号　邮政编码 100011）
印　　装：北京七彩京通数码快印有限公司
787mm×1092mm　1/16　印张 17½　字数 468 千字　2023 年 9 月北京第 1 版第 9 次印刷

购书咨询：010-64518888　　　　　　　售后服务：010-64518899
网　　址：http://www.cip.com.cn
凡购买本书，如有缺损质量问题，本社销售中心负责调换。

定　　价：69.00 元　　　　　　　　　　　　　　　版权所有　违者必究

前言

FOREWORD

冲压加工又称板料冲压或冷冲压，是压力加工中的先进方法之一。其生产的各种板料零件，具有生产率高、尺寸精度好、重量轻、成本低并易于实现机械化和自动化等特点。在现代汽车、拖拉机、电机、电器、电子仪表、日常生活用品、航天、航空以及国防工业等各个领域中占有越来越重要的地位。

冲压模具是实现冲压加工的重要工艺装备。冲模设计就是根据所需加工冲压件的形状、精度、生产批量等加工工艺条件设计出安全、实用、先进、可靠的冲模结构，其设计核心是冲模的结构设计。冲模的结构设计是一项涉及面广、技术含量高，富于开拓与挑战、技术综合性和创造性都很强的工作。一套结构完美的冲模，往往要经过设计人员的长期构思、多次修改，多次试模后的改进、完善，有些甚至需要对前人设计的多种实用、巧妙而又典型的模具结构进行再吸收、再创造、再融合设计才能达到要求，这其中凝聚着多少代、多少有名或无名设计人员、模具操作人员等模具人的智慧、心血和汗水！由此可见，冲模结构设计实质上是一个学习和掌握前人的先进模具结构，并在消化、吸收的基础上，进行再创造、再创新的过程。为满足冲模结构设计的实际工作需要，针对冲模设计的实用性、实践性的特点，我们编写了本书。

本书共分8章，第1章介绍了冲压模具常用机构的结构，第2章详细介绍了冲压模具零部件结构设计，后续6章则选取冲压加工中常见的冲裁模、弯曲模、拉深模、成形模、复合模、级进模等各类典型冲模结构实例，分别对其结构特点、工作原理、设计要点等进行系统、全面的介绍。

全书在内容编排上，注重实践，突出重点，简明扼要，坚持以实用为主，做到基本概念清晰、突出实用技能，切合生产实际。全书试图通过对冲压模具结构中所涉及的机构、零部件、模具分系统的结构等设计要素进行全方位的剖析，再辅以常见典型冲模结构的全面讲解，从局部、全局的视角细微、精准把握、理解模具结构，从而帮助读者迅速掌握冲模结构设计的方法，开拓设计思路，提升设计能力，这也是本书想极力解决的问题。

本书由钟翔山主编，钟礼耀、钟翔屿、孙东红、钟静玲、陈黎娟等任副主编，参加资料整理与编写的有曾冬秀、周莲英、周彬林、刘梅连、欧阳勇、周爱芳、周建华、胡程英、李澎、彭英、周四平、李拥军、李卫平、周六根、王齐、曾俊斌，参与部分文字处理工作的有钟师源、孙雨暄、欧阳露、周宇琼、谭磊、付英、刘玉燕、付美等。全书由钟翔山整理统稿，钟礼耀、钟翔屿、孙东红校审。

在本书的编写过程中，得到了同行及有关专家、高级技师等的热情帮助、指导和鼓励，在此一并表示由衷的感谢。

由于编者水平所限，加之经验不足，疏漏之处在所难免，真诚地希望读者批评指正。

编　者

目录
CONTENTS

第4章　典型弯曲模结构设计实例

第5章　典型拉深模结构设计实例

第8章　典型级进模结构设计实例

参考文献

冲压模具常用机构的结构

1.1 送料机构的设计

冲压模具简称冲模，是冲压生产中必不可少的工艺装备，其设计、制造质量直接影响到冲压件的加工质量、生产效率及制造成本。一般说来，冲压件的不同加工工序需要有不同的模具与之配套，而采用不同的加工工艺就需要设计有不同结构的模具与其对应，即使是相同结构的冲压件，若生产批量、设备、规模不同也需要由与之协调的不同模具来完成。冲压加工的这种特点，使模具的结构多样，类型很多。从而使冲压模具的结构设计成为冲模设计的难点及重点。

冲模的结构就是冲模的构造，是构成冲模的众多不同形状和用途的零件，以及由多种零件构成的承担不同功能或有不同作用的机构与装置的巧妙组合。冲模结构的组成除常见的主工作系统（主要由凸模、凹模、凸凹模、镶件、组合拼块、定位销、定位柱、定位板、侧刃等零部件）外，还常使用到以下机构：送料机构，压料、出料机构，侧冲与斜楔机构，侧压、导料机构，安全检测机构等。

所谓送料机构实际上就是将冲压待加工材料按所需的步距正确地送入模具工作面的装置。一般来说，带料多采用自动送料，条料的送进可以采用自动或手动送料。自动送料适用于高速压力机或一般压力机，手动送料适用于一般压力机。

实现冲压自动送料的方法很多，主要有下列几种。

① 在普通压力机上安装自动送料装置。在开式或双柱式等普通压力机上安装由压力机驱动或由模具驱动或独立驱动的辊式、夹持式、钩式、转盘式、气动式、料斗式、滑动式和连续自动送料等各种系列的送料装置。这些装置主要用于中、小型制件和产量不大的制件。

② 将送料装置纳入压力机，构成自动化压力机。如高速自动冲裁压力机、连续自动压力机（多工位自动压力机）、局部冲裁压力机、交叉送料压力机、立式或卧式万能弯曲机（多方位、多滑块压力机）、冲切压力机、步冲压力机、制管压力机等。

③ 单独驱动的自动送料系统装置。如卷料开卷机、卷料矫平开卷机、带矫平器的送料装置、专用机械手、专用装料机、专用卸料机、卷料收卷机等和压力机相配合，可组成冲裁生产线或机械化冲压生产线。

④ 冲压自动生产线。用几台压力机和自动送料、材料处理、卸料、废料处理等装置和其他有关机床组成自动冲压流水线。如手表零件冲压生产线、计算机机罩冲压生产线等。主要用于多工序的制件大量生产。其中包含了非冲压加工工序，如攻螺纹、倒角、扩口、去毛刺、焊

接等工序。

⑤ 数控压力机。由数控编程、回转式冲压装置、数控机床控制装置和（x-y）轴送料装置等组成。

1.1.1 送料机构的种类及工作原理

常见的送料机构主要有：机械式条料送进机构、气动式条料送进机构、组合元件输送机构等几种类型。不同类型的送料机构的驱动，通常需依靠棘轮、槽轮、凸轮等常用机构与压力机的联系来完成，以实现自动送料。

（1）机械式条料送进机构

机械式条料送进机构在生产中应用广泛，常见的主要有以下几种送料方式。

1）辊式送料装置

辊式送料装置是各种送料装置中使用最广泛的一种，既可用于卷料，又可用于条料。按辊轴安装形式，辊式送料有立辊和卧辊之分，生产中用得最多的是卧辊，卧辊又有单边辊式送料和双边辊式送料两种。立辊和单边卧辊送料机构结构和调整简单，占地面积小。

图 1-1 所示为一种在开式压机上采用单边卧辊送料装置的工作原理，送料辊 1 和 2 固定在压机工作台上，在偏心轮 7、连杆 8 和单向离合器 5 等的驱动下，送料辊 2 作周期性的转动，按照一定的速度间歇地把条料送进。上送料辊 1 除转动外，可以竖向移动，送料时利用弹簧 6 的力量紧紧压在条料和下送料辊上，当插入条料时，用特备的手柄将上辊抬起。为避免由于条料上张力的影响损坏模具，在冲压开始前，可借助于装在冲头支臂上的调节螺钉 4 和杠杆 3 把上辊抬起，使压在两辊轴之间的条料松开。这样也有利于用定位销将条料精确定位和有利于对条料进行拉紧。

单边卧辊一般是推式的，少数采用拉式，因为用拉式送料时，为了保证废料有一定的拉力，常常要增加搭边尺寸，且冲压废料表面不规则并带有毛刺，影响送料精度，当采用推式送料时，要求条料必须有一定的刚度，条料的厚度不能太小，一般应大于 0.3mm，否则会在送料过程中使条料挠曲，影响送料顺利进行，同时由于不能把条料送过冲压中心，有一小段条料不能被利用。常用的坯料尺寸，厚度为 0.3～2mm（最大为 5～8mm），宽度一般不超过 250mm。

双边辊式比立辊和单边卧辊送料通用性大，能应用于更薄的条料，保证材料全部被利用。图 1-2 所示是一种安装在压力机上的双边辊式送料装置的工作原理。它由压力机曲轴通过一些杆机构进行驱动，在曲轴端部装偏心轮 4，通过可以调节的连杆 5、拐杆 7，使单向离合

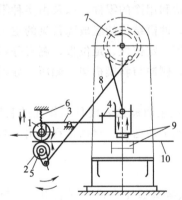

图 1-1 单边辊轴送料装置的工作原理

1,2—送料辊；3—杠杆；4—调节螺钉；
5—单向离合器；6—弹簧；7—偏心轮；
8—连杆；9—模具；10—坯料

器 6 的外壳来回摆动一定的角度，单向离合器使齿轮 8 和左送料辊 3 产生间隙性的转动，上送料辊是靠弹簧压在下送料辊上，由于送料辊与带料之间摩擦力的作用，使送料辊夹持卷料 1 向前移动一段送进距离。

辊轴送料装置的驱动方式主要有拉杆直接传动、连杆-齿轮齿条机构传动、拉杆杠杆传动和斜楔传动、链轮传动、气动和液压驱动。

2）夹持式送料装置

① 夹滚式送料装置　夹滚式送料装置是利用一对或两对作往复运动的滚子，夹住坯料，

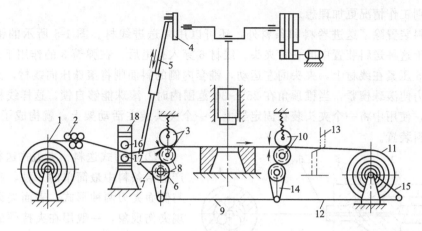

图 1-2 双边辊轴送料装置的工作原理

1—卷料；2—校直辊；3—左送料辊；4—偏心轮；5,9,12—连杆；6,14—单向离合器；7—拐杆；

8—齿轮；10—右送料辊；11—废料卷；13—废料刀；15—杆；16,17—微动开关；18—支架

实现送进的装置，它与辊式送料起到相同的作用。夹滚式送料装置有四种形式，见图1-3。

a. 用两个滚柱直接夹在材料上，夹料比较均匀，因为滚子接触面很小，故它对坯料的局部弯曲不敏感，带材会有局部弯曲现象，对软材料会有夹伤，见图1-3（a）。

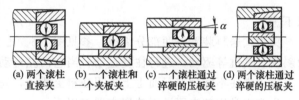

(a) 两个滚柱直接夹　(b) 一个滚柱和一个夹板夹　(c) 一个滚柱通过淬硬的压板夹　(d) 两个滚柱通过淬硬的压板夹

图 1-3 夹滚式送料装置的四种夹料形式

b. 用一个滚柱和一个淬硬的夹板夹料，卷料仍有局部弯曲，见图1-3（b）。

c. 用一个滚柱通过淬硬的压板夹料，对料不会夹伤，见图1-3（c）。

d. 用两个滚柱通过淬硬的压板夹料，这种夹料方法最好，它不会夹伤坯料表面，但对坯料的局部弯曲敏感，见图1-3（d）。

图1-4所示为单面夹滚推进送料装置的工作原理，此装置主要由活动架2和固定架7组成。在活动架内有两个导向架8，上面装有两对滚子3、4，由于弹簧10的拉力作用，导向架8连同滚子总趋向右移，和活动架内侧倾斜12°的斜面相接触。

当摇杆反时针方向摆动时，通过滚子11和挡块12使活动架向右移动，活动架内侧斜面把滚子压向卷料，滚子3、4和卷料之间的摩擦力使滚子楔紧，于是活动架带动卷料向左移动一个送料距离。在这个过程中，卷料和固定架7内滚子的摩擦力使滚子离开斜面而松弛，因此不会阻碍卷料的送进。当摇杆1顺时针方向摆动时，活动架受弹簧5的拉力而向右移动，这时活动架内的滚子3、4放松，而固定架内滚子楔紧，所以卷料在活动架回程时保持不动。

夹滚送料装置具有较好的送料准确度，适用于厚度为0.5～3mm、宽度为100～200mm的条料和卷料，应用于行程次数高达600次/min的压力机上。当送料距离在300mm以内时，其送料精度为±0.03～0.12mm。如果采用双面夹辊

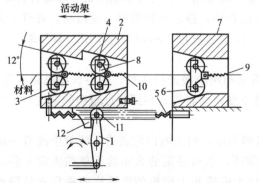

图 1-4 单面夹滚推进送料装置工作原理图

1—摇杆；2—活动架；3,4,6,11—滚子；

5,9,10—弹簧；7—固定架；8—导向架；12—挡块

送料装置，则工作情况更加理想。

夹滚送料装置除了送进卷料和条料外，还可以用来送进线材。图1-5所示的锥形自动夹头，就是用于这种送料装置中的一种夹头。线材6穿入孔里后，在弹簧3的作用下通过锥柱4使3个滚珠5压紧在线材上，夹头向左运动，锥套内侧的斜面则将滚珠压向线材，滚珠和线材之间的摩擦力使滚珠楔紧，当锥顶角在25°～30°范围内时，滚珠能够自锁，这样线材将随着夹头向前运动，使用中将一个夹头装在固定架上，一个夹头装在活动架上，就构成了类似图1-4中那样的送料装置。

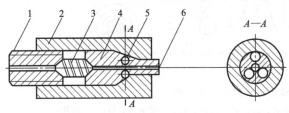

图1-5　锥形自动夹头
1—调节螺钉；2—锥套；3—弹簧；
4—锥柱；5—滚珠；6—线材

② 夹刃式送料　夹刃式送料是冲压生产送给条料中最简单的一种，有表面夹刃与侧面夹刃两种形式。表面夹刃夹料会出现夹伤现象，一般用在夹持硬的材料或冲压件表面质量要求不高处。侧面夹料可以用在送进方的、圆的、扁的材料，以避免表面夹伤。表面夹刃和侧面夹刃也可以一起使用，送料用侧面夹刃，出废料用表面夹刃。夹刃式送料的精度可达到0.15mm以下。

夹刃式送料装置由两部分组成，参见图1-6。Ⅰ为送料夹座，Ⅱ为止退夹座，送料夹座可由斜楔、气缸等驱动，进行往复运动，当它向左运动时，夹刃带着料送进；向右退回时，料被Ⅱ上夹刃夹住不能后退，而Ⅰ上夹刃在料上滑动，完成送进和退回。

生产中常用的夹刃送料装置主要有以下几种：

a. 小进距表面夹刃送料装置。小进距表面夹刃送料装置如图1-7所示，其中：图1-7左面为送料夹座，右面则为止退夹座，弹簧6、10产生的力矩，使夹刃7、11始终有绕圆销8、12逆时针转动而压紧条料的趋势。

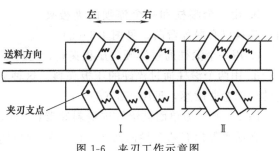

图1-6　夹刃工作示意图

当斜楔1通过滚轮2推动送料夹座3向右运动时，条料被夹刃11夹住不能后退，由于摩擦力的作用，使夹刃7绕圆销8顺时针转动，对条料不起夹持作用；当斜楔回程时，由于弹簧9的作用，推动送料夹座向左运动，夹刃7夹持条料向左送进，同时也由于摩擦力的作用，夹刃11对料放松，不起夹持作用。调节螺钉13的长短可以改变送料进距的大小。

b. 大进距表面夹刃送料装置。如果如图1-7所示利用斜楔进行送料，送料长度总是有限，最大送料距等于斜楔的宽度，如果保持斜楔的宽度不变，而希望送料距超过斜楔的宽度，可以采用如图1-8所示大进距表面夹刃送料装置。

图1-8所示装置的左面为止退夹座，右面为送料夹座，料由右向左送进，装置中间有一级齿轮（大齿轮20和小齿轮12），由于齿轮的放大作用，送料进距的大小就不单纯决定于斜楔和调节螺钉的长短，而被齿轮扩大了。斜楔宽度与大齿轮和小齿轮的齿数比的乘积就是滑板19移动的距离。这样，可通过大、小齿轮的齿数比和斜楔宽度的改变及调节螺钉的调整来获得不同要求的送料进距。

c. 侧面夹刃装置。为防止表面夹刃对金属表面造成夹伤的现象，可采用侧面夹刃装置，

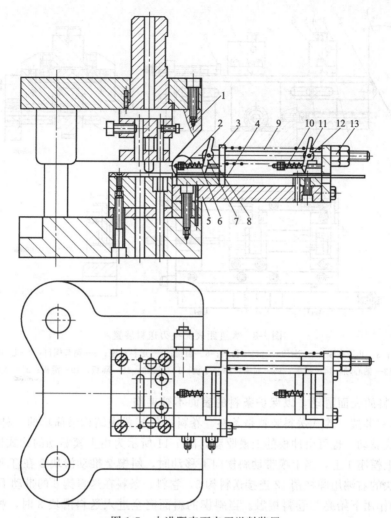

图 1-7　小进距表面夹刃送料装置
1—斜楔；2—滚轮；3—送料夹座；4—条料；5—滑座；6,9,10—弹簧；7,11—夹刃；8,12—圆销；13—螺钉

如图 1-9 所示。它由送料夹座和止退夹座组成，在送料夹座内固定有三对夹刃，止退夹座内固定有两对夹刃，夹刃的安装角度为 60°，刀口的刃磨角度为 75°，夹刃的后部受弹簧 3 的压力，使刀刃压紧在条料的侧面，为了减少弹簧的压力，夹刃的转动支点应接近头部。

该装置的动作过程如下：压力机的曲轴通过驱动装置使摆杆 10 作摇摆运动，当摆杆 10 逆时针方向摆动时，送料夹座 4 被推着向左移动。这时送料夹座内的夹刃 2 夹住条料的侧面送进一个送料距离，由于止退夹座内的夹刃对条料处于放松状态，故不会妨碍条料的送进运动。

当摆杆 10 顺时针方向摆动时，由于弹簧 5 的拉力使送料夹座后退，直到被调节螺钉 7 的头部顶住为止。在这过程中，止退夹座内的夹刃夹住条料使它保持不动。

d. 侧面和表面夹刃联合作用送料装置。有时为保护条料的表面不被夹伤，可采用侧面和表面联合作用送料装置，如图 1-10 所示。图中所示装置表面夹刃夹住废料，侧面夹刃夹住条料的侧面。其中：左面有两组侧面夹刃，6 为定料夹刃，安装在固定底板 3 上，侧面送料夹刃 7 和右面的两组表面送料夹刃 9 安装在移动架 8 上，移动架由气缸 1 驱动。10 为定料夹刃，安装在固定底板 11 上。气缸 1 中的活塞向右运动时，推动移动架 8 向右移动，安装在上面的夹刃 7、9 夹住料向右送进，当气缸中的活塞向左退回时，料被夹刃 6、10 夹住不能后退，夹刃

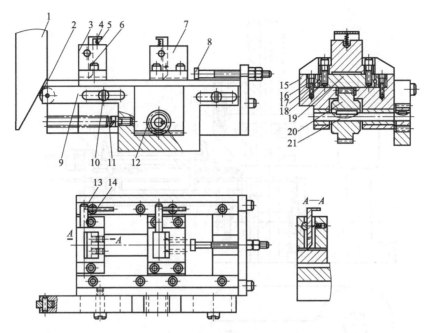

图 1-8　大进距表面夹刃送料装置

1—斜楔；2—滚轮；3—止退夹座；4—夹刃；5,11—弹簧；6—圆销；7—送料夹座；8—调节螺钉；9—齿条架；10—导向钉；
12—小齿轮；13—偏心轴；14—扳手；15—底座；16—导轨；17—滚珠；18—隔板；19—滑板；20—大齿轮；21—轴

7、9 在料侧和料的表面滑动，以保护条料的表面不被夹伤。

　　3）钩式送料装置　钩式送料装置是条料、卷料送料装置中结构最简单的一种，送料钩子可以由压力机滑块驱动，也可由冲模的上模驱动，图 1-11 所示为由上模驱动的钩式送料装置结构。斜楔 2 紧固在上模座 1 上，当上模带动斜楔向下移动时，斜楔 2 推动滑块 3 在 T 形导轨板 10 内向左滑动，滑块的右端用圆柱销 12 连接送料钩 6，卷料、条料在送料钩 6 的带动下向左送进，它在压簧片 11 的作用下始终与卷料接触。当斜楔的斜面完全进入送料滑块 3 时，材料送进完毕，上模继续下行以进行冲裁。上模回程时，送料滑块及送料钩在弹簧 5 的作用下向右复位，送料钩滑起进入材料的下一个料孔，而条料或卷料在压簧片 8 的压力作用下不往后退。

　　图 1-12 所示钩式送料装置是由压力机滑块带动来工作的，角杠杆 5 铰于机架 O 点，两端分别与连杆 6 和钩子 3 铰接。当杆 6 由滑块带动作上下运动时，钩子 3 头部就作往复运动。向右移动时，钩住废料搭边将料 7 向右拉动一段距离，完成送料，返程时因钩子外面为圆弧和斜面，即向左滑过搭边，进入下一个落料孔，准备下次送进。弹簧 4 的作用是使料钩子 3 始终靠近在坯料 1 上。

　　由于钩式送料是用钩子拉着卷料的搭边进行送料，因此只适用于料厚大于 0.5mm，宽度在 100mm 以下，搭边宽度大于 1.5mm 的卷料和条料。

（2）气动式条料送进机构

　　气动送料装置是以压缩空气为动力，三个（组）缸按一定规律与压机滑块配合动作的装置。该装置具有动作灵敏可靠，送料步距可调，送料精度高，且在冲压工作区段条料可浮动等优点，其适用性极强。按照送料形式的不同，气动送料器可分为推料式与拉料式送料器两大类型，两者的主要区别在于推料式送料器送料时条料为受压状态，一般用于条料刚性较好的场合，而拉料式送料器送料时条料为受拉状态，适用于刚性较差的条料及非金属等的送料。气动送料装置与校平机和卷（放）料架一起可组成冲压自动化送料系统。

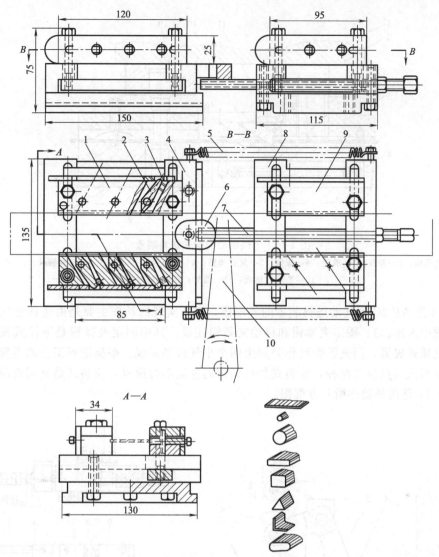

图 1-9　侧面夹刃送料装置

1—送料夹刃架；2—夹刃；3,5—弹簧；4—送料夹座；6—凸块；7—螺母螺钉；8—止退夹座；9—止退刀架；10—摆杆

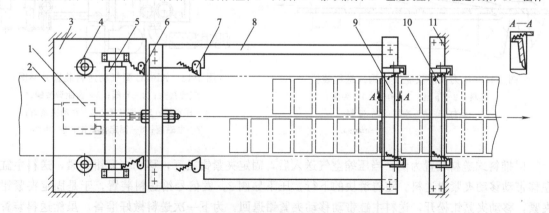

图 1-10　侧面和表面夹刃联合使用装置

1—气缸；2—条料；3,11—固定底板；4—导料滚轮；5—压料辊；6—侧面定料夹刃；
7—侧面送料装置；8—移动架；9—表面送料长夹刃；10—表面定料长夹刃

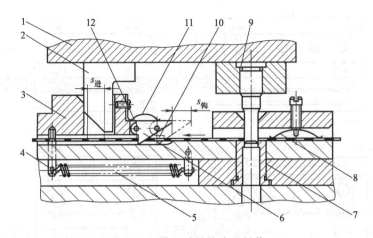

图 1-11　上模驱动的钩式送料装置

1—上模座；2—斜楔；3—滑块；4—螺钉；5—复位弹簧；6—送料钩；7—凹模；8—压料簧片；9—凸模；
10—T形导轨板；11—簧片；12—圆柱销

　　图 1-13 是 AF-2C 型气动送料装置的外形图，它所实现的动作主要是由送料主气缸（在本体 9 内，图中未示出）、固定夹紧钳和移动夹紧钳完成。其中固定夹紧钳是下拉式夹紧，移动夹紧钳是上顶式夹紧，两夹紧钳动作分别由两个小气缸来完成。根据送料工作的需要，该送料装置分为推料式与拉料式两种，推料式是夹紧钳向左运动时送料，拉料式是夹紧钳向右运动时送料。图 1-14 是送料动作循环方框图。

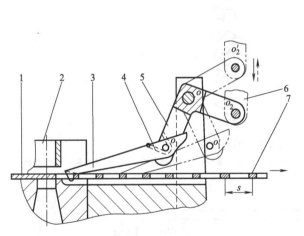

图 1-12　压力机滑块驱动的钩式送料装置

1—坯料；2—下模；3—钩子；4—弹簧；
5—角杠杆；6—连杆；7—废料

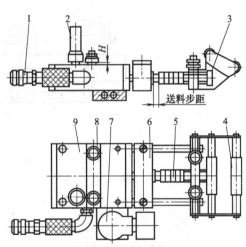

图 1-13　AF-2C 型气动送料装置外形图

1—气源接头；2—导阀；3—齿距调整螺钉；
4—托料架；5—调整圈；6—移动夹紧钳；
7—电磁阀；8—固定夹紧钳；9—本体

　　以推料式送料装置为例。当压缩空气送入后，固定夹紧钳松开，移动夹紧钳夹紧，送料主缸左移带动移动夹紧钳送料。随着滑块的下行，压下导阀 2，发信号给送料装置，于是固定夹紧钳夹紧，移动夹紧钳松开，送料主缸带动移动夹紧钳退回，为下一次送料做好准备。虽然送料装置本身的送料精度较高（±0.025mm 左右），但还不能满足高精度级进模的要求，故在冲压工作前一点，必须将固定夹紧钳也松开，使条料浮起，依靠级进模自身的导正销对条料进行精确导向，这样做可使条料重复定位精度显著提高（可达±0.003mm，主要由模具制造精度确定）。

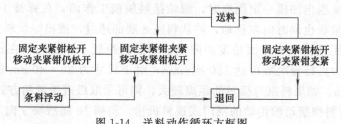

图 1-14 送料动作循环方框图

(3) 组合元件输送机构

组合元件输送机构主要用于毛坯、半成品的自动送料，鉴于所送零件的形状各不相同（片状或块状零件、盘形空心零件、无凸缘的或有凸缘的筒形零件、旋转体零件以及异形零件等），致使送料装置的形式繁多，结构也比条料或卷料送料装置复杂。但就其组成部分而言，主要是送料机构、料斗、分配机构、定向机构、料槽、出件机构及理件机构等。

将毛坯由储料器（料槽、料管等）逐个地、准确地自动送到模具的机构，称为送料机构。送料机构是半成品送料装置的重要组成部分，实际使用的送料机构类型很多，按其结构特点可分为闸门式（送料构件作直线运动）、摆杆式（送料构件作圆弧摆动）、转盘式（送料构件作圆周运动）和夹钳式等。按送料构件的传动形式，各类送料机构又可分为机械的、液压的、气动的和电气机械的四种。

① 闸门式送料机构　多用于片状或块状零件的输送，由于结构简单、安全可靠、送料精度高，在生产中得到广泛应用。闸门式送料机构要求坯料厚度不能太小，一般大于 0.5mm，坯料表面要平整，边缘没有大的毛刺，否则会影响机构的工作可靠性。为保证坯料能顺利推出且每次只推出一件，料匣出料高度应比坯料厚度大 40%~50%，而推板（闸门）上表面比被推坯料上表面低 30%~40%。按传动方式的不同，闸门式送料机构又分为斜楔传动式、杠杆传动式和射流控制式三种。

斜楔传动闸门式送料机构如图 1-15 所示，当压力机滑块下行时，斜楔 4 也下降，推动滚轮，使滚轮支架 6、推板 10 和滑动导板 17 向右移动，推板从料匣 8 退出，行至右端终点停

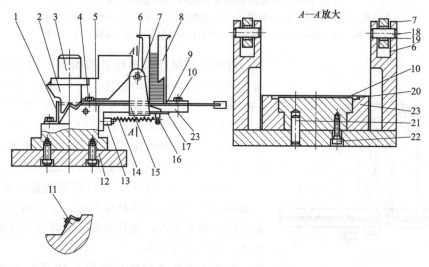

图 1-15 斜楔传动闸门式送料机构

1—定位板；2—凸模；3—模柄；4—斜楔；5—下模；6—滚轮支架；7—滚轮；8—料匣；9—料台盖板；
10—推板；11—凹模压套；12—座板；13—挂钩；14—弹簧；15—滚轮支架座板；16—销钉；17—滑动导板；
18—滚轮轴；19—滚轮轴瓦；20—坯料；21—定位销；22—螺栓；23—送料台

止。当滑块回程冲头退出凹模一定距离时，滚轮接触斜楔工作面，在弹簧 14 的拉力作用下滑动导板向左移动，推板也同时向左移动，并从料匣 8 底部通过，推出一块料送至模具上。斜楔传动闸门式送料进距受斜楔工作面角度的限制，一般进距较小。当坯料在送进方向的尺寸为 20mm 以下时，压力机行程次数可达 150 次/min，对于尺寸为 20～40mm 的坯料，行程次数为 100～120 次/min。如果料匣与模具的距离较大，则可采取级进送进的方式。

图 1-16 所示为斜楔摆动轴传动的闸门式送料机构，斜楔 10 随滑块 9 向下运动而推动导轮 5，使摆动轴 1 向外转动，推杆 12 推动滑板 15 向外退出，推板 16 随着退出料匣 11。滑块回程时，由于摆动轴上扭簧的作用，使摆动轴向内摆动，推杆推动推板向前运动，把料匣中的坯料推到模具上。送料力由扭簧产生，扭簧的结构参数可根据送料进距、坯料大小、料匣中存料高度以及运动部分的摩擦阻力等因素来选取。在一般情况下尽可能选得稍大一些，但不要太大，以免造成安装上的困难。这种形式的送料机构，一般仅用来送进小型块状零件。

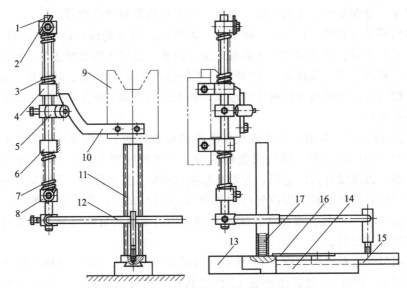

图 1-16　斜楔摆动轴传动的闸门式送料机构

1—摆动轴；2,8—挡圈；3,7—扭簧；4,6—扭簧座；5—导轮；9—滑块；10—斜楔；
11—料匣；12—推杆；13—下模；14—滑座；15—滑板；16—推板；17—块料

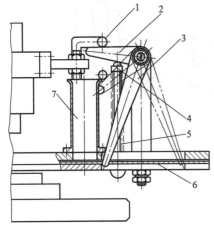

图 1-17　杠杆传动闸门式送料机构

1—压头；2—摆杆；3—推杆；4—顶杆；
5—弹簧；6—推板；7—料匣

杠杆传动闸门式送料机构如图 1-17 所示，当滑块向下运动时，压头推动摆杆 2 向下摆动，顶杆 4 的弹簧 5 被压缩，推杆就使推板 6 空载回程。当滑块向上运动时，摆杆 2 在弹簧力的作用下向上摆动，推板就把坯料推到模具上。这种机构的主要优点是当压力机行程较小时，可以利用杠杆原理得到较大的送料进距。

② 摆杆式送料机构　摆杆式送料机构又称机械手，一般是机械传动，送料精度较高，但结构比较复杂，驱动的结构形式很多，按其能量来源可分为他驱式（滑块驱动）和自驱式两种。

他驱式摆杆送料机构如图 1-18 所示，由压力机滑块驱动，当滑块下行时，滑块把滑柱 2 压下，装在滑柱上的导销 4 也随着向下移动，凸轮 6 在导销的推动下逆时针旋转，焊在凸轮 6 侧面的摆杆 9 也绕轴 5 摆动。当调节螺栓 3 碰到凸轮上端面时，摆杆停止转动，凸轮带动摆杆向下移动，凸轮下的碟簧被压缩，此时摆杆末端的弹性套圈 10 将工件 11 夹住。当滑块回程时，滑柱 2 在弹簧 1 的作用下向上移动，导销 4 推动凸轮 6 顺时针旋转，摆杆把工件送到模具上。当摆杆转到冲压部位时，螺栓 13 顶开套圈活动臂 12，使套圈 10 张开，工件就落到凹模上。

　　自驱式摆杆送料机构如图 1-19 所示，它是自己独立驱动的，实际是一种简易的机械手。电动机经 V 带轮 7、蜗轮 5 减速后带动轴 4。轴 4 上装有凸轮 1、2、6、8。凸轮 1、2 用以控制摆杆上下移动。摆动轴 14 的下部装有碰块 17，带动微动开关 16 并串联行程开关 15，通过电磁铁操纵压力机的离合器。

　　凸轮 8 通过杠杆 10 使摆杆向下，同时凸轮 1 接触微动开关，启动真空泵电机，使吸附器吸住工件。然后凸轮 8 压下杠杆，使摆杆带着工件一起上升，同时凸轮 6 通过顶杆 9 推动摇臂 13，使摆杆顺时针摆动，将工件送至模具上。送料到终点时，凸轮 2 脱开微动开关，使真空泵停止工作，吸附器上的工件因自重而落到下模上。当轴 4 继续转动时，凸轮 6 松开顶杆 9，摇臂在弹簧 11 的作用下逆时针复位。

　　③ 夹钳式送料机构　图 1-20 所示为一种用于手表后盖压商标的半自动送料的夹钳式送料机构。当压力机滑块向下运动时，装于上模 1 两侧的弹性连杆 2 推动滑块 8 向外退出，使装于滑块上的夹钳 6 随着向外退出，尾部斜面受挡块 7 的作用而把钳口松开，将工件放入下模，这时，装在滑块右侧的挡销拨动压料叉 3 将工件准确地压入下模。在夹钳 6 的尾部两侧各有一缺口，通过拨钉 5 带动擒纵叉 4 将工件逐件送出，工件沿着

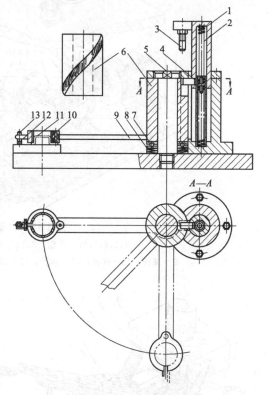

图 1-18　他驱式摆杆送料机构

1—弹簧；2—滑柱；3—调节螺钉；4—导销；
5—轴；6—凸轮；7—接力轴承；8—碟形弹簧；
9—摆杆；10—套圈；11—工件；
12—套圈活动臂；13—螺栓

料槽滑入钳口内。当滑块回升时，连杆 2 带动滑块 8 前进，夹钳在挡块 7 的作用下夹持工件向前送进。

　　为防止出现故障时损坏机构，在连杆内设有保险装置，该装置把连杆分为两段，用拉簧连接在一起组成一个整体。正常送料时，连杆 2 是拉杆，承受拉力，如拉力不超过某一定值时，拉簧不再伸长，此时两段连杆没有相对位移，可精确完成送料工作。当送料部分有故障或阻力过大时，滑块 8 被卡住不动，而压力机滑块还继续向上运动，则连杆 2 中的拉簧被拉长，使连杆伸长而不被破坏。故障排除以后，连杆长度自动恢复正常状态。

　　④ 转盘式送料机构　转盘式送料机构是一种常见的送料机构，按其传动方式可分为摩擦传动的、棘轮传动的和槽轮传动的几种。

　　图 1-21 所示为用于冲制电机转子片的摩擦传动的转盘式送料机构。毛坯放在定位台 3 上，其上的定位键 20 套入毛坯内孔处的键槽中。滑块向下运动时，四连杆机构驱动推杆 17 作往复运动，再通过销轴 18 驱动摩擦圈 12 逆时针转动。牛皮 11 紧包在摩擦盘 10 的圆周上，摩擦圈 12 因牛皮的摩擦力带动摩擦盘转过一个比所要求角度稍大一些的角度，为使毛坯停止在准确

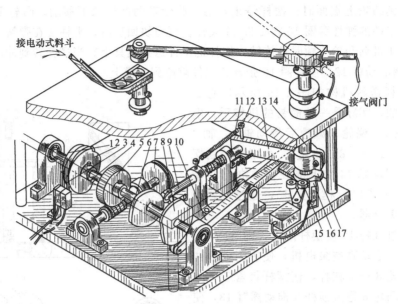

图 1-19　自驱式摆杆送料机构

1,2,6,8,17—凸轮；3,16—开关；4—轴；5—蜗轮；7—带轮；
9—顶杆；10—杠杆；11—弹簧；12—螺栓；13—摇臂；14—摆动轴；15—行程开关

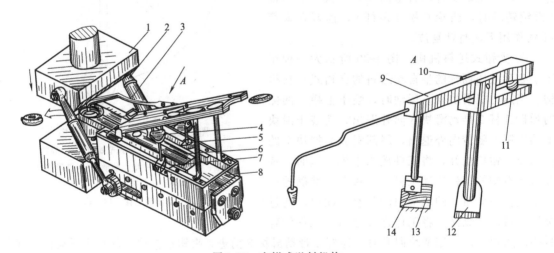

图 1-20　夹钳式送料机构

1—上模；2—弹性连杆；3—压料叉；4—擒纵叉；5—拨块；6—夹钳；7—挡块；
8—滑块；9—杠杆；10—支架；11—弹簧；12—移动架；13—凸轮；14—滚轮

的冲压位置，在冲压前推杆 17 拉着摩擦圈 12 顺时针转动，带动摩擦盘转动一个很微小的角度。这时止推棘爪 15 挡住棘轮圈 14，与棘轮圈 14 刚性联系在一起的摩擦盘 10 也停止转动，毛坯就停止在准确的冲压位置上。摩擦圈 12 在推杆 17 的作用下继续顺时针转动复位。在此过程中摩擦圈 12 与牛皮 11 之间产生相对滑动，消耗摩擦功。推杆 17 移动距离的大小，由调节曲轴左端的偏心距来改变。这种送料机构的送料精度较高，它是由机构本身的制造精度来保证，特别是制造棘轮圈 14 时，分度精度要高。摩擦力的大小应取得适当，过小会引起各次送料转角不等，过大则摩擦圈 12 抱得太紧，机构发热严重。调节螺栓 2 可改变弹簧力的大小，借以调整摩擦力。

图 1-22 所示为棘轮传动的转盘式送料机构。曲轴端部的四连杆机构带动滑块 18 作往复运

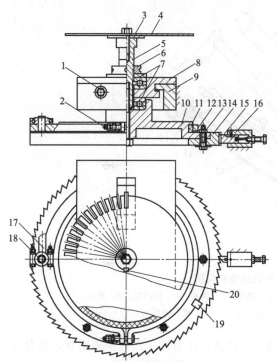

图 1-21　摩擦传动的转盘式送料机构

1—拖板定位螺钉；2—摩擦圈调节螺栓；3—定位台；
4—转子片；5—轴；6—螺母；7—推力轴承；8—拖板；
9—导轨；10—摩擦盘；11—牛皮；12—摩擦圈；
13—螺栓；14—棘轮圈；15—止推棘爪；16—棘爪座；
17—推杆；18—销轴；19—停止撞块；20—定位键

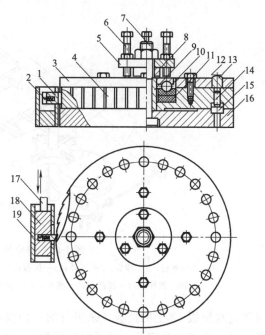

图 1-22　棘轮传动的转盘式送料机构

1—棘爪；2—弹簧；3—模座；4—棘轮；5—压板；
6—微调螺栓；7—螺栓；8—压圈；9—套；10—推力轴承；
11—橡胶圈；12—工件；13—模具；14—顶销；
15—弹簧片；16—底板；17—连杆；18—滑块；19—导板

动，安装在滑块上的棘爪 1 推动棘轮 4 作顺时针方向间歇转动。与棘轮 4 连成一体的模座 3 及模具 13 也按同样的方向间歇转动。滑块 18 在一个工作行程中，棘爪 1 使棘轮 4 转动一次，压力机冲压一次。冲压完成棘轮顺时针方向再转动一定角度后，顶销 14 在弹簧 15 的作用下逐渐升高，顶出工件。由于转动部分惯性较大，送料转角不稳定，影响加工精度，甚至损坏模具。为了克服惯性的影响，机构中部装有制动系统。在推力轴承 10 下面放置橡皮圈 11，微调螺栓 6 通过推力轴承 10 压缩橡皮圈，使其内孔缩小，于是与套 9 之间产生径向压力，棘轮在转动时承受摩擦力矩。当棘爪停止时，转动部分的剩余动能消耗于摩擦功，迫使模具迅速停止。机构的径向定位精度是靠棘轮内孔与套 9 的配合精度以及推力轴承 10 的精度来保证的。此种机构适用于精度要求不特别高的冲压件生产或装配。

　　槽轮传动的转盘式送料机构如图 1-23 所示，主要适用于卧式压力机。如在槽轮机构上装一大转盘，则也可用于立式压力机沿圆周方向送料。工件放在轴 5 上端的模具上，踏下脚踏板，滑板 12 向左移动，离合器的挡块脱开，离合器结合，带轮 17 带动曲轴转动，通过链轮及锥齿轮等的传动，使锁盘 7 逆时针方向间歇转动，从而使模具带着工件作顺时针方向间歇转动。当模具转过 90°时，滑块带动冲头向前冲压。由于滑板 12 向左移动时，杠杆 11 右端的销子 14 在拉簧 13 的作用下插入滑板的孔中，所以冲压后滑块回程时，滑板 12 并不能向右复位，即离合器仍处于结合状态，压力机继续下一个工作循环，一直进行到冲完四个孔（最后一个工位）。此后，装在轴 5 上的拨杆 10 拨动杠杆 11 左端的短销，使杠杆 11 摆动，销子 14 从滑板 12 的孔中退出，滑板 12 在拉簧 15 的作用下向右复位，于是挡块 16 使离合器脱开，曲轴停止转动，带轮空转。这样就达到了连续自动冲压后又自动停车的目的。工件在模具上的定位是利

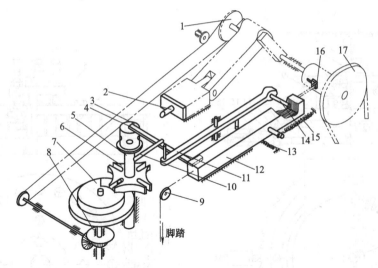

图 1-23　槽轮传动的转盘式送料机构

1—链轮；2—冲头；3—工件；4—挡板；5—轴；6—槽轮；7—锁盘；8—锥齿轮；9—滑轮；

10—拨杆；11—杠杆；12—滑板；13—拉簧；14,15—销子；16—离合器挡块；17—带轮

用固定在滑板 12 上的挡板 4 来进行的。挡板随滑板 12 移动，压力机工作时挡板前移，压住工件。当一个工件冲完后，滑板向后复位，挡板 4 离开模具，以便安装工件。

1.1.2　常用送料机构的结构

　　根据输送对象的不同，送料机构分为一次送料和二次送料两种。凡输送条、带、卷料等原材料用的送料装置称为一次送料机构；而输送毛坯和半成品用的送料装置称为二次送料机构。

　　一次送料装置用于普通压力机上加工的模具，安放于级进模条料入口处，整套模具通过该装置实现送料。二次送料装置主要用于单工序模或复合模的送料，其种类较多，一般经落料得到的外形简单的平板毛坯，需要再进行校平、弯曲、冲孔（槽）、拉深等工序的，可选用滑（推）板式送料装置；一般拉深的半成品需要冲孔（槽）、切边、切底或再拉深等工序加工时，可选用转盘式送料装置等。常用的送料机构主要有以下一些结构形式。

（1）一次送料机构

图 1-24～图 1-35 所示给出了条料和带料常用的送料机构。

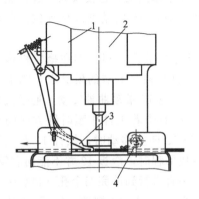

图 1-24　钩式送料机构（一）

1—滑块导轨；2—滑块；

3—送料钩；4—弹簧

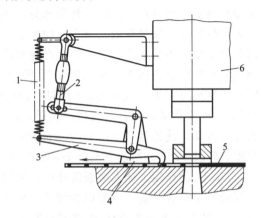

图 1-25　钩式送料机构（二）

1—回拨弹簧；2—调节杆；3—送料钩；

4—固定支架；5—卷料或条料；6—滑块

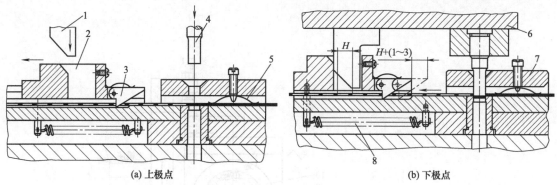

(a) 上极点　　　　　　　　　　　(b) 下极点

图 1-26　钩式送料机构（三）

1—斜楔；2—活动滑块；3—送料钩；4—凸模；5—压簧；6—上模板；7—卸料板；8—弹簧

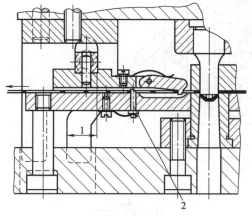

图 1-27　钩式送料机构（四）

1—进距；2—挡料销（防止卷料向后移动）

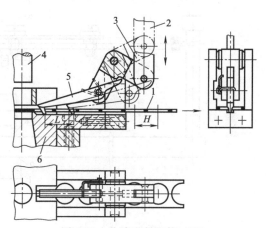

图 1-28　钩式送料机构（五）

1—废料　2,3—连杆（与压力机相连）；4—凸模；
5—送料钩；6—凹模

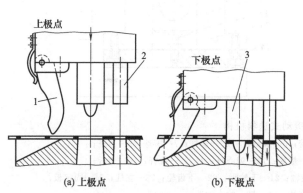

(a) 上极点　　　　　　　(b) 下极点

图 1-29　爪式送料机构

1—送料钩；2—冲孔凸模；3—凸模（带导正销）

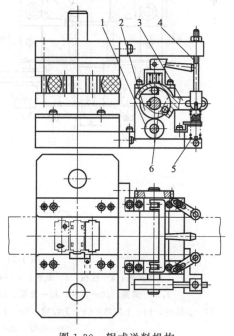

图 1-30　辊式送料机构

1,2—辊子；3—支架；4—蜗杆；5—拉簧；6—超越离合器

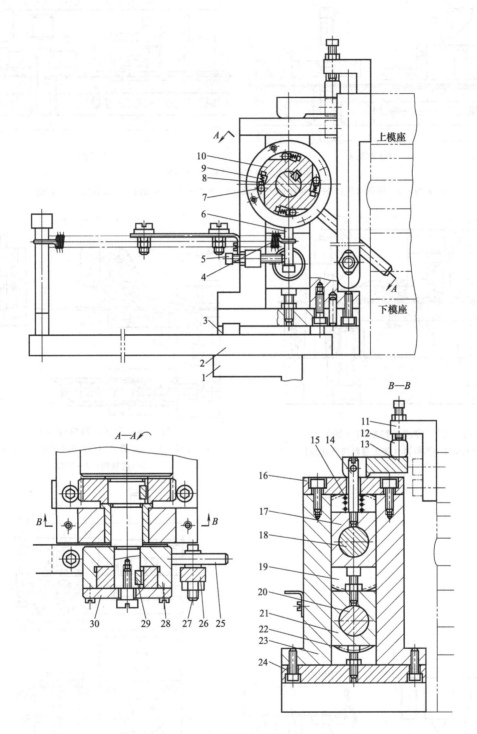

图 1-31　滚动式送料机构

1—连接架；2—拉板；3—底板；4—拉簧；5—螺钉；6,27—螺杆；7—滚珠；8—顶柱；

9,15—弹簧；10—星轮；11—支架；12—垫块；13—偏心杆；14,25—拉杆；16—盖板；

17—上轴承；18—上滚轴；19—上齿轮；20—下滚轴；21—下轴承；22—下齿轮；23—立柱；24—固定板；

26—悬臂；28—壳体；29—键；30—端盖

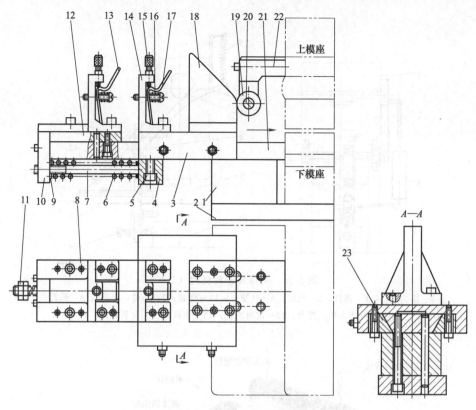

图 1-32 闸式夹持送料机构

1—导块；2—垫板；3—导板；4—模柄；5,15—螺钉；6,16—弹簧；7—双头螺栓；8—定位板；9—垫圈；10—挡板；11—螺母；
12—小垫板；13—定料闸爪；14—支架；17—送料闸爪；18—斜楔；19—滚轮；20—芯轴；21—滑板；22—滚轮架；23—滑块

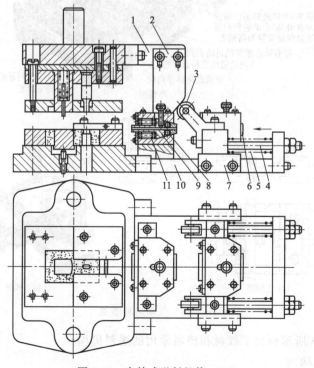

图 1-33 夹持式送料机构（一）

1—支架；2—斜楔；3—滚轮；4—螺杆；5,11—弹簧；6—送料器；7—导板；8—滚柱；9—送料器；10—下座板

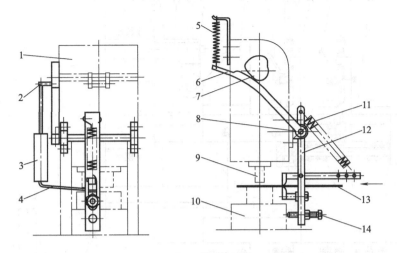

图 1-34　夹持式送料机构（二）

1—压力机；2,6—连杆；3—气筒；4—气管；5,11—弹簧；7—凸轮；8—轴；9—模具；
10—压力机工作台；12—进料连杆；13—卷料；14—调节螺钉

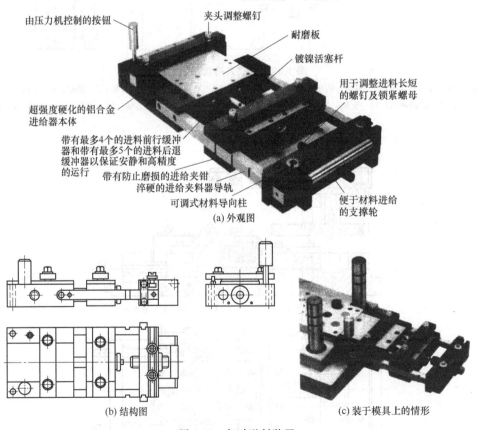

(a) 外观图

(b) 结构图　　　　(c) 装于模具上的情形

图 1-35　气动送料装置

图 1-36～图 1-38 所示给出了线材和棒料常用的送料机构。

(2) 二次送料机构

图 1-39～图 1-44 所示给出了半成品零件常用的送料机构。

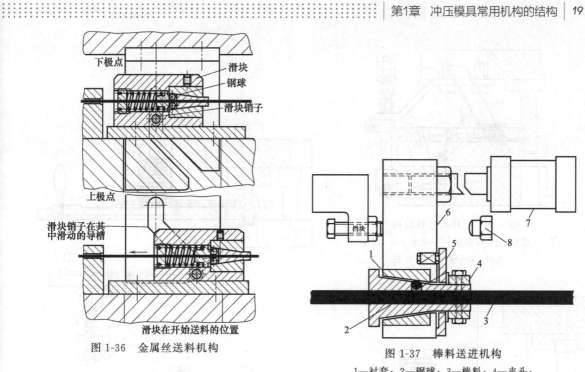

下极点

滑块

钢球

滑块销子

上极点

滑块销子在其中滑动的导槽

滑块在开始送料的位置

图 1-36　金属丝送料机构

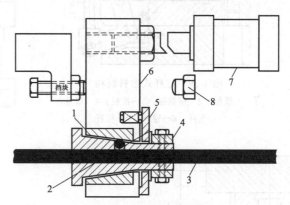

挡块

6

7

1

5

8

2

4

3

图 1-37　棒料送进机构

1—衬套；2—钢球；3—棒料；4—夹头；
5—垫板；6—支臂；7—气缸；8—挡块

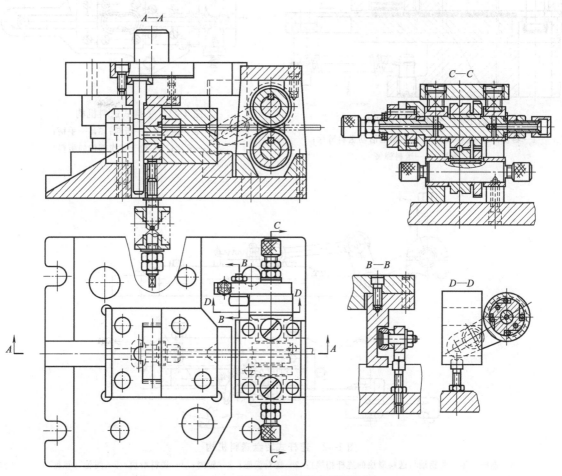

图 1-38　金属丝及棒料辊式送料机构

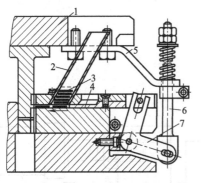

图 1-39 杠杆式送料机构

1—上模板；2—储料匣；3—板料；4—滑片；

5—支臂；6—连杆；7—杠杆

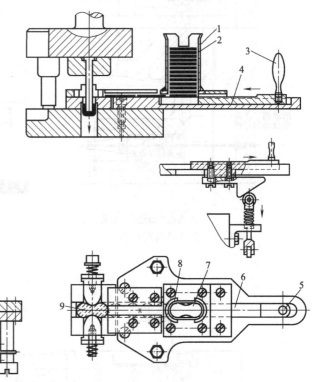

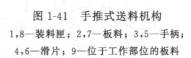

图 1-40 斜楔式送料机构

1—斜楔；2—装料匣；3—可更换的活动送料滑片；

4—滑片；5—送料弹簧

图 1-41 手推式送料机构

1,8—装料匣；2,7—板料；3,5—手柄；

4,6—滑片；9—位于工作部位的板料

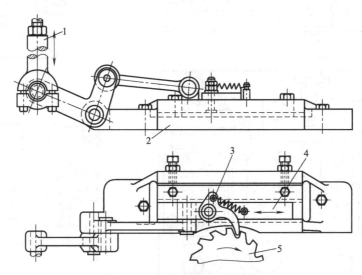

图 1-42 连杆式转盘送料机构

1—连杆（用于曲拐轴与送料滑块的连杆相接）；2—送料板座；3—轮闸；4—送料滑块；5—闸轮（转盘）

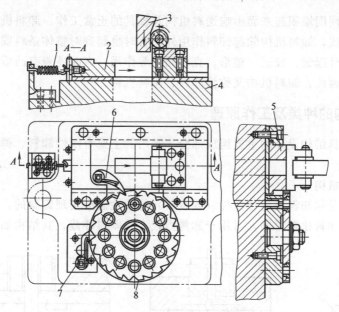

图 1-43　斜楔式转盘送料机构

1—回拨弹簧；2,5—送料滑块；3—楔板；4—下模板；6—轮闸；7—盘的定位爪；8—旋转盘

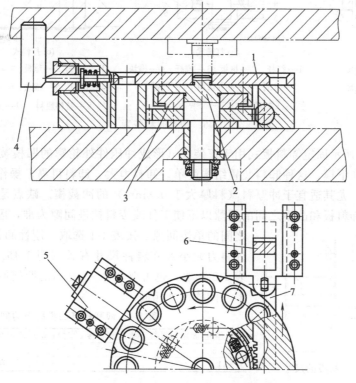

图 1-44　齿条式转盘送料机构

1—转盘；2—转盘座；3—环；4—定位机构的斜楔；5—定位机构；6—斜楔（操纵与齿条连接的滑板）；7—齿条

1.2 卸料机构的设计

在冲压加工过程中，冲模上常需设置卸料机构，以便将冲压下来的工件或废料及时送出，

以免它们在模具的周围堆积起来而影响送料机构及模具的正常工作。卸料机构通常由卸料、推件和顶件等零件组成，卸料机构除起卸料作用外，有时也起到对整体条料或某个工位局部进行镦压，以及防止工件起皱、校正、整形、克服回弹等作用，有时还兼有凸模导向、保护凸模强度等方面的作用。因此，卸料机构又称为卸料、压料机构。

1.2.1　卸料机构的种类及工作原理

卸料机构是模具结构设计的重要组成部分。常用的主要有刚性卸料、弹性卸料和废料切刀卸料三大类。

(1) 刚性卸料机构

刚性卸料机构是靠卸料板与冲压件（或废料）的硬性碰撞实现卸料的，它的卸料特点是卸料力不可调节，但卸料比较可靠，可用于卸料力较大的厚料冲裁，其结构如图 1-45 所示。

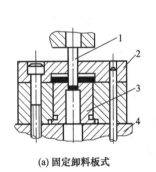

(a) 固定卸料板式

1—凸模；2—固定卸料板；
3—凹模；4—下模板

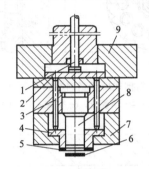

(b) 打料式

1—打杆；2—推板；3—推杆；4—推块；
5—工件；6—冲孔废料；7—凹模；
8—凸模；9—上模板

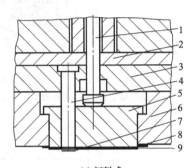

(c) 打料式

1—打杆；2—垫板；3—凸模固定板；
4—凸模；5—推块；6—凹模；7—冲孔废料；
8—落料废料；9—工件

图 1-45　刚性卸料装置

图 1-45 (a) 所示固定卸料板式用于正装模（形成冲压件外轮廓的凹模装在下模的冲模），固定卸料板多装在下模。这种卸料装置结构简单，卸料力大，卸料可靠，操作安全，多用于单工序模和级进模，尤其适宜于冲厚料（料厚大于 0.8mm）的冲裁模。缺点是冲裁件精度和平整度较低。固定卸料板和凸模之间的间隙以不使工件或废料拉进间隙为准，固定卸料板与凸模之间的单边间隙 c 按表 1-1 选取，刚性卸料板的厚度 h_0 与卸料力大小及卸料件尺寸有关（图 1-46），其厚度可参考表 1-2 选取，也可取 0.8~1.0 倍的凹模厚度进行设计，外形与凹模尺寸相同。

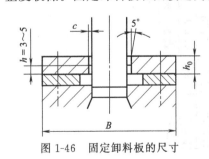

图 1-46　固定卸料板的尺寸

表 1-1　卸料板与凸模的单边间隙　　　　mm

材料厚度	固定卸料板 c	弹压卸料板 c'	材料厚度	固定卸料板 c	弹压卸料板 c'
<0.5		0.05	>1~3	0.3	0.15
<1	0.2	0.10	>3~6	0.5	0.2

表 1-2　卸料板的厚度　　　　mm

冲件料厚 t	卸料板宽度 B									
	≤50		>50~80		>80~125		>125~200		>200	
	h_0	h_0'	h_0	h_0'	h_0	h_0'	h_0	h_0'	h_0	h_0'
<0.8	6	8	6	10	8	12	10	14	12	16
0.8~1.5	6	10	8	12	10	14	12	16	14	18
1.5~3	8	—	10	—	12	—	14	—	16	—
3~4.5	10	—	12	—	14	—	16	—	18	—
4.5	12	—	14	—	16	—	18	—	20	—

图 1-45（b）、(c) 所示打料式卸料装置装在上模，在冲压结束后上模回程时，利用压力机滑块上的打料横杆，撞击上模内的推杆产生卸料作用，将废料或冲压件从凹模中推卸出来，所以又称推件装置。图 1-47 所示为压力机打料装置的工作原理，其中图 1-47（a）、(b) 分别为打料装置的工作初始及终止状态示意图。

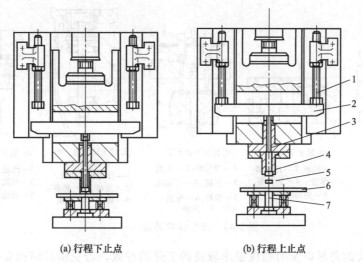

(a) 行程下止点　　　　　　　　　(b) 行程上止点

图 1-47　压力机打料装置的工作原理

1—挡头螺钉；2—打料横杆；3—顶杆；4—凹模；5—冲压件；6—板料；7—凸模

打料式卸料装置主要由打杆、推板、推杆、推块等零件组成，如图 1-45（b）所示。有的打料式卸料装置则由打杆直接推动推块，甚至直接由推杆推件，如图 1-45（c）所示。为保证工作的可靠，各推杆长短要一致，且分布要均匀。推板要有足够的刚度，一般装在上模座的孔内。

推板的平面形状尺寸不必设计得太大，只要能覆盖到连接推杆，且保证本身强度足够便可。图 1-48 所示为推板与推杆的常用布置形式，可根据实际需要选用。

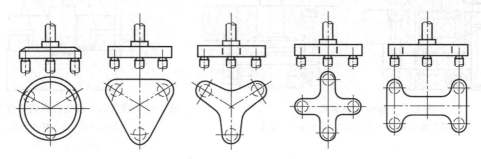

图 1-48　推板与推杆的常用布置形式

(2) 弹性卸料机构

弹性卸料装置是靠弹性零件的弹力、气压或液压力的作用产生卸料力的，具有敞开的工作空间，操作方便，生产效率高，冲压前可对毛坯有预压作用，冲压后可使冲压件平稳卸料，具有卸料力可以调节的特点，主要用于冲制薄料（厚度小于 1.5mm）及要求平整的零件加工。弹性卸料板和凸模的单边间隙一般取 0.1～0.3mm。当弹性卸料板用来作凸模导向时，凸模与卸料板的配合为 H7/h6。其结构如图 1-49 所示。

图 1-49（a）、(b) 所示弹性卸料装置的弹性零件（弹簧、橡胶）可安装在模具的上模内，也可在下模内使用，卸料力依靠装在模具内的弹簧、橡胶等弹性零件获得，由于受模具安装空间的限制，使卸料力受到限制。

图 1-49（c）、（d）所示弹性卸料装置中的弹性零件（弹簧、橡胶）安装在下模板下或压力机工作台面的孔内使用，由于安装空间加大，使卸料力也有所增大。此外，压力机上的附件，如气垫、液压垫等，这些附件多数装设在压力机工作台下面，因此，可按图 1-49（d）所示结构设计模具。

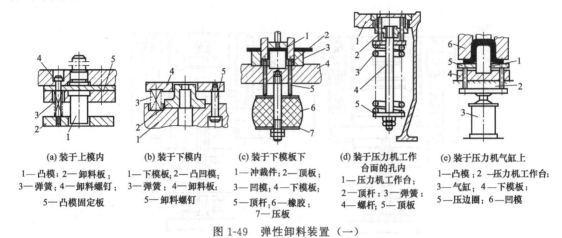

(a) 装于上模内	(b) 装于下模内	(c) 装于下模板下	(d) 装于压力机工作台面的孔内	(e) 装于压力机气缸上
1—凸模；2—卸料板； 3—弹簧；4—卸料螺钉； 5—凸模固定板	1—下模板；2—凸凹模； 3—弹簧；4—卸料板； 5—卸料螺钉	1—冲裁件；2—顶板； 3—凹模；4—下模板； 5—顶杆；6—橡胶； 7—压板	1—压力机工作台； 2—顶杆；3—弹簧； 4—螺杆；5—顶板	1—凸模；2—压力机工作台； 3—气缸；4—下模板； 5—压边圈；6—凹模

图 1-49 弹性卸料装置（一）

此外，对较大的薄板以及对精度要求较高的工件的冲裁，若受模具结构安排或生产设备的限制，也可采用将弹性元件直接安放在推板上的结构，如图 1-50（a）、（b）所示。这种装置出件平稳无撞击，冲件质量较高。其中推板与推杆的布置形式可参见图 1-48 所示设计。

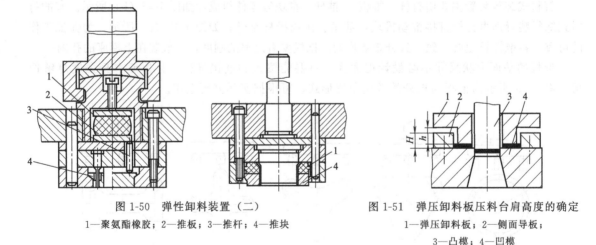

图 1-50 弹性卸料装置（二）

1—聚氨酯橡胶；2—推板；3—推杆；4—推块

图 1-51 弹压卸料板压料台肩高度的确定

1—弹压卸料板；2—侧面导板；3—凸模；4—凹模

弹压卸料板不仅起卸料的作用，同时还起压料的作用，当零件使用侧面导板等定位零件时，参见图 1-51。

此时，弹压卸料板的压料台肩高度 h 按下式计算：

$$h = H - t + (0.1 \sim 0.3)t$$

式中　h——弹压卸料板压料台肩的高度，mm；

　　　H——侧面导板的厚度，mm；

　　　t——板料厚度，mm。

系数——当板料厚度小于 1mm 时，式中系数取 0.3；当板料厚度大于 1mm 时，式中系数取 0.1。

若卸料板同时起导向作用时，卸料板与凸模按 H7/h6 配合制造，且应保证其间隙比凸、凹模间隙小，此外，在模具开启状态，卸料板应高出模具工作零件刃口 0.3～0.5mm，以便顺利卸料。

若弹压卸料板并不提供凸模的导向作用，则参见图 1-52，此时，弹压卸料板与凸模之间的单边间隙 c' 按表 1-1 选取。卸料板的厚度 h_0' 参考表 1-2 选取。

(3) 废料切刀卸料机构

对于大型冲裁件或成形件切边时，由于冲件尺寸大或板料厚度大，卸料力大，因此，往往采用废料切刀代替卸料板，将废料切开而卸料。

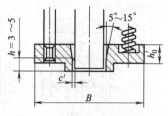

图 1-52 弹压卸料板的尺寸

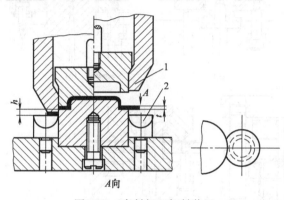

图 1-53 废料切刀卸料装置
1—凹模；2—废料切刀

如图 1-53 所示的废料切刀卸料装置，当凹模 1 向下切边时，同时把已切下的废料压向废料切刀 2 上，从而将其外形废料分段切断。为保证废料的切断，废料切口的刃口长度应比废料宽度大些，刃口应比凸模刃口低，其值 h 大约为板料厚度的 2.5～4 倍，并且不小于 2mm。对于冲件形状简单的冲裁模，一般设两个废料切刀，冲件形状复杂的冲裁模可以用弹压卸料加废料切刀进行卸料。

图 1-54 所示是国家标准中的废料切刀的结构。图 1-54（a）所示为圆废料切刀，用于小型模具和切薄板废料；图 1-54（b）所示为方形废料切刀，用于大型模具和切厚板废料。

1.2.2 常用卸料机构的结构

卸料机构的结构形式较多，常用的卸料机构主要有通过固定卸料板、活动卸料板、弹压卸料板和打料装置或推件装置实现的几种结构。冲模设计时，卸料机构具体结构形式的选用应根据冲模的总体设计进行。图 1-55 所示给出了常见的利用固定卸料板、活动卸料板、弹压卸料板进行卸料的卸料机构结构形式。其中：图 1-55（a）～（d）所示为利用固定卸料板卸料的常见形式；图 1-55（e）所示为利用活动卸料板卸料的常见形式；图 1-55（f）所示为利用弹压卸料板卸料的常见形式；图 1-55（g）～(j) 所示为既利用活动卸料板卸料又利用弹压卸料板卸料的常见形式。

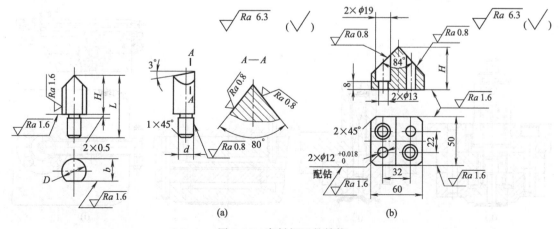

(a)　　　　　　　　　(b)

图 1-54 废料切刀的结构

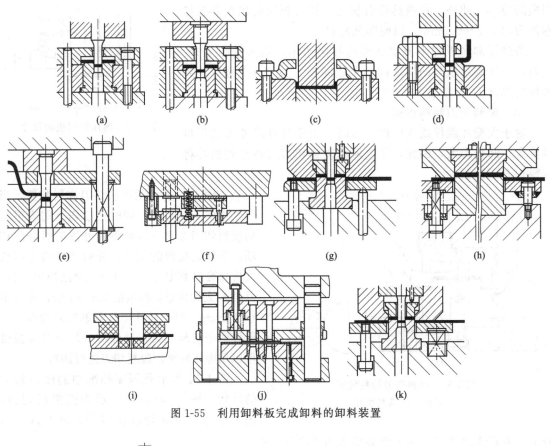

(a) (b) (c) (d)

(e) (f) (g) (h)

(i) (j) (k)

图 1-55　利用卸料板完成卸料的卸料装置

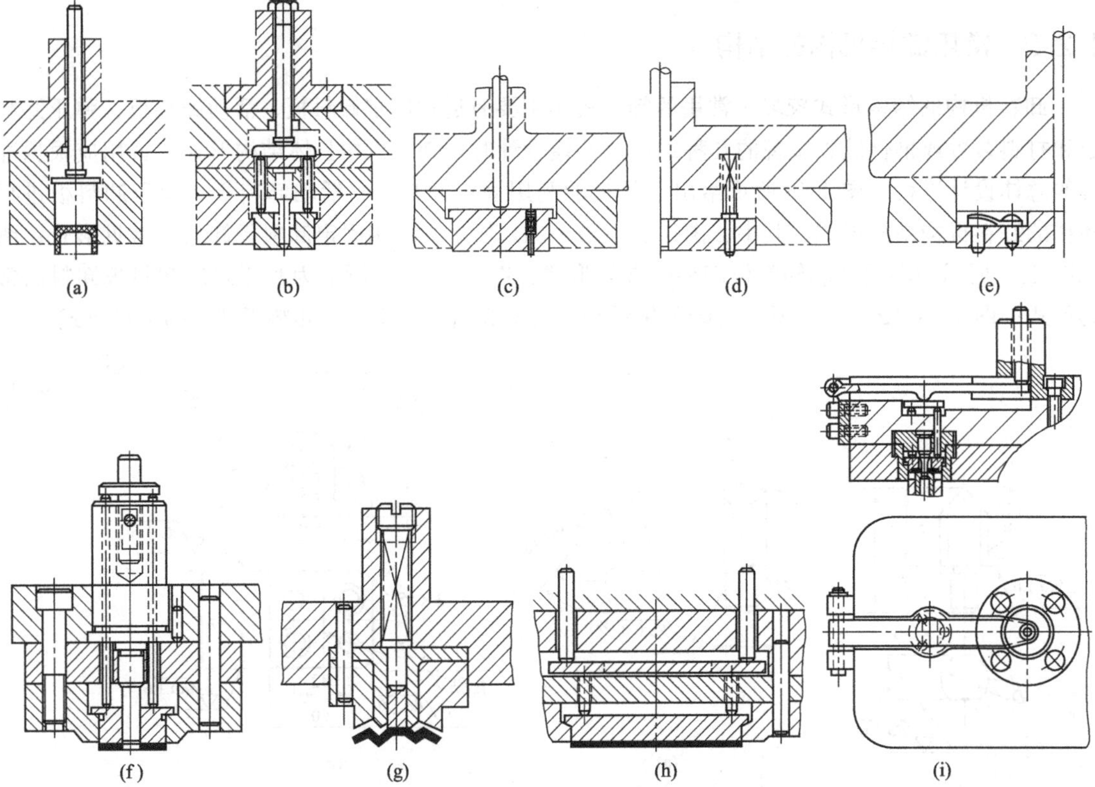

(a) (b) (c) (d) (e)

(f) (g) (h) (i)

图 1-56　上模利用打杆或弹簧顶杆的顶件装置

图 1-56（a）～（i）所示为上模利用打杆或弹簧顶杆的常见形式，图 1-57（a）～（e）为下模利用弹簧垫、橡胶垫、气垫或弹簧顶杆的常见形式；图 1-58 所示为利用气缸顶杆的形式。

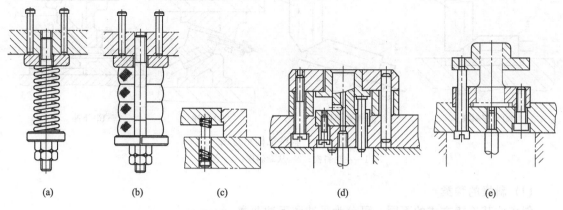

图 1-57　下模利用弹簧垫、橡胶垫、气垫或弹簧顶杆的顶件装置

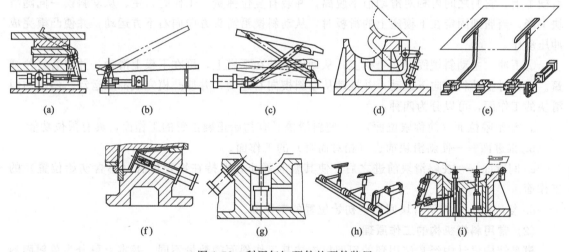

图 1-58　利用气缸顶件的顶件装置

1.3　侧冲与斜楔机构的设计

冲压加工一般为垂直方向，即滑块带动上模作垂直运动，完成加工动作。冲压过程中，有时为了完成某些冲压工序，工作零件的运动方向必须改变。例如，冲程方向自下而上的冲压（回程方向相反）、凸模的水平运动、倾斜运动。相对于自上而下的冲程方向，通常把冲程方向是自下而上的冲压称之为倒向冲压，简称倒冲。把冲程方向为水平和倾斜的冲压称之为侧向冲压，简称侧冲。侧冲主要用来完成弯曲成形、卷圆、侧向冲孔等。在侧向冲压中，主要是靠斜楔和斜滑块成的斜楔机构来完成侧向冲压，斜楔将压力机的垂直方向运动转变为侧向的水平运动或倾斜运动，以满足制件加工方向的需要，采用斜楔机构的模具称斜楔模。

1.3.1　侧冲与斜楔机构的种类及工作原理

斜楔机构是由主动斜楔、从动斜楔和滑道等部件构成的，如图 1-59 所示。其中：主动斜楔为斜楔机构的传动件、驱动件，从动斜楔则配合主动斜楔使用，是从动件。主动斜楔（或称斜楔）安装在上模上，斜楔滑块（或称滑块）安装在下模座或安装件上。

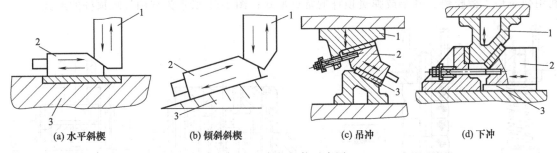

(a) 水平斜楔 　　(b) 倾斜斜楔 　　(c) 吊冲 　　(d) 下冲

图 1-59　斜楔机构示意图

1—主动斜楔；2—从动斜楔；3—滑道

(1) 斜楔的种类

斜楔按其连接方式的不同，可分为吊冲和下冲两类。

① 吊冲　如图 1-59 (c) 所示，主动斜楔 1 固定在压力机滑块上；从动斜楔 2 安装在主动斜楔 1 上，它们之间可相对滑动但不脱离，并装有复位弹簧。工作时，主、从动斜楔一同随滑块下降，当遇到固定在下模座上的滑板时，从动斜楔沿箭头方向向右下方运动，并使凸模完成冲压动作。

②下冲　主动斜楔固定在上模上；从动斜楔装在下模上，可在下模上滑动，并装有复位弹簧。工作时主动斜楔向下运动，并推动从动斜楔向右运动，并使凸模完成冲压运动。斜楔与斜滑块的工作面，可以分为四种：

a. 初始限位面（简称限位面）——使斜滑块具有初始正确位置的工作面，具有限位功能。

b. 推进面——使斜滑块前进（相对而言）的工作面。

c. 间歇面——在斜滑块前进之后，使其暂时静止，保持在特定位置（不含初始位置）的工作面。

d. 复位面——使斜滑块回退至初始位置的工作面。

(2) 常用斜楔机构的工作原理

模具结构设计中经常使用到的斜楔机构按其工作斜面的数量不同，基本上可分为单斜面斜楔和双斜面斜楔及各种复合斜面斜楔。

一般单斜面斜楔的斜滑块靠弹簧复位，而双斜面斜楔有的是由斜楔本身带动斜滑块复位，有的还借助弹簧完成复位。使用斜楔机构时还必须考虑斜楔在斜楔机构中与斜滑块的传动配合面有几段构成。常用的功能组合有：推进单功能、推进间歇双功能、限位推进复位三功能和限位推进间歇复位四功能。它们的结构和工作过程分别如图 1-60～图 1-63 所示。图中的①、②、③和④分别表示限位面、推进面、间歇面和复位面。在单功能和双功能结构中，斜滑块的复位由弹簧完成。在三、四功能结构中，则依靠斜楔完成复位。前者称为弹性复位，后者叫做刚性复位。图 1-62 反映了三功能的特点，图 1-63 反映了四功能的特点。

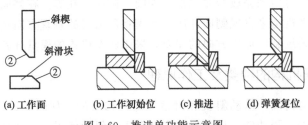

(a) 工作面　　(b) 工作初始位　　(c) 推进　　(d) 弹簧复位

图 1-60　推进单功能示意图

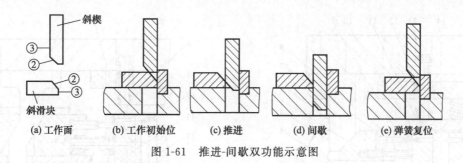

图 1-61　推进-间歇双功能示意图

(a) 工作面　(b) 工作初始位　(c) 推进　(d) 间歇　(e) 弹簧复位

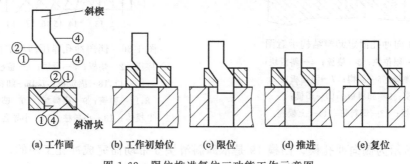

图 1-62　限位推进复位三功能工作示意图

(a) 工作面　(b) 工作初始位　(c) 限位　(d) 推进　(e) 复位

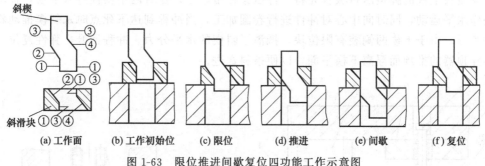

图 1-63　限位推进间歇复位四功能工作示意图

(a) 工作面　(b) 工作初始位　(c) 限位　(d) 推进　(e) 间歇　(f) 复位

(3) 斜楔机构在常用冲模上的应用

　　斜楔机构在冲压模具中应用很广泛，除了常见的完成冲孔、切口、弯曲、刚性分瓣凸模的胀形等加工外，还经常使用在大型复杂形状冲压件（尤其在汽车覆盖件）的修边及翻边、侧冲等工序中。图1-64所示为一斜楔修边模具，上模的垂直运动通过主动斜楔5和从动斜楔4，转换为凸模9的水平运动，实现对工件的修边。

　　在侧冲模的设计中，斜楔结构通常是整套模具设计的重点及难点。侧向冲裁最常见的是工件的两侧冲裁（图1-65、图1-66），制件一般以凹模的外形定位。为便于成形条料顺利送进和套上凹模，在凹模的进料端和上端分别留有适当的导向圆角或斜角。侧向冲裁多工位连续模必须注意及时卸料，卸料方式有固定卸料（图1-65）和弹压卸料（图1-66）两种，卸料机构同时又起导向作用。

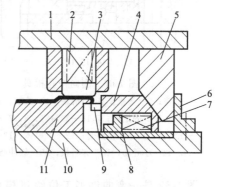

图 1-64　斜楔修边模具

1—上模座；2,7—弹簧；3—压料板；
4—从动斜楔；5—主动斜楔；6—反侧块；
8—滑板；9—凸模；10—下模板；11—凹模

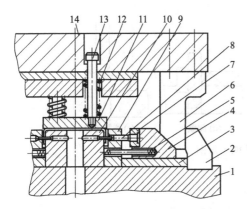

图 1-65 侧向冲孔固定卸料结构示意图

1—底座；2—限位块；3—垫板；4—斜滑块；

5,12—弹簧；6—斜楔；7—固定板；

8—凸模；9—卸料板；10—凹模；

11—压料板；13—卸料钉；14—上模座

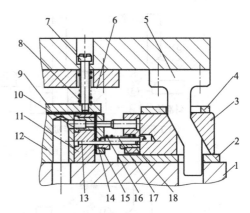

图 1-66 侧向冲孔弹压卸料结构示意图

1—底座；2—垫板；3—滑块；4—盖板；5—斜楔；

6,11,18—固定板；7,16—卸料钉；

8,17—弹簧；9—压料板；10—凹模镶套；

12—下模体；13—小导柱；14—小导套；15—卸料板

图 1-67 所示为侧向冲孔模，凸模 19 是依靠斜滑块 3 带动而完成冲孔工序的。

图 1-68 所示是对称侧向卷圆的典型结构。弯曲的工件半成品套到下模芯上后，上模开始下降，安装在上模的弹簧压料板首先将工件压紧在型芯上，随着两个斜楔进入下模，推动两个斜滑块作水平运动，同时向中心对冲件进行卷圆加工，当冲程到达下死点时，斜楔推动斜滑块使工件整形。由于下模两侧装有限位块，抵消了斜楔的水平分力。冲程回升，弹性复位，制件随条料浮顶器的推顶而浮离下模平面，以便条料送进。

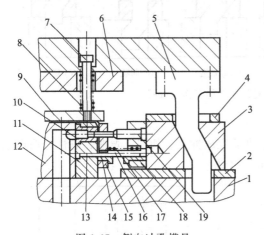

图 1-67 侧向冲孔模具

1—底座；2—垫板；3—斜滑块；4—盖板；5—斜楔；

6,11,18—固定板；7,16—卸料钉；8,17—弹簧；

9—压料板；10—凹模镶套；12—下模体；13—小导柱；

14—小导套；15—卸料板；19—侧冲凸模

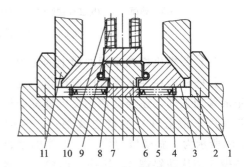

图 1-68 对称弯曲件成形机构示例

1—底座；2—限位块；3—滑动模块；4—芯柱；

5,10—弹簧；6—垫板；7—下模芯；

8—压料板；9—卸料钉；11—斜楔

图 1-69 是一弯曲件多工位级进模中的侧向弯曲成形冲压工位（D 工位）模具结构简图，工件弯曲部分还要内收 45°。复合型面斜楔 6 控制滑动模芯 5 和摆动凸轮块 3，实现制件的侧向挤压成形。上模型芯 7 通过镦实垫块 8 对工件进行整形加工。

图 1-70 是利用斜楔机构完成工件剪切弯曲的模具结构图。工件在此工位从载体上切断并弯曲成形。弹顶器 11 将制件顶出。

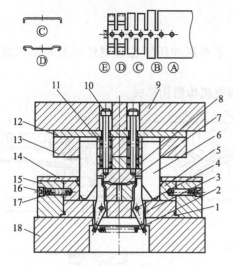

图 1-69　侧压挤钳弯曲成型机构示例

1—支板；2—拉簧；3—凸轮块；4—小轴；5—滑动模芯；
6—斜楔；7—上模型芯；8—镦实垫块；9—上模座；
10—卸料钉；11,17—弹簧；12—垫板；13—固定板；
14—盖板；15—限位挡块；16—丝堵；18—下模座

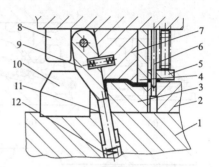

图 1-70　弯曲压型切断侧压模具结构图

1—座；2,4—切断凹模；3,7—压弯凸模；
5—压料板；6—导正销；8—挡块；
9—压型凸轮板；10—斜楔；
11—弹顶器；12—弹簧

随着科学技术的发展，近来利用氮气缸作为动力源的氮气缸斜楔机构在冲模设计中也得到了较为广泛的应用，尤其是在汽车覆盖件冲模中应用更为广泛，图 1-71 为利用氮气缸作为动力源的斜楔机构结构图。

它的工作原理是：整个氮气缸机构作为斜楔机构，其固定座紧固在模座上，图中件 1、2、3 作为斜楔副滑块，在斜楔主滑块（固定在另一模座上）的作用下，推动滚轮，滚轮驱动氮气缸活塞杆 7 及固定在连接座 5 上的冲头，沿滑道运动，实现冲压加工。回程时，缸体内的压缩氮气使斜楔复位。

氮气缸斜楔机构可实现下斜楔侧冲［图 1-72（a）］和吊冲［图 1-72（b）］等各种类型的冲孔加工。其主要优点有：机构紧凑，安装使用方便；氮气缸可获得较大的复位力，并具有强力预压功能；能在整个工作行程中，保持力恒定不变，提高了工作质量；简化了模具结构及设计；机构工作复位安全可靠，维修方便。

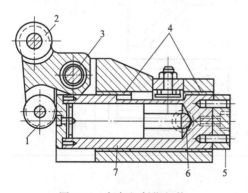

图 1-71　氮气缸斜楔机构

1,2—滚轮；3—轴承；4—衬套；
5—连接座；6—连接轴；7—氮气缸活塞杆

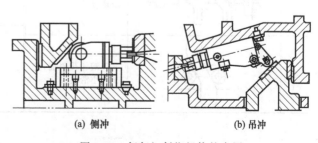

(a) 侧冲　　　　(b) 吊冲

图 1-72　氮气缸斜楔机构的应用

1.3.2 常用侧冲与斜楔机构的结构

在模具设计中采用什么结构形式的斜楔机构，须根据冲压工艺和制件加工的要求加以确定，常用的侧冲及斜楔机构主要有以下结构形式。

图 1-73 给出了滑块需完成不同的运动方式的斜楔机构结构形式。

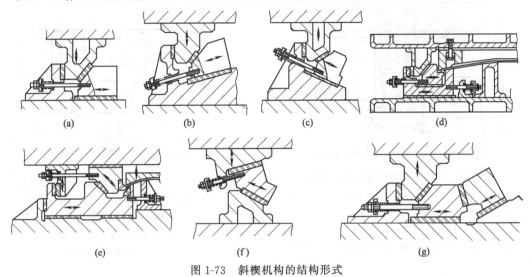

图 1-73 斜楔机构的结构形式

表 1-3 给出了斜楔机构中常见的滑块复位机构。

表 1-3 斜楔机构中常见的滑块复位机构

序号	结构形式	说　明	序号	结构形式	说　明
1		由于空间位置限制,只能用较小的弹簧,复位力较小	5	1—限位块；2—辅助弹簧	斜楔较短,可避免伸入模座,但滑块需要限位块 1 定位,并由弹簧 2 保持固定位置
2		弹簧复位力较大	6	A—A	斜楔与滑块不能脱开
3		利用斜楔回程使滑块复位	7	气缸	利用气缸复位,用于大型冲模
4		以滚轮代斜面,用于较小滑块			

1.4 侧压、导料机构的设计

无论是简单模、复合模还是级进模，为保证所冲板（带）料送进时在模具中的准确位置，在冲模结构设计时，都应包含有导料机构的设计，有时为保证导料的准确性，还需进行侧压装置的设计。对于自动化程度要求不同的冲模，其对板料导正、送进的精度要求也有所不同，因此，其导料机构、侧压机构的结构设计差别也很大，有时，甚至成为一套模具设计是否实用、是否成功的关键。

1.4.1 侧压、导料机构的种类及工作原理

应该说明的是：尽管侧压机构及导料机构是两套各自独立的机构，但两者又是相互联系的，一般说来，侧压机构仅仅是配合导料机构导正的辅助机构，一套冲模中，不论其是复杂模还是简单模，都一定需要有导料机构，但却未必有侧压机构。由于侧压机构及导料机构在整套模具结构中起定位作用，故统称为定位零件，而根据其定位方式的不同，又分别称为导料、挡料零件等。

(1) 导料装置与元件

冲压时为了操作方便，在可能的情况下，应尽量采用条料形式送进。导料装置的作用就是要在送进过程中，限制条料的横向平移，保证条料沿着正确的方向送进。常见的导料元件有导料板、侧刃装置、侧压装置等。导料板一般有两块，位于凹模端面上，分布于两侧，有三边与凹模或凹模和承料板的边缘平齐，形成了中间的条料槽（图 1-74），允许条料沿宽度为 B_0、长度为 L 的槽内纵向移动，限制了条料的横向平移和转动。

导料板的结构、尺寸等参数与凹模尺寸及导料形式有关。导料形式可分为无侧压导料（图 1-75）、有侧压导料（图 1-76）、单侧刃导料（图 1-77）和双侧刃导料（图 1-78）。

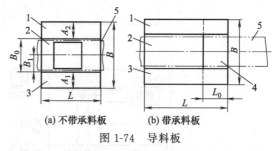

(a) 不带承料板　**(b) 带承料板**

图 1-74　导料板

1,3—导料板；2—凹模；4—承料板；5—条料

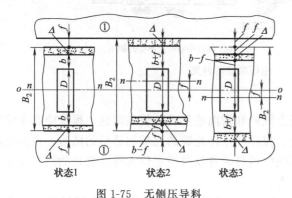

状态1　　**状态2**　　**状态3**

图 1-75　无侧压导料

f—条料与导料板的间隙；Δ—条料剪切误差；

b—条料最小侧搭边；D—工件最大的横向尺寸

图 1-76　有侧压导料

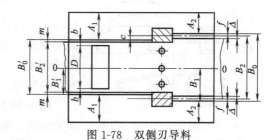

图 1-77　单侧刃导料　　　　　图 1-78　双侧刃导料

条料沿导料板送进，两者之间存在间隙，为了保证导料板更精确地定位，在导料装置中还可再加上侧压装置，避免送料时条料在导料板中摆动，其侧压力靠弹性元件提供，侧压板（块）及弹性元件等构成了可动的弹性侧压装置，侧压装置将迫使条料向基准定位板贴靠，如图 1-79 所示。其中图 1-79（a）所示装置采用弹簧片侧压，侧压力小，压力不可调整，适用于小条、薄料（料厚 δ＜1mm）；图 1-79（b）所示侧压板侧压力较大，压力可调，适用于宽条、厚料；图 1-79（c）中所示装置的侧压力较大而且均匀，一般只限用在进料口，其结构复杂；图 1-79（d）中所示的侧压装置能保证中心位置不变，不受条料宽度误差的影响，常用于无废料排样上，但此结构较为复杂。

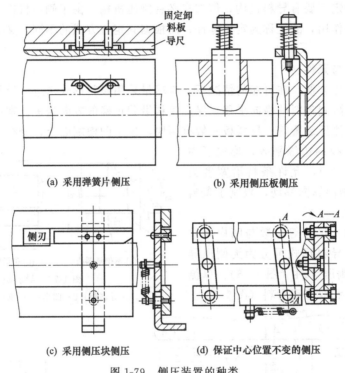

(a) 采用弹簧片侧压   (b) 采用侧压板侧压

(c) 采用侧压块侧压   (d) 保证中心位置不变的侧压

图 1-79　侧压装置的种类

(2) 挡料装置及送进定位元件

挡料装置的主要作用就是要限制条料在纵向和横向的移动，使条料送入模具中有正确的位置，毛坯或半成品在模具上能够正确定位，保持冲压件轮廓的完整和适量的搭边。根据毛坯形状、尺寸及模具的结构形式，可以选用不同的挡料装置及送进定位元件，常见的挡料及送进定位元件有挡料销、定位板、导正销和侧刃等。

挡料销的作用是在给予条料或带料送料时确定送进距离。主要有固定挡料销、活动挡料销、自动挡料销、始用挡料销和定距侧刃等。

固定挡料销的结构简单，常用的为圆头形式［图 1-80（a）］，一般装在凹模上，适用于带固定卸料板和弹性卸料板的冲模中。当挡料销孔离凹模刃口太近时，可采用钩形挡料销［图 1-80（b）］，但此种挡料销由于形状不对称，需要另加定向装置，适用于冲制较大较厚材料的工件。

图 1-81 所示为活动挡料销，其中图 1-81（a）、（b）所示为伸缩式，常用在带有活动的下卸料板的敞开式冲模上，挡料销后端带有弹簧或弹簧片，冲压时随凹模下行而压入孔

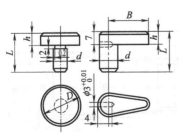

(a) 圆头挡料销　　(b) 钩形挡料销
图 1-80　固定挡料销的种类

内，图 1-81（c）所示又叫回带式活动挡料销，是靠销子的后端面挡料的，适用于冲裁窄形工件（6～20mm）和一般工件。

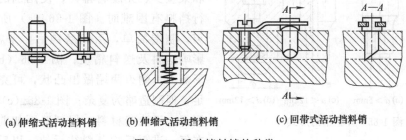

(a) 伸缩式活动挡料销　　(b) 伸缩式活动挡料销　　(c) 回带式活动挡料销

图 1-81　活动挡料销的种类

图 1-82 所示为自动挡料销，采用这种挡料销时，无需将料抬起或后拉，只要冲裁后将料往前推，便能自动挡料，故能连续送料冲压。

图 1-83 所示为始用挡料销，又称临时挡料销，一般用在级进模条料送进时的初始定位，常与固定挡料销配合起辅助定位作用，用时向里压紧，常用的结构有图 1-83 所示的三种结构形式。

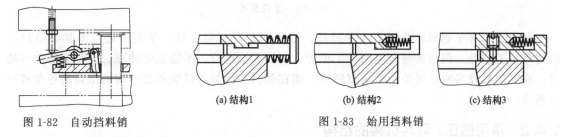

(a) 结构1　　　　　　(b) 结构2　　　　　(c) 结构3

图 1-82　自动挡料销　　　　　　　图 1-83　始用挡料销

定位板、定位钉一般用于对单个毛坯的定位，主要形式如图 1-84 所示，其中：图 1-84（a）～（d）所示为用制件外轮廓定位，图 1-84（e）、（f）所示为用制件内孔定位。

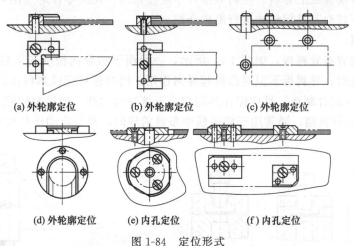

(a) 外轮廓定位　　　　(b) 外轮廓定位　　　　(c) 外轮廓定位

(d) 外轮廓定位　　　　(e) 内孔定位　　　　(f) 内孔定位

图 1-84　定位形式

导正销多用于级进模中，冲压时与侧刃、导料板等定位元件相配合，插入前工位已冲好的孔中进行精确定位，导正销装配在第二工位以后的凸模上，导正销的形式及适用情况如图1-85所示。

侧刃定位是用侧刃在条料一旁或两侧切去少量材料来达到控制条料送料距离的目的的（图

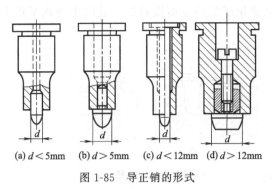

(a) $d < 5mm$ (b) $d > 5mm$ (c) $d < 12mm$ (d) $d > 12mm$

图 1-85　导正销的形式

1-86），由于采用侧刃定距浪费材料，所以一般用于冲制窄而长的制件（进距小于 $6 \sim 8mm$）和某些少、无废料排样，使用别的挡料元件进行挡料有困难时。图 1-86（a）所示为矩形侧刃，制造简单，后角磨钝后，条料易出毛刺，影响送料及送料精度；图 1-86（b）所示为成形侧刃，侧刃两端做出凸状，可克服前者的不足，但制造略为复杂；图 1-86（c）所示为尖角侧刃，不浪费材料，但制造不如前者方便，需在每一进距后把条料往后拉，以后端定距。侧刃定位结构比较简单，制造容易，采用较多。

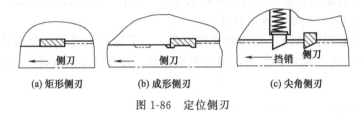

(a) 矩形侧刃   (b) 成形侧刃   (c) 尖角侧刃

图 1-86　定位侧刃

侧刃布局有单侧刃和双侧刃两种形式，参见图 1-77、图 1-78。单侧刃通常安排在条料入口的第一工位处，但当条料走完第一工位后，末端无法定位，不能正常冲压。为了克服这一缺点，在工位数较多时，可采用对角双侧刃，即在条料一侧的入口端和另一侧的出口端各布置一个侧刃。

1.4.2　常用侧压、导料机构的结构

在通常常见的模具结构设计中，侧压及导料机构基本上已标准化，并且不作严格的区分，其结构可从相关冲模标准的导料、挡料等零件中进行选用，相关零件的选用可参见本书第 2 章的相关内容。以下仅对其常用结构进行简单介绍。

(1) 导料装置

常见的导料装置有导料板，如图 1-87 所示，一般用于对导向精度要求较高的冲模或导板式冲模结构中，此时，导料板不但对凸模起导向作用，同时还可完成卸料作业，导料板与凸模间隙一般按 H7/h6 配合制造，且应保证其间隙小于该冲模的凸、凹模间间隙。

图 1-88 所示为导料销，通常用于级进模中条料的导向，常与自动送料机构配合使用。

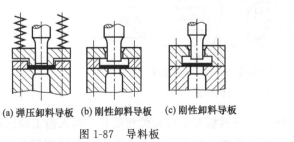

(a) 弹压卸料导板   (b) 刚性卸料导板   (c) 刚性卸料导板

图 1-87　导料板

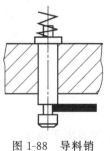

图 1-88　导料销

(2) 侧压装置

板料送进过程中常采用的侧压装置如图 1-79 所示。

(3) 挡料装置及定位元件

常用的挡料装置及定位元件如图 1-80～图 1-86 所示。图 1-89～图 1-93 所示分别给出了常用的挡料装置及定位元件在冲模上的使用情形。

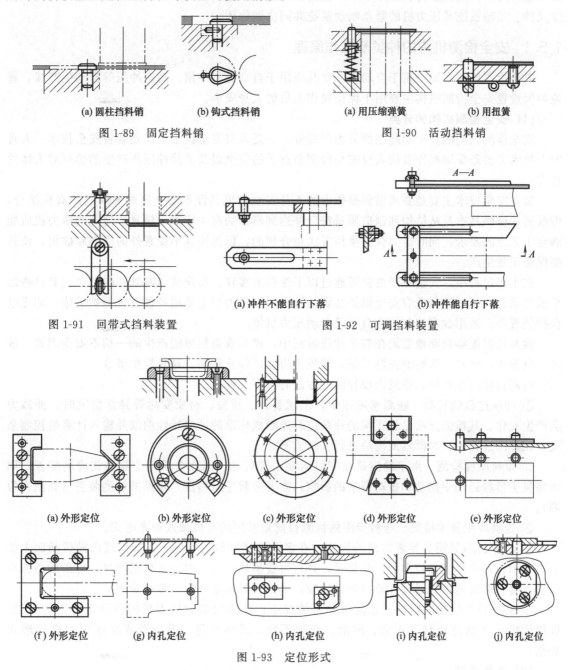

(a) 圆柱挡料销　　(b) 钩式挡料销	(a) 用压缩弹簧　　(b) 用扭簧
图 1-89　固定挡料销	图 1-90　活动挡料销

(a) 冲件不能自行下落　　(b) 冲件能自行下落

图 1-91　回带式挡料装置　　　　图 1-92　可调挡料装置

(a) 外形定位　(b) 外形定位　(c) 外形定位　(d) 外形定位　(e) 外形定位

(f) 外形定位　(g) 内孔定位　(h) 内孔定位　(i) 内孔定位　(j) 内孔定位

图 1-93　定位形式

1.5　安全检测机构的设计

在冲压生产过程中，如废品产生、模具损坏、送料受阻以及主机和辅机中出现问题，都可能发生生产事故，轻者影响产品质量，重者损坏冲模及设备，甚至危及生命。为此，应设置安全检测机构，对模具的工作情形随时监视、检测，以便在发现问题时，能及时发出信号，并指令停机，避免事故的发生。对于高速冲压加工来说，若出现异常情况，如材料误送及送料步距异常、叠片、半成品定位及运送过程中遇到障碍、模具零件损坏、冲压过载等，高速压力机要在极短时间内从高速运行状态停下来，更需设置监测装置，用灵敏、安全可靠的检测元件、传感元件、控制系统及压力机的紧急制动系统共同协调作用。

1.5.1 安全检测机构的种类及工作原理

安全检测机构主要应用于自动模，尤其应用于自动送料冲模、高速冲压等自动生产线，普通冲模设置安全检测机构主要用于保证操作人员的人身安全。

(1) 安全检测机构的分类

安全检测机构的保护功能主要分为两部分，一是人身安全技术，二是装备安全技术。人身安全技术主要是保障操作者的人身安全特别是双手的安全以及消除冲压所产生的噪声对人体的危害。

装备安全技术主要是要求做到操作者的人身安全和模具设备安全这两大问题的有机结合，即既要保证模具本身从结构到制造质量符合并达到模具的有关标准，模具所使用的压力机应能满足工艺上的要求，同时也要保证操作方法是合理的，以保证其不受意外的损伤和破损，使其能保证正常生产。

在生产过程中，安全生产主要可通过以下途径来实现：实现从送料到卸料整个主要过程的单机自动化；设计和制造有安全保护装置的冲模；在压力机上采用各种有效保护措施，如光电保护装置等；采用数字控制的半自动及自动压力机等。

检测装置能够自动地监测在整个冲压过程中，模具或条料可能产生的一切不安全因素。故障一旦发生，信号立即输给控制系统，使压力机立即停止运转，避免发生事故。

在高速冲压生产中，检测出现异常的方法有以下几种：

① 冲压过载的检测　在高速冲压中，出现叠片、错位、材质变化等异常情况时，冲裁力会产生变化。其检测方法是将正确的冲裁过程绘制成标准的冲裁特性曲线并输入计算机控制系统，在冲压过程中，对模具或滑块进行实时监测。

② 带料厚度检测　由于检测是在带料运动中进行的，因此多采用非接触式检测装置，同时要克服带料运动中摆动和振动带来的影响，需要分辨率（精度）很高的检测装置（如激光检测）。

③ 送料步距异常检测　送料步距的检测目前最常用的有机械式和光电式。

④ 凸模折断等模具异常情况的检测　在多孔高速冲裁的情况下，如出现凸模折断而未能及时检出，将产生数量较多的不合格品，并有可能损坏模具。对于重要的产品，可采用摄像机摄影，将所取得的信号通过计算机处理比较，如出现异常立即发出停机命令。

⑤ 其他异常情况的检查　在高速冲压情况下，还需对高速压力机的润滑情况进行检测，以保证机床在高速运行下正常。润滑、冷却不好、供油不足，都会造成高速压力机的磨损加剧。

(2) 工作原理

监视和检测装置大多数采用机械-电气控制，也可采用液压、射流、光电或放射性同位素等控制。

自动保护装置是代替操作监视和保护冲压生产过程的有关环节，包括人身保护和设备保护两方面，它可以是机械的、电气的、液压的或它们的组合形式。

自动保护装置的传感方式有接触式和非接触式两种，接触式主要通过机械方式，以机械方式转变为电信号，如利用接触销或被绝缘的探针同被检测物点接触，并同压力机控制电路组成回路；非接触式一般通过电磁感应，光电效应等传导电信号。电信号又可分为两类：第一类为单独一个保护装置的信号就可判别有无故障，第二类必须与冲压循环的特定位置相联系，才可判断有无故障。

图 1-94 所示为一限料安全停车装置。平时输送轨道 1 上的盖板 3 利用自重压住微动开关 8，当重叠送料或因送料受阻条料拱起时，便顶开盖板，使微动开关切断，机床就自动停车。

在冲压过程中常常采用杠杆式或感应式等停机机构来控制冲压过程，检测板料送进时的状态，当发现有异常情况时，能及时发出信号，指挥停机以保护模具和设备。

① 杠杆式触压停机机构 图 1-95 所示是用于检测板料厚度的杠杆式接触式停机机构，当板料 4 厚度超过规定时，通过接触销子 3 和杠杆 2 使微动开关 1 动作，切断控制线路，机床自动停机。这种停机机构，杠杆比愈大愈灵敏。

图 1-96 所示是用于检测板料宽度的杠杆接触式停机机构，一端带有辊子 1 的 L 形杠杆 2 支于 O 点，另一端处在常闭微动开关 A 和 B 的触头之间。拉力弹簧 3 使辊子 1 靠紧板料侧边。当料宽变化并超差时，通过放大的杠杆比触动 A 或 B 的触头，切断控制线路，使压力机停车。

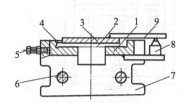

图 1-94 限料安全停车装置

1—输送轨道；2—条料；3—盖板；

4—铰链；5—调节螺钉；

6—圆形导柱；7—支柱；

8—微动开关；9—手柄

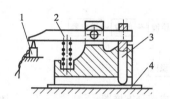

图 1-95 杠杆接触式料

厚检测装置

1—微动开关；2—杠杆；

3—销；4—板料

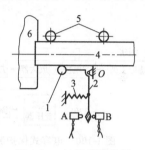

图 1-96 杠杆接触式料

宽检测装置

1—辊子；2—杠杆；3—弹簧；

4—板料；5—定位辊；6—模具；

A，B—常闭微动开关

在级进模中，常常使用通过导正销检测的杠杆式停机机构（图 1-97）。正确送料时，导正销 1 进入导正孔内，当送进不足或送进过量时，导正销遇阻，杠杆 3 绕支点 4 摆动，其外端触及常闭微动开关 6 的触头，切断控制回路，立即停机。微动开关 6 下端另有复位按钮 7，调整到位使用。

② 感应式停机机构 感应式停机保护装置是由电磁幕把危险区围起来的机构，有电容式和人体感应式等。

图 1-98 所示为压力机上使用的一种电容式保护装置，其敏感元件放在操作者与模具之间，上卸料时必须通过敏感元件的空腔，在手通过空腔时，压力机的滑块停止运动或不能启动，以保证操作者的安全。

图 1-99 为用于 1600kN 压力机上的电容式保护装置的安装示意图，感应器由感应棒、高频插头、同轴射频电缆、绝缘板等组成。感应支架是用 4mm×20mm 扁钢组成，长度据模具大小而定。图 1-100 是电容式保护装置组成部分方框图。

图 1-101 为光电式冲压保护装置动作示意图，其原理是在操作者与危险区（上、下模空间）之间，或被保护区的周围，有可见光通过，一旦操作者的手或身体以及不透光物进入危险区遮住光源时，则光信号通过光电管就转为电信号，并将其放大后，与启动滑块行程或启动控制线路相闭锁，使压力机的滑块立即停止运动或不能启动，从而防止人身和设备事故的发生。

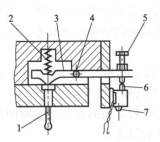

图 1-97　导正销检测法

1—导正销；2—弹簧；3—杠杆；

4—支点；5—螺钉；

6—微动开关；7—按钮

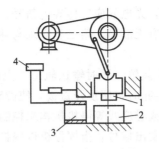

图 1-98　电容式保护装置

1—凸模；2—凹模；

3—敏感元件；4—控制器

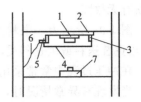

图 1-99　电容式保护装置

安装示意图

1—上模；2—感应器支架；3—绝缘板；

4—感应支架；5—高频插头；6—同轴

射频电缆；7—下模

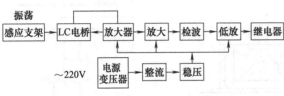

图 1-100　电容式保护装置组成部分方框图

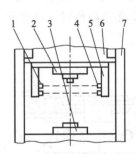

图 1-101　光电式冲压安全保护装置

1—发光源；2—上模；3—下模；4—接受头；

5—支架；6—滑块；7—机身

利用光电控制的自动安全装置，动作灵敏、机构简单，容易调整维修，应用范围较广泛，是目前比较先进和推广较多的一种冲压安全保护装置。

1.5.2　常用安全检测机构的结构

在常见的模具结构设计中，安全检测机构的各类结构及其电气元件均已实现市场化，模具结构设计过程中，可按市场类型进行相关配套采购。以下对其中常见常用的结构进行简单介绍，以供相应结构设计时的选用。

表 1-4 所示给出了防止原材料误送的检测装置。

自动冲模中的自动保护装置的功能主要包括对原材料、进给、出件等方面的监视。表 1-5 所示给出了监视原材料的自动保护装置，表 1-6 所示给出了监视进给的自动保护装置，表 1-7 所示给出了监视出件的自动保护装置。

表 1-4　防止原材料误送的检测装置

名　称	简　图	说　明
定位检测法	1—传感器；2—定位挡板；3—剪切凸模；4—带料	在定位部位设置传感器 1，当带料 4 送到预定位置并接触传感器，压力机滑块向下冲压。一旦送进距离不够时，带料 4 便不接触传感器，滑块也就不能下降

续表

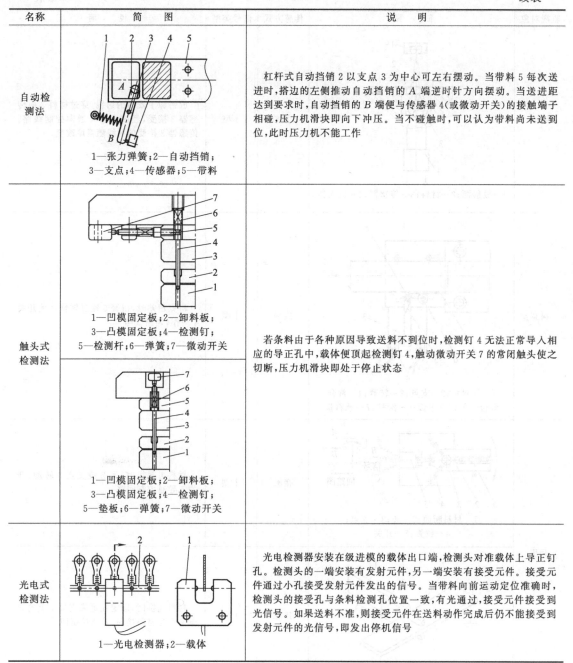

名称	简　图	说　明
自动检测法	1—张力弹簧；2—自动挡销；3—支点；4—传感器；5—带料	杠杆式自动挡销 2 以支点 3 为中心可左右摆动。当带料 5 每次送进时，搭边的左侧推动自动挡销的 A 端逆时针方向摆动。当送进距达到要求时，自动挡销的 B 端便与传感器 4（或微动开关）的接触端子相碰，压力机滑块即向下冲压。当不碰触时，可以认为带料尚未送到位，此时压力机不能工作
触头式检测法	1—凹模固定板；2—卸料板；3—凸模固定板；4—检测钉；5—检测杆；6—弹簧；7—微动开关　　　　1—凹模固定板；2—卸料板；3—凸模固定板；4—检测钉；5—垫板；6—弹簧；7—微动开关	若条料由于各种原因导致送料不到位时，检测钉 4 无法正常导入相应的导正孔中，载体便顶起检测钉 4，触动微动开关 7 的常闭触头使之切断，压力机滑块即处于停止状态
光电式检测法	1—光电检测器；2—载体	光电检测器安装在级进模的载体出口端，检测头对准载体上导正钉孔。检测头的一端安装有发射元件，另一端安装有接受元件。接受元件通过小孔接受发射元件发出的信号。当带料向前运动定位准确时，检测头的接受孔与条料检测孔位置一致，有光通过，接受元件接受到光信号。如果送料不准，则接受元件在送料动作完成后仍不能接受到发射元件的光信号，即发出停机信号

表 1-5　监视原材料的自动保护装置

监视对象	简　图	传感方式	信号类型	说　明
料厚	1—常合限位开关；2—杠杆；3—圆销；4—材料	接触	Ⅰ型	材料 4 过厚时，销 3 通过杠杆 2 使开关 1 动作，切断线路

续表

监视对象	简　图	传感方式	信号类型	说　明
料厚	 1—放射源;2—材料;3—传感器;4—放大器	β射线	Ⅰ型	放射源1发出的射线,穿过材料2由传感器3接受,经放大器4通向控制线路。传感器3接受的射线随料厚改变
料宽	 1—导料板;2—支点;3—转臂;4—常合限位开关;5—扭簧;6—滚柱;7—承料板	接触	Ⅰ型	料宽超差时,扭簧5通过转臂3使开关4动作,切断线路
起拱	 1—材料断面;2—叉;3—支点;4—拉簧;5—开关	接触	Ⅰ型	材料1起拱时,叉2绕支点3转动,开关5导通控制回路
起拱	 1—绝缘支架;2—导电叉	接触	Ⅰ型	材料起拱时,固定在绝缘支架1上的导电叉2与材料接触,导通控制回路
横向弯曲	 1—导电钉;2—导电杆;3—绝缘套;4—承料板	接触	Ⅰ型	材料横向弯曲超差时,与导电杆2接触,导通控制回路

续表

监视对象	简　图	传感方式	信号类型	说　　明
料尾	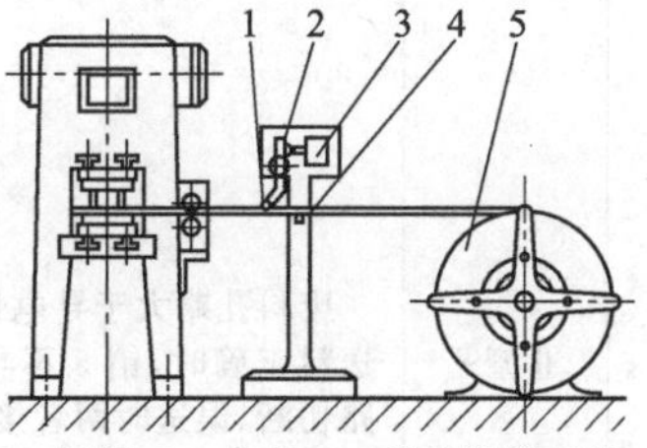 1—杠杆；2—支点；3—常分限位开关； 4—支承；5—材料	接触	Ⅰ型	工作时材料5抬起杠杆1下端，开关3合上，材料尾部通过杠杆1下端后，杠杆作逆时针方向旋转，与开关3脱离，切断线路
	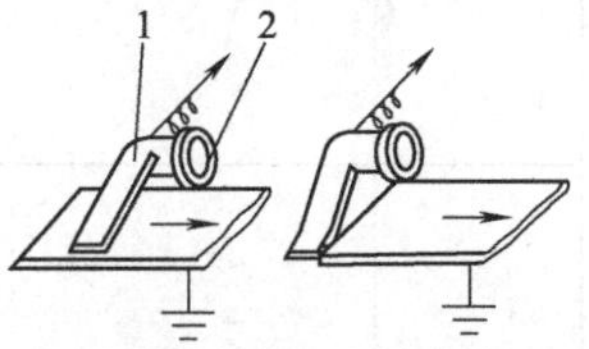 1—导电杠杆；2—绝缘套	接触	Ⅰ型	导电杠杆1与材料接触（如左图所示），维持控制回路导通，材料用完（如右图所示）时线路切断

表 1-6　监视进给的自动保护装置

监视对象	简　图	传感方式	信号类型	说　　明
材料误送	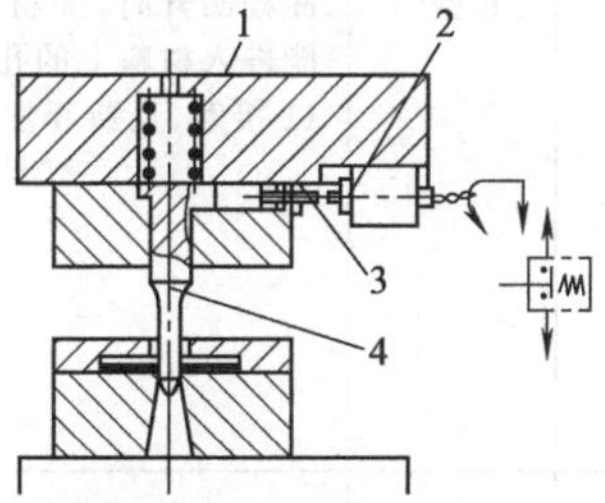 1—弹簧；2—常合限位开关；3—推杆；4—导正销	接触	Ⅰ型	导正销4未能进入材料上的孔内时，逆弹簧1之力缩回，把杆3向右推出，切断线路
	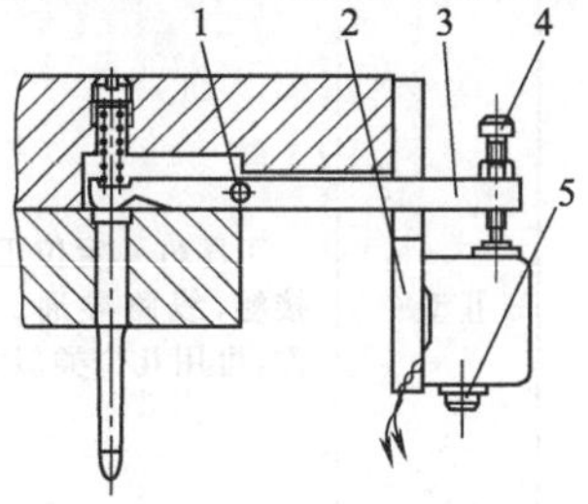 1—支点；2—支架；3—杠杆； 4—调节螺钉；5—手调常分开关	接触	Ⅰ型	材料误送，导正销抬起，杠杆3右端合上开关，导通控制回路。开关5下端有手动复位按钮
	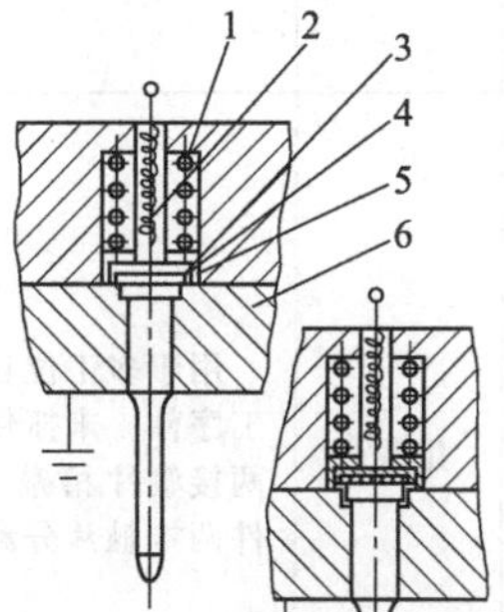 1—弹簧；2—导线；3，4—绝缘垫； 5—金属盖；6—固定板	接触	Ⅰ型	材料误送，导正销抬起，金属盖5与固定板6脱离，切断由件2、5、6组成的回路

监视对象	简　图	传感方式	信号类型	说　明
材料误送	1—卸料板；2—材料；3—凹模； 4—绝缘套；5—导电销；6—弹簧	接触	Ⅱ型[①]	废料孔略大于导电销 5 前端直径。送料正确时，销 5 不与料 2 接触，线路切断，误送时两者接触，线路导通
	1—凸模；2—卸料板；3—材料；4—凹模； 5—支点；6—杠杆；7—圆销；8—弹簧； 9—常合限位开关；10—支架；11—螺钉； 12—推杆；13—弹簧；14—支件	接触	Ⅱ型[①]	冲程向下，推杆 12 借弹簧 13 之力把杠杆 6 压下，使圆销 7 退出材料，冲程回升时，如材料误送，则销 7 不能进入材料上的孔内，开关 9 与螺钉 11 接触，且断开常合线路
工序件 定位	1—常分限位开关；2—推杆；3—弹簧； 4—工序件；5—定位板	接触	Ⅱ型[②]	工序件 4 定位正确，则杆 2 与开关接触，线路导通。对于较大的工序件，可用几个类似装置
工序件 被抓住	1—接触片；2—绝缘体；3—卡爪；4—夹板	接触	Ⅱ型[③]	用于多工位自动压力机，冲较矮的工序件。未抓住工序件或夹板开启，两接触片相碰，线路导通，抓住工序件两接触片分离，线路切断

续表

监视对象	简 图	传感方式	信号类型	说 明
工序件被抓住	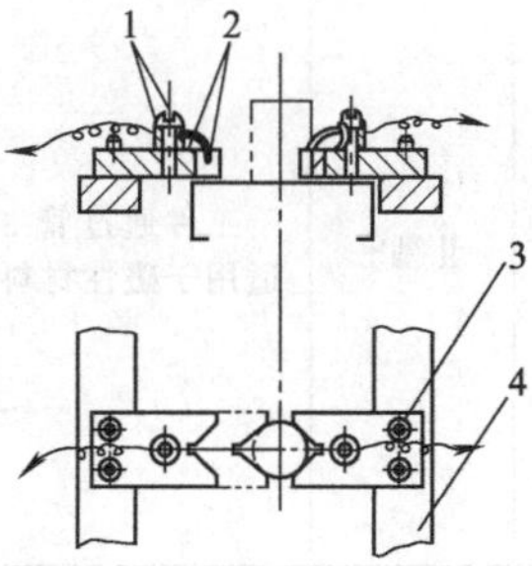 1—绝缘体；2—接触片；3—卡爪；4—夹板	接触	Ⅱ型③	用于多工位自动压力机，冲较高的工序件。未抓住工序件或夹板开启，两接触片分离，线路切断，抓住工序件两接触片相碰，线路导通
工序件用完	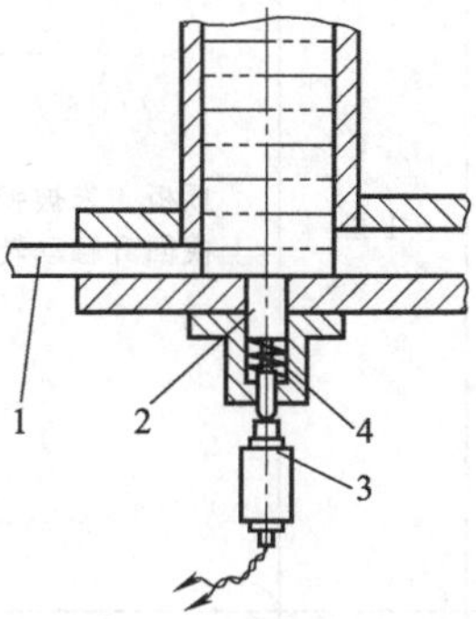 1—推板；2—顶杆；3—常分限位开关；4—弹簧	接触	Ⅰ型	储件斗内的工序件用完时，弹簧4将顶杆2抬起，与开关3脱离接触，切断线路

① 材料误送时的信号状态，与送料过程中的信号状态相同，因此信号必须与冲压工作循环相联系。
② 工序件尚未送入时的信号状态，与工序件定位不正确的信号状态相同，故信号必须与冲压工作循环相联系。
③ 卡爪释放工序件后的信号状态，与未抓住工序件的信号状态相同，故信号必须与冲压工作循环相联系。

表 1-7　监视出件的自动保护装置

监视对象	简 图	传感方式	信号类型	说 明
出件	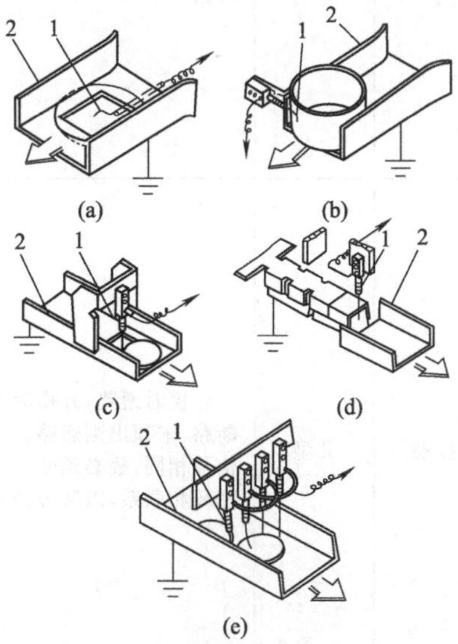 (a) (b) (c) (d) (e)　1—传感器；2—滑道	接触	Ⅱ型①	工件通过时与传感器1接触，线路导通图(e)滑道宽阔，工件通过时和任意相邻两传感器接触，导通线路

监视对象	简　图	传感方式	信号类型	说　明
出件	 **工件由此通过** 1—凹模；2—落料凸模；3—非磁性材料管	感应	Ⅱ型①	工件通过管 3 时，产生感应信号，适用于磁性材料的冲件
顶出装置	 1—常合开关；2—转臂；3—弹簧圆销； 4—顶板；5—支架	接触	Ⅰ型	顶板 4 未被弹簧顶出时，圆销 3 随上模回升触动转臂 2，切断常合线路
	 1—工件；2—传感器（头部绕成弹簧形）； 3—冲孔凸模；4—顶板；5—落料凹模	接触	Ⅰ型	在正常工作时，顶板 4 和传感器 2 间有不小于 d 的间隙，线路不通，如工件未能顶出，下次冲裁又多积一件，则顶板 4 和传感器接触，导通线路
	 开模时顶板端部正常位置 1—绝缘套；2—顶板；3—弹簧；4—绝缘圈； 5—弹簧圈；6—金属管；7—凹模	接触	Ⅱ型	合模时通路，开模时顶板 2 顶出则断路，未顶出则通路。故障与合模时信号相同，故必须使信号和冲压工作循环相联系，以区分开来

监视对象	简 图	传感方式	信号类型	说 明
顶出装置	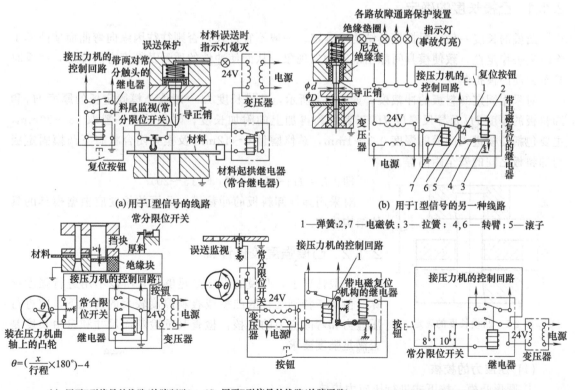 1—撞块；2—卸料螺钉；3—调节片；4—支架；5—顶板；6—工件或条料；7—上模；8—常分限位开关；9—撞块螺钉；10—常分限位开关；11—槽形防护架	接触	Ⅱ型	合模时撞块螺钉9触及开关10，线路导通；开模时螺钉9与开关10分离，线路切断；顶板5触及开关8，另一线路导通；如顶板5未能顶起，则两线路均切断。压力机停止运转时，调节片3厚度应达到以下要求：冲程向下，顶板5与开关8脱离前螺钉9已与开关10接触；冲程向上，螺钉9与开关10脱离前顶板5已与开关8接触

① 冲压工作循环中，大部分时间无工件逸出属于正常情况，但此时信号状态与应有工件逸出而未逸出相同。为了识别有无出件故障，信号必须和冲压工作循环相联系。

图 1-102 所示给出了上述自动保护装置的典型线路。

(a) 用于 I 型信号的线路

(b) 用于 I 型信号的另一种线路

1—弹簧；2,7—电磁铁；3—拉簧；4,6—转臂；5—滚子

$$\theta = \left(\frac{x}{行程} \times 180°\right) - 4$$

(c) 用于 Ⅱ 型信号的线路(故障断路)　(d) 用于 Ⅱ 型信号的线路(故障通路)　(e) 不用曲轴凸轮的 Ⅱ 型信号的线路

1—电磁铁

图 1-102 自动保护装置的典型线路

第 2 章

冲压模具零部件结构设计

2.1 凸模的结构设计

凸模是冲模上一个主要的工作零件，与凹模共同完成零件的冲裁加工，其设计质量同样直接影响到整套模具的寿命及加工件的质量。

2.1.1 凸模长度的确定

凸模的长度一般应根据模具结构来确定。一般不宜过长，否则往往因纵向弯曲而使凸模工作时失去稳定性，致使模具间隙出现不均匀现象，从而使冲件的质量及精度有所降低，严重时甚至会使凸模折断。

对采用固定卸料板的冲裁模，如图 2-1 所示，凸模长度 L 一般取凸模固定板的厚度 H_1 和卸料板的厚度 H_2 及导尺厚度 H_3 三者之和再加上的附加长度，附加长度一般取 $15\sim20\text{mm}$，主要包括凸模进入凹模的深度 $0.5\sim1\text{mm}$，总修磨量 $6\sim12\text{mm}$ 及模具闭合状态下凸模固定板与卸料板之间的安全距离等。

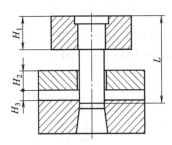

图 2-1 凸模长度的确定

即：$L = H_1 + H_2 + H_3 + (15\sim20)$

对采用弹性卸料板的冲裁模，凸模的长度应根据模具的具体结构确定。

2.1.2 凸模强度校核计算

一般情况下，凸模的强度是足够的，所以不用进行强度计算。但对于特别细长的凸模或板料厚度较大的情况下，应进行压应力和弯曲应力的校核，检查其危险断面尺寸和自由长度是否满足强度要求。

(1) 压应力的校核

① 圆形凸模。按下式进行压应力校核。

$$d_{\min} \geqslant \frac{4t\tau}{[\sigma_{\text{压}}]}$$

② 非圆形凸模。按下式进行压应力校核。

$$A_{\min} \geqslant \frac{F}{[\sigma_{\text{压}}]}$$

式中 d_{min}——凸模最小直径，mm；

$\quad A_{min}$——凸模最小截面的面积，mm^2；

$\quad\quad t$——料厚，mm；

$\quad\quad \tau$——材料的抗剪强度，MPa；

$\quad\quad F$——冲裁力，N；

$[\sigma_压]$——凸模材料的许用压应力，MPa，$[\sigma_压]$ 的值取决于材料、热处理和冲模的结构，如 T8A、T10A、Cr12MoV、GCr15 等工具钢淬火硬度为 58～62HRC 时，取 1000～1600MPa，当有特殊导向时，可取 2000～3000MPa。

（2）弯曲应力的校核

凸模的抗弯应力，根据模具结构特点，可分为无导向装置凸模和有导向装置凸模两种情况进行校核。

① 无导向装置的凸模。其结构如图 2-2（a）所示。

圆形凸模按下式计算：

$$L_{max} \leqslant 95\frac{d^2}{\sqrt{F}}$$

非圆形凸模按下式计算：

$$L_{max} \leqslant 425\sqrt{\frac{I}{F}}$$

② 带导向装置的凸模。其结构如图 2-2（b）所示。

圆形凸模按下式计算：

$$L_{max} \leqslant 270\frac{d^2}{\sqrt{F}}$$

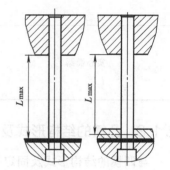

(a) 无导向的凸模　(b) 带导向的凸模

图 2-2　凸模的长度决定

非圆形凸模按下式计算：

$$L_{max} \leqslant 1200\sqrt{\frac{I}{F}}$$

式中 L_{max}——允许的凸模最大自由长度，mm；

$\quad d$——凸模的最小直径，mm；

$\quad F$——冲裁力，N；

$\quad I$——凸模最小横截面的惯性矩，mm^4，常见截面形状最小惯性矩的计算公式见表 2-1。

表 2-1　常见截面形状最小惯性矩计算

形状	图示	计算公式
正方形		$I=\dfrac{a^4}{12}$
矩形		$I=\dfrac{bh^3}{12}$
三角形		$I=\dfrac{bh^2}{36}$

续表

形状	图示	计算公式
正六角形		$I = 0.06d^4$
梯形		$I = \dfrac{h^3(b^2 + 4bb' + b'^2)}{36(b + b')}$
半圆形		$I = 0.00686d^4$
实心椭圆		$I = \dfrac{\pi ab^3}{64}$

2.1.3　凸模的结构形式及其固定

与凹模的结构形式及固定一样，凸模的结构形式及其固定方法也分整体结构（小型及形状简单凸模）及镶拼结构（大、中型与形状复杂凸模以及易损小型冲裁模）。

对于大、中型与形状复杂凸模以及易损小型冲裁模，其凸模的镶拼结构形式与固定可参照同类型的凹模。

(1) 凸模的结构形式

由于冲件的形状和尺寸的不同，生产中使用的凸模结构形式也有多种，常见的圆形凸模，国标 GB 286.1～3 提供了三种选用形式，如图 2-3（a）～（c）所示。其中：为避免应力集中和保证强度与刚度方面的要求，对冲裁直径为 1～30mm 的圆形凸模选用图 2-3（a）所示的圆滑过渡的阶梯形或图 2-3（b）所示的中部增加过渡形状结构；对直径为 5～29mm 的圆形凸模也可选用图 2-3（c）所示的快换凸模型结构形式。

非圆形凸模在生产中使用广泛，其结构设计类似于圆形凸模形式，图 2-3（d）所为单面冲裁凸模，突起部分 a 用于平衡侧向力；图 2-3（e）所示为整体剪裁凸模；图 2-3（f）所示为镶拼剪裁凸模形式。

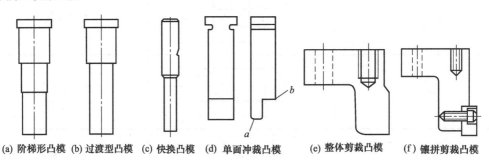

(a) 阶梯形凸模　(b) 过渡型凸模　(c) 快换凸模　(d) 单面冲裁凸模　　(e) 整体剪裁凸模　　(f) 镶拼剪裁凸模

图 2-3　凸模的结构形式

（2）凸模的固定

凸模的固定主要根据冲裁件的形状和尺寸而定。图 2-3（a）、（b）所示的阶梯形凸模与凸模固定板一般采用基孔制过渡配合 H7/m6 固定，结构形式如图 2-4（a）所示；图 2-4（c）所示的快换凸模与凸模固定板采用基孔制间隙配合 H7/h6，结构形式如图 2-4（d）～（f）所示；对冲制小孔的易损凸模除采用图 2-4（c）所示的衬套结构外，也常采用图 2-4（d）～（f）所示的快换结构及图 2-4（b）所示的铆接结构，此外，还可采用图 2-4（g）所示的利用低熔点合金、环氧树脂、无机粘接剂等固定方法将凸模粘接在固定板上的方法。

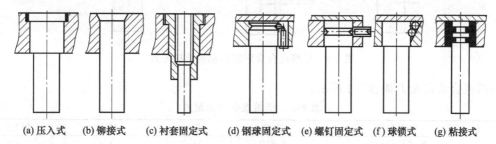

(a) 压入式　(b) 铆接式　(c) 衬套固定式　(d) 钢球固定式　(e) 螺钉固定式　(f) 球锁式　(g) 粘接式

图 2-4　凸模的固定形式（一）

对冲孔或落料尺寸较大的凸模与固定板则采用图 2-5（a）～（c）所示螺钉连接形式，其中：图 2-5（a）所示为凸模与凸模固定板通过固定板槽口定位，螺钉紧固，通过限定刃口长度，以减少端面和侧面刃磨面积的结构形式；图 2-5（b）、（c）所示凸模则通过螺钉压紧，销钉定位，一般对大尺寸或镶拼凸模则采用直接固定在上模板上的结构形式；图 2-5（d）所示为等截面凸模通过上端开孔插入圆销以承受卸料力的形式。

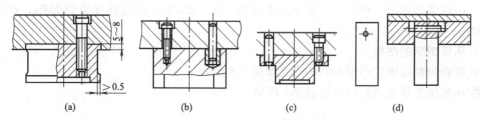

(a)　　　　　(b)　　　　　(c)　　　　　(d)

图 2-5　凸模的固定形式（二）

上述固定形式既用于圆形凸模，也适用于非圆形凸模，一般说来，非圆形凸模与凸模固定板配合的固定部分做成圆形或矩形形状，见图 2-6。采用图 2-4（a）、（b）所示的基孔制过渡配合 H7/m6 连接形式。

当采用线切割加工时，固定部分和工作部分的尺寸应一致，与凸模固定板配合的固定部分一般采用过盈配合或铆接，若采用铆接则凸模铆接部分硬度为 40～45HRC（长度范围为 10～25mm），如图 2-7 所示。

（3）低熔点合金固定

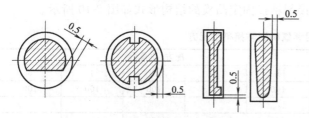

图 2-6　非圆形凸模固定部分的结构

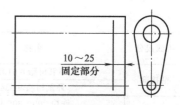

图 2-7　铆接凸模的结构

低熔点合金浇注固定法是利用低熔点合金冷却膨胀的原理，使凸模（或凹模）与固定板之间获得有一定强度的连接。低熔点合金固定凸模的结构形式如图 2-8 所示。

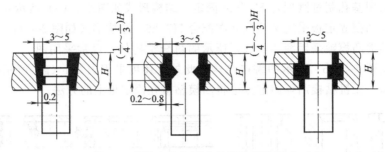

图 2-8　低熔点合金固定凸模的结构形式

低熔点合金的配方如表 2-2 所示。

表 2-2　低熔点合金的配方　　　　　　　　　　　　　　　　　　　　　%

序号	元素名称	锑 Sb	铅 Pb	铋 Bi	锡 Sn
	密度/(g/cm³)	6.690	11.34	9.8	7.284
	各元素熔点/℃	630.5	327.4	271.0	233.0
	合金熔点/℃				
1	120	9.0	28.5	48	14.5
2	100	5.0	35	45	15
3	139	—	—	42	58
4	106	19.0	28.0	39	14
5	170	—	—	30	70

工厂中较多采用第一种配方。其浇注温度为 $150\sim200℃$，抗拉强度为 90MPa，抗压强度为 110MPa，冷胀率为 0.002mm。

（4）环氧树脂的粘接

环氧树脂的粘接固定凸模的结构形式如图 2-9 所示。

常用环氧树脂粘接剂的配方如表 2-3 所示。

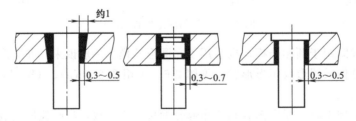

图 2-9　环氧树脂固定凸模的结构形式

（5）无机粘接剂固定

采用无机粘接剂时，粘接表面要求粗糙，其表面粗糙度一般为 $Ra13.5\sim50\mu m$ 即可。单面黏合间隙 Z 可取 $0.2\sim0.5$mm。无机粘接剂粘接固定凸模的结构形式如图 2-10 所示。

表 2-3　常用环氧树脂粘接剂的配方

组成成分	名称	配方（质量份）				
		1	2	3	4	5
粘接剂	环氧树脂＃6101	100	100	100	100	100
	环氧树脂＃634					
填充剂	铁粉 200～300 目	250	250	250		
	石英粉 200 目				200	100

续表

组成成分	名称	配方(质量份)				
		1	2	3	4	5
增塑剂	邻苯二甲酸二丁酯	15～20	15～20	15～20	10～12	15
固化剂	无水乙二胺	8～10				
	β羟乙基乙二胺		16～19			
	二乙烯三胺					10
	间苯二胺*			14～16		
	邻苯二甲酸酐*				35～38	

注：1. 表中所列配方主要用于凸模与固定板之间、导套与底座之间粘接及卸料板的孔型浇注。

2. 用于浇注卸料板时，应选用耐磨性较好的填充剂。如配方4、5两种。

3. 用有"＊"记号的固化剂时要加温固化。

4. 填充剂的用量不宜太多，否则会影响操作及粘接强度。

5. 环氧树脂♯6101、♯634等基本可以替换使用。

6. 表中各种固化剂可替换使用。但要注意不同的固化条件，并以选择低毒性的为宜。

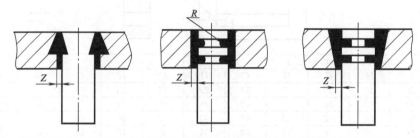

图 2-10　无机粘接剂粘接固定凸模的结构形式

无机粘接剂的配方为：氧化铜 3～5g；磷酸溶液 1mL。

或

$$R = \frac{氧化铜(g)}{磷酸溶液(mL)} = 3～5g/mL$$

式中　R——配比；R 愈大，粘接强度愈高，凝固速度也就愈快，但 R 不能大于 5，否则不能搅拌；一般冬天取 $R=4$，夏天取 $R=3$；对于相对密度较大的磷酸可用稍大的 R 值。

磷酸溶液系由每 100mL 磷酸中加入氢氧化铝 4～8g 配制而成。一般说来，天热多加，天冷少加；天气干燥时多加，天气潮湿时则少加。

2.2　凹模的结构设计

凹模是冲裁模中最重要的工作零件之一，其设计质量直接影响到整套模具的寿命及加工件的质量。一般在冲裁模各零件的设计顺序是：先设计凹模，再设计与凹模有关的工作零件，然后根据凹模外形尺寸选定或设计相应的导向模架等，最后完成固定、定位、卸料等零件的设计等。

2.2.1　凹模外形尺寸的确定

为保证凹模的外形尺寸有足够的强度及刚度，先应根据被冲材料的厚度及冲裁件的最大外形尺寸来确定凹模厚度 H 大小，其次根据 H 确定大致的凹模壁厚 C。

一般，凹模厚度 H 应不小于 15mm，其值可按下式计算：

$$H = Kb$$

凹模壁厚（指凹模刃口与外边缘的距离）C 应不小于 30mm，其值可按下式计算：

$$C = (1.5～2)H$$

式中　b——冲裁件的最大外形尺寸；

　　　K——考虑板厚的影响而取的系数，其值见表 2-4。

表 2-4　系数 K 值

b/mm	料厚 t/mm				
	0.5	1	2	3	＞3
≤50	0.3	0.35	0.42	0.5	0.6
＞50～100	0.2	0.22	0.28	0.35	0.42
＞100～200	0.15	0.18	0.2	0.24	0.3
＞200	0.1	0.12	0.15	0.18	0.22

凹模厚度 H 及凹模壁厚 C 也可按表 2-5 直接选用。

表 2-5　凹模厚度 H 和壁厚 C　　　　　　　mm

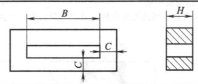

料厚 t	≤0.8		0.8～1.5		1.5～3		3～5		5～8		8～12	
B	C	H	C	H	C	H	C	H	C	H	C	H
＜75	26	20	30	22	34	25	40	28	47	30	55	35
75～150	32	22	36	25	40	28	46	32	55	35	65	40
150～200	38	25	42	28	46	32	52	36	60	40	75	45
＞200	44	28	48	30	52	35	60	40	68	45	85	50

根据凹模壁厚在确定凹模外形尺寸时，还应考虑到凹模刃口与边缘、刃口和刃口之间的距离，其值应符合表 2-6 所示尺寸要求；另螺纹孔、圆柱销孔之间的距离及其到刃口边的距离应符合表 2-7 所示尺寸要求。

表 2-6　凹模刃口与边缘、刃口与刃口之间的距离　　　　　　　mm

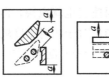

料宽	料厚			
	＜0.8	0.8～1.5	1.5～3	3～5
＜40	22	24	28	32
40～50	24	27	31	35
50～70	30	33	36	40
70～90	36	39	42	46
90～120	40	45	48	52
120～150	44	48	52	55

注：1. a 的偏差可为±5。

2. b 的选择可看凹模刃口复杂情况而定，一般不小于 5mm，圆的可适当减少些，复杂的应取大些。

3. 决定外缘尺寸时，应尽量选用标准的凹模坯料。

表 2-7　螺纹孔、销孔之间及至刃口边的距离　　　　　　　mm

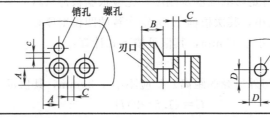

	螺钉孔	M4	M6	M8	M10	M12	M16	M20	M24
A	淬火	8	10	12	14	16	20	25	30
	不淬火	6.5	8	10	11	13	16	20	25
B	淬火	7	12	14	17	19	24	28	35
C	淬火	5							
	不淬火	3							
	销钉孔	$\phi2$	$\phi3$	$\phi4$	$\phi5$	$\phi6$	$\phi8$	$\phi10$	$\phi12$	$\phi16$	$\phi20$	$\phi25$
D	淬火	5	6	7	8	9	11	12	15	16	20	25
	不淬火	3	3.5	4	5	6	7	8	10	13	16	20

　　根据上述凹模厚度及壁厚要求，即可计算出相应的凹模外形的长、宽与厚度，据此在冷冲模标准中尽量选取相应的标准凹模规格尺寸。

2.2.2　凹模刃口的形状及应用

　　凹模的刃口形状主要有：直壁刃口型（以下简称Ⅰ型）、锥形刃口型（以下简称Ⅱ型）、铆刀刃口型（以下简称Ⅲ型）。各种类型的结构形状分别见图 2-11～图 2-13。其中各种凹模洞口的主要参数见表 2-8。

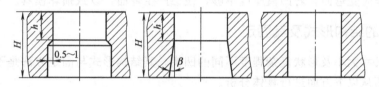

图 2-11　凹模直壁刃口形状（Ⅰ型）

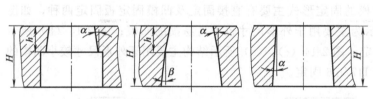

图 2-12　凹模锥形刃口形状（Ⅱ型）

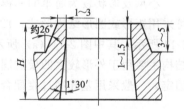

图 2-13　凹模铆刀刃口形状（Ⅲ型）

表 2-8　凹模洞口的主要参数

板料厚度/mm	α	β	h/mm
≤0.5	15′	2°	≥4
>0.5～1	15′	2°	≥5
>1～3.5	15′	2°	≥6
>3.5	30′	3°	≥8

　　各型凹模口的应用：

　　Ⅰ型孔壁垂直于顶面，刃口尺寸不随修磨刃口增大，刃口强度也较好。适用于冲裁精度较高或形状复杂的工件或冲件以及废料逆冲压方向推出的冲裁模加工。该种凹模刃口孔内易于聚集废料或工件，增大了凹模的胀裂力、推件力和孔壁的磨损。

　　Ⅱ型适用于形状简单、公差等级要求不高、材料较薄的零件加工，以及用于要求废料向下落的模具结构中。该种模具工件或废料很容易从凹模孔内落下，孔壁所受的摩擦力及胀裂力很小。

　　Ⅲ型，其淬火硬度为 35～40HRC，是一种低硬度的凹模刃口。可用锤打斜面的方法来调整冲裁间隙，直到试出合格的冲裁件为止，主要用于冲裁板料厚度在 0.3mm 以下的小间隙、无间隙模具。

2.2.3 凹模强度的校核

根据上述原则确定的凹模，一般可不再进行强度校核。若有需要，可采用如下经验公式进行强度的校核：

$$H_{\min} = \left(\frac{F}{10}\right)^{\frac{1}{3}}$$

式中 $H_{\min}$——凹模最小厚度，mm；

       F——冲裁力，N。

当凹模材料为合金工具钢，冲裁轮廓长度超过 50mm 时，应将计算结果乘以一修正系数 K，其值见表 2-9。若为碳素工具钢，凹模厚度应在上述计算的基础上再增加 30%。

表 2-9   凹模强度校核的修正系数 K

冲裁轮廓长度/mm	50~75	75~150	150~300	300~500	>500
修正系数	1.12	1.25	1.37	1.5	1.6

凹模的强度校核主要是检查其厚度 H，因为凹模下面的模座或垫板，其孔口较凹模孔口大，使凹模工作时受弯曲，若凹模厚度不够，便会产生弯曲，以致损坏模具。

2.2.4 凹模的结构形式及其固定

对于外形尺寸大小及形状复杂程度不同的凹模，其结构形式与固定方法是不同的，具体采用何种结构必须从以下方面进行具体分析。

(1) 小型及简单形状凹模的结构与固定

小型及形状较为简单的凹模，往往采用整体结构，根据所冲裁零件形状的不同，凹模外形可采用矩形或圆形结构形式。凹模的固定形式主要有直接固定及凹模固定板固定两种，如图 2-14 所示。其中图 2-14 (a) 所示为主要用于外形尺寸较小且易损的凹模；图 2-14 (b) 所示结构主要用于外形较大凹模的固定；图 2-14 (c)、(d) 所示结构主要用于外形尺寸较小凹模的固定，一般采用基孔制过渡配合 H7/m6 固定。

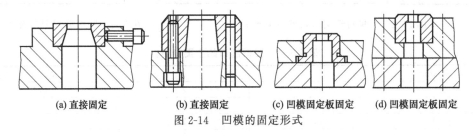

(a) 直接固定   (b) 直接固定   (c) 凹模固定板固定   (d) 凹模固定板固定

图 2-14   凹模的固定形式

图 2-15 (a)、(b) 所示分别给出了矩形或圆形凹模常用的螺孔、销孔布置方法。

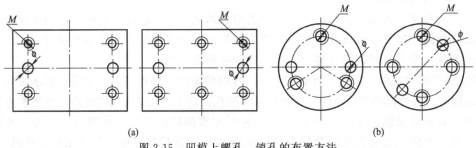

(a)   (b)

图 2-15   凹模上螺孔、销孔的布置方法

（2）大、中型及复杂形状凹模的结构与固定

大、中型及形状复杂的凹模和凸模往往锻造、机械加工或热处理很困难，而凸、凹模中局部磨损又会导致整个凸、凹模的报废，为解决这一问题，常采用镶拼结构。镶拼结构有镶接和拼接两种。镶接是将局部形状分割出再镶入；拼接是将整体凹模块分割成若干块加工后再拼接起来。

镶拼结构不但适用于凹模，对于大、中型及形状复杂的凸模，以及个别部分容易损坏的小型冲模均适用。

① 镶拼结构的分块原则　设计镶拼结构的凸、凹模，其一般的分块原则是：

a. 为使镶块接合面能正确地配合，减少磨削工作量，接合面一般取 12～15mm，其非接合面应比接合面凹进 1mm，参见图 2-16。

b. 刃口形状为直线部分的镶块长度可适当大些，复杂部分或易损部分应单独分块，尺寸尽量小，凹模角部应分块，如图 2-17 所示。

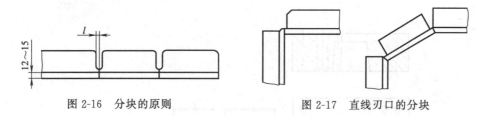

图 2-16　分块的原则　　　　　图 2-17　直线刃口的分块

c. 圆弧和直线部分连接处，镶块分块线应在距离切点 3～5mm 的直线部分上，拼接线要与刃口垂直，参见图 2-18（a）；如果角部有四块同样 90°的镶块可以拼接成一个整圆来进行磨削时，则分在切点上，如图 2-18（b）所示。

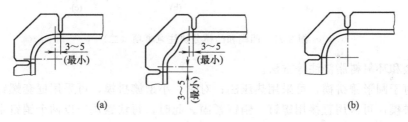

图 2-18　圆弧和直线部分连接处的分块

d. 凹模和凸模上镶块的接头不应重合，保证凸模与凹模的拼接线错开约 3～5mm，以免产生冲裁毛刺，如图 2-19 所示。

e. 为便于机械加工，减少钳工工作量，并减少热处理变形，当有尖角时，可在尖角处分段，并尽量使拼块角度大于或等于 90°，参见图 2-20（a）、（b）；尽可能将形状复杂的内形加工改为外形加工，如图 2-20（a）～（g）所示；根据形

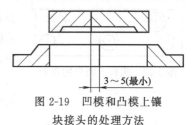

图 2-19　凹模和凸模上镶块接头的处理方法

状可沿对称轴线分割，使形状、尺寸相同的分块可以一同磨削加工，如图 2-20（d）～（f）所示。

f. 在凹模和凸模分块时，还应注意到其便于维修更换与调整，比较薄弱或易磨损的局部凸出或凹进部分应单独做成一块或采用镶接结构，如图 2-21（a）所示；此外，镶块分块之间应能通过磨削或增减垫片的方法，调整其间隙或保证中心距公差，如图 2-21（b）、（c）所示。

② 镶块的固定　镶块的固定可以采用热套、锥套、框套、螺钉紧固、螺钉销钉紧固，以

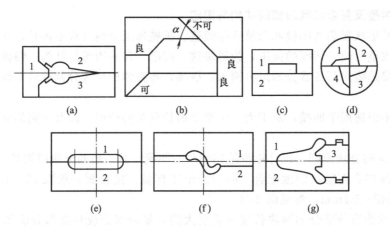

图 2-20 凹模和凸模分块注意事项（一）

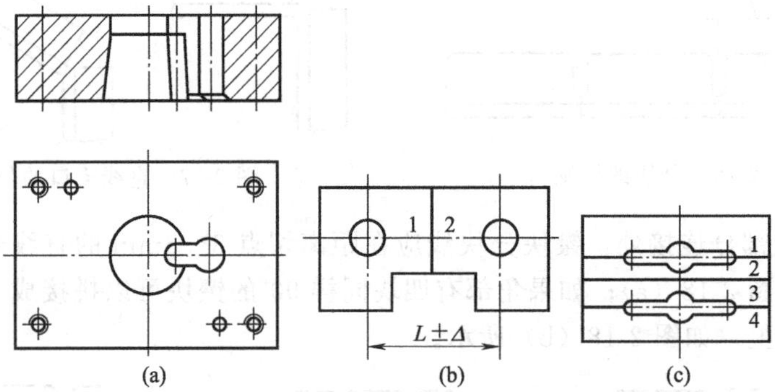

图 2-21 凹模和凸模分块注意事项（二）

及低熔点合金和环氧树脂浇注等方法。

　　一般，对于圆形镶拼模，可采用热压法；对中、小型镶拼模，可采用框套螺钉紧固法；对大、中型镶拼模，可采用直接用螺钉、销钉紧固。此时，每块镶块应以两个销钉定位；螺钉布置应接近刃口而销钉则远离刃口，两者参差排列，如图 2-22 所示。

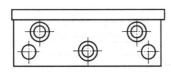

图 2-22 螺钉、销钉的布置

　　采用螺钉、销钉紧固常见的型式主要有：图 2-23（a）所示为只靠螺钉、销钉紧固的方法，用于冲裁料厚 $t<1.5$mm 零件的模具结构；图 2-23（b）所示结构由于增加了止推键，故可用于冲压料厚 $t=1.5\sim3.5$mm 的零件，图 2-23（c）所示结构采用了窝槽形式，能克服因料厚较大而可能导致的较大水平推力，用于冲压料厚 $t>3.5$mm 的零件。

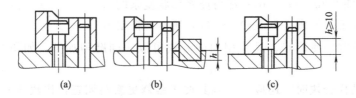

图 2-23 采用螺钉、销钉紧固常见的形式

　　此外，还有如图 2-24 所示的凹模镶拼楔固定。

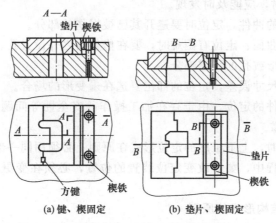

(a) 键、楔固定　　　　　(b) 垫片、楔固定

图 2-24　凹模镶拼结构的楔铁固定

(3) 凹模拼块上螺钉、销钉的数目

凹模拼块上孔的排布方式如图 2-25 所示，螺钉、销钉的数目选用参见表 2-10。

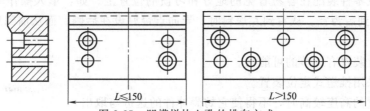

图 2-25　凹模拼块上孔的排布方式

表 2-10　凹模拼块上孔螺钉、销钉的数目

刃口宽度 L/mm	冲压料厚不大于 0.8mm		冲压料厚大于 0.8mm	
	螺钉个数	销钉个数	螺钉个数	销钉个数
≤150	2	2	2	2
>150～200	3	2	3	2
>200～250	4	2	4	3
>250～300	4	3	5	4

2.3　定位的方式及结构设计

坯料在模具送料平面中必须有两个方向的限位：一是在与松料方向垂直方向上的限位，保证条料沿正确的方向送进，称为送进导向；二是在送料方向上的限位，控制条料一次送进的距离（步距），称为送料定距。

为保证条料或带料送进时送进距离的准确性，需设置送料定距定位零件；为控制条料或带料送进时的送进，需设置送进导向零件。

对于块料或半成品冲压件的定位，基本上也是在两个方向上的限位。

2.3.1　设计原则

在选择定位的方式和确定定位零件的结构形式时，应根据坯料形式、模具结构、冲件精度和生产率等要求具体对待。

(1) 选择定位方式的原则

① 在确定定位的方向和位置时，应分析和考虑到冲件的前后、左右及正反情况。凡有正

反、左右误插入的情况时，应能及时发现。

② 凡容易产生回弹的冲件，定位时要避开其已被损伤的部分。

③ 当冲件有大的弯曲面、定位有困难时，要在修整线之外设置孔、筋、压凸等定位部分。

④ 定位时要选择外形或孔的可靠部分。

⑤ 要预计到冲件的尺寸误差，定位的部位要选在未变形的场合。

⑥ 对于尺寸较小冲件的定位，由于存在加工操作的安全性等问题，采用级进模比单件冲压来得简单、方便和可靠。

⑦ 多工序分别冲压时，上下工序的定位形式在原则上必须用同一部位。

⑧ 在多工序冲压过程中，如需改变定位装置的位置，必须在变更的前一工序就准备好将要使用的定位装置。

(2) 设计定位零件结构形式的原则

① 定位至少要有三个支承点、两个导向点和一个定程点。定位支承点与导向点之间应有足够的距离，以保证坯料有较高的定位精度和稳定性。应尽量用支承面来代替支承点。

② 根据冲件所要求的精度，应考虑是否有必要将定位零件作成强制定位。

③ 要将定位零件装配在容易看见的地方和习惯的位置上。如：单人操作时，送料方向以从右到左或从前到后为宜。从右到左送料时，导向点最好设在后侧；而从前到后送料时，导向点则设在左侧。

④ 应使定位装置有调节的可能性。

⑤ 应避免采用推送式定位装置。

⑥ 定位装置的高度较高时，不得使它妨碍冲件的送进与取出。

⑦ 当定位不稳定时，应考虑有粗定位和精定位两种方式。

⑧ 对于定位工具，与采用点接触导向的导销一类定位零件相比，不如采用线或面接触导向的定位板，因其耐磨性和位置精度较好。

⑨ 将冲件在前部推出时，有时背部定位会造成麻烦。这时，可考虑采用隐式定位。

⑩ 当处于下止点位置时，绝对不能使定位装置与上模相撞。

⑪ 当有可能时，将定位与其他机能综合起来则更为有利。如采用定位卸料板等。

⑫ 当采用传递式送料、由机械手等自动送入时，由于冲件的惯性、振动、落下等动作，冲件有产生跳动的倾向。即使加工方面没有问题，而为了定位的稳定，有时也需改变冲件的形状，而定位装置本身也应作相应的调整。

2.3.2　定位零件结构及选用

常用的送料定距定位零件主要有：挡料销、导正销、定距侧刃等，其选用及设计要求如下。

(1) 挡料销

① 固定挡料销。固定挡料销用于带固定及弹压卸料板模具中的条料定位，同时保证送进时的送进距，一般装在凹模上，主要有圆柱形挡料销及钩形挡料销两种。圆柱形挡料销又称台肩式挡料销，其固定及工作部分的直径差别较大，不至于削弱凹模强度，使用简单、方便，如图 2-26 (a) 所示；钩形挡料销的固定及工作部分形状不对称，需要钻孔并加定向装置，一般用于冲制较大和料厚的工件，如图 2-26 (b) 所示。

固定挡料销可根据 JB/T 7649.10—2008 (固定挡料销的结构尺寸) 选用。

② 活动挡料销。活动挡料销常用于倒装复合模中，装于卸料板上可以伸缩，其结构形式有采用弹簧弹顶挡料装置 [图 2-27 (a)]、扭簧弹顶挡料装置 [图 2-27 (b)]、橡胶弹顶挡料装置 [其结构参见图 2-27 (c)，可根据 JB/T 7649.7—2008 选用] 等几种。

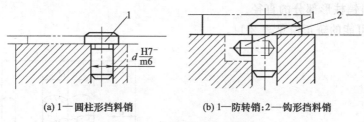

(a) 1—圆柱形挡料销　　　　　　(b) 1—防转销；2—钩形挡料销

图 2-26　固定挡料销的应用

　　弹簧弹顶挡料装置及弹簧弹顶挡料销结构尺寸可分别根据 JB/T 7649.5—2008（弹簧弹顶挡料装置、弹簧弹顶挡料销结构尺寸）选用。

　　扭簧弹顶挡料装置、挡料销及扭簧结构尺寸可分别根据 JB/T 7649.6—2008（扭簧弹顶挡料装置、挡料销结构尺寸、扭簧结构尺寸）进行选用。

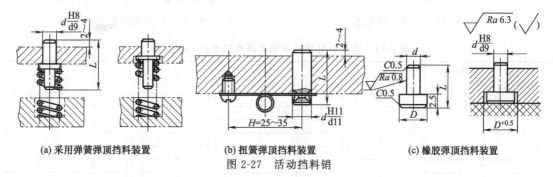

(a) 采用弹簧弹顶挡料装置　　　　(b) 扭簧弹顶挡料装置　　　　(c) 橡胶弹顶挡料装置

图 2-27　活动挡料销

　　图 2-28 所示为回带式挡料销，是活动挡料销的另一种型式，其在送进方向上带有斜面，当条料向前送进时，就对挡料销的斜面施加压力，而将挡料销抬高，并将弹簧顶起，挡料销越过条料上的搭边而进入下一个孔中，此时将条料后拉，挡料销抵住搭边而定位。常用于刚性卸料板的冲裁模中，适用于冲制料厚大于 0.8mm（一般为 6～20mm）的窄形工件。回带式挡料销的选用参见 JB/T 7649.8—2008。

　　③ 始用挡料销。始用挡料销一般用在级进模上，用于条料送进时的初始定位，常与固定挡料销配合使用，起辅助定位用，用时向里压紧，使之挡住条料而限定送进距离。第一次冲裁后，弹簧即将始用挡料销退出，并在以后的各次冲压时不再使用。

　　始用挡料销结构尺寸、弹簧芯柱结构尺寸可分别根据 JB/T 7649.1—2008 及 JB/T 7649.2—2008 进行选用。

(2) 导正销

　　使用导正销的目的是消除送进导向和送料定距或定位板等粗定位误差，导正销主要用于级进模，也可用于单工序模。在级进模中，导正销通常在级进模的第二工位以后的凸模上设置，以使模具工作前，通过导正销先插入已冲好的孔中，使孔与外形的相对位置准确。导正销通常与挡料销配合使用，也可以与侧刃配合使用。

　　当设计带挡料销与导正销的级进模时，挡料销只作初步定位，然后，导正销将条料导正到精确的位置。因此，挡料销的位置应该保证导正销在导正条料的过程中使条料有活动的可能（条料被拉回或推前），一般导正条料时的活动量取 0.1mm。

　　如图 2-29 所示的挡料销与导正销的距离 e 应按以下关系确定：

$$e = C - D/2 + d/2 + 0.1$$

式中　C——步距，等于冲裁直径 D 与搭边 a 之和；

　　　　D——落料凸模的直径；

d——挡料销柱形部分的直径。

采用导正销可能的矫正值见表 2-11。

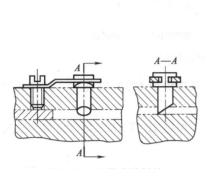

图 2-28　回带式挡料销

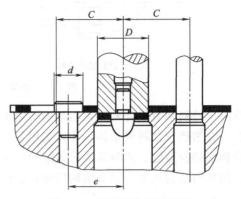

图 2-29　挡料销位置的确定

表 2-11　导正销可能矫正量的基准值±δ（软钢板）　　　　　　mm

板料厚度 导正销直径	0.2	0.4	0.8	1.5	3.0
3.0	0.05	0.08	0.13	—	—
5.0	0.08	0.13	0.20	0.25	—
6.5	0.10	0.20	0.25	0.35	—
8.0	0.12	0.20	0.25	0.40	0.65
10.0	0.13	0.20	0.30	0.50	0.75
13.0	0.15	0.25	0.38	0.75	0.80
19.0	0.15	0.25	0.40	0.80	1.0

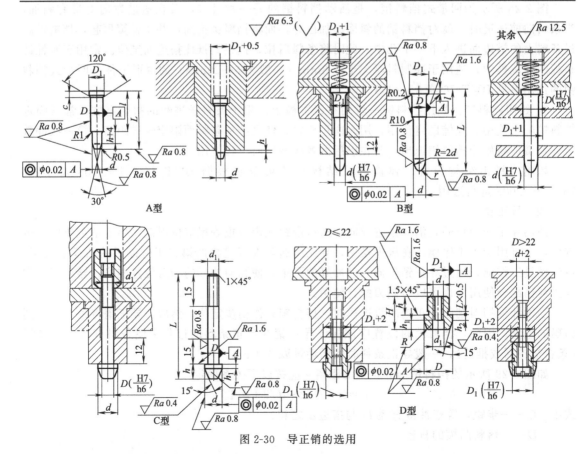

图 2-30　导正销的选用

① 导正销的结构形式及选用。根据导正销与凸模装配形式的不同，导正销有如图 2-30 所示的四种结构。导正销的结构形式主要根据孔的尺寸选择。

其中：A 型导正销用于直径 $d=2\sim12mm$ 的孔；B 型用于直径 $d\leqslant10mm$ 的孔；C 型用于直径 $d=4\sim10mm$ 的孔；D 型用于直径 $d=12\sim50mm$ 的孔。

A 型、B 型、C 型、D 型导正销的结构尺寸可分别根据 JB/T 7647.1—2008、JB/T 7647.2—2008、JB/T 7647.3—2008、JB/T 7647.4—2008 进行选用。

② 导正销的设计。设计导正销时，考虑到上一工位冲孔后的孔径会发生弹性收缩而变小，因此，导正销的直径应比冲孔凸模直径小，其基本尺寸 d 可按下式计算：

$$d=d_凸-a$$

式中　d——导正销的基本尺寸；

　　　$d_凸$——冲孔凸模直径；

　　　a——导正销与冲孔凸模的双边间隙，参见表 2-12。

表 2-12　导正销与冲孔凸模的双边间隙 a　　　　mm

板料厚度 t	冲孔凸模的直径 d						
	$>1.5\sim6$	$>6\sim10$	$>10\sim16$	$>16\sim24$	$>24\sim32$	$>32\sim42$	$>42\sim60$
$\leqslant1.5$	0.04	0.06	0.06	0.08	0.09	0.10	0.12
$>1.5\sim3$	0.05	0.07	0.08	0.10	0.12	0.14	0.16
$>3\sim5$	0.06	0.08	0.10	0.12	0.16	0.18	0.20

导正销直径可按基孔制间隙配合 h6～h9 制造。圆柱部分的高度 h 值则根据板料厚度及冲孔直径来确定，其值列于表 2-13。

表 2-13　导正销圆柱部分的高度 h　　　　mm

板料厚度 t	冲孔凸模的直径 d		
	$>1.5\sim10$	$>10\sim25$	$>25\sim60$
$\leqslant1.5$	1	1.2	1.5
$>1.5\sim3$	0.6t	0.8t	t
$>3\sim5$	0.5t	0.6t	0.8t

(3) 定距侧刃

定距侧刃常用于级进模中。它是通过切去条料旁侧少量材料，使条（卷）料形成台阶，从而达到挡料的目的。选用侧刃，有利于实现冲压加工的自动化，保证较高的定位精度，但会增加材料消耗。

① 定距侧刃的型式及结构。图 2-31 所示为定距侧刃的型式，图 2-31（a）所示的长方形侧刃，制造方便，但当侧刃尖角磨钝后，条料的边缘出现毛刺，从而影响送料，主要用在料厚小于 1.5mm 的条料定距；图 2-31（b）所示的成形侧刃两端做成凸模，此时条料的边缘出现毛刺时不影响送料，定位精度较高，但制造复杂，用在料厚小于 3mm 的条料定距；图 2-30（c）所示的尖角侧刃每一进距需把条料往后拉，以后端定位，其特点是不浪费材料，但操作不便，主要用于料厚为 1～2mm 的贵重金属条料定距。

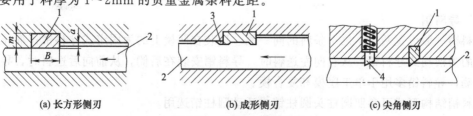

(a) 长方形侧刃　　　　　　(b) 成形侧刃　　　　　　(c) 尖角侧刃

图 2-31　定距侧刃的型式

1—侧刃；2—条料；3—空隙；4—挡销

长方形侧刃（如图 2-32 中所示的 IA 型、IIA 型）及成形侧刃（如图 2-32 中所示的 IB 型、IC 型、IIC 型）的结构见图 2-32，其尺寸可参照 JB/T 7648.1—2008 设计或选用。

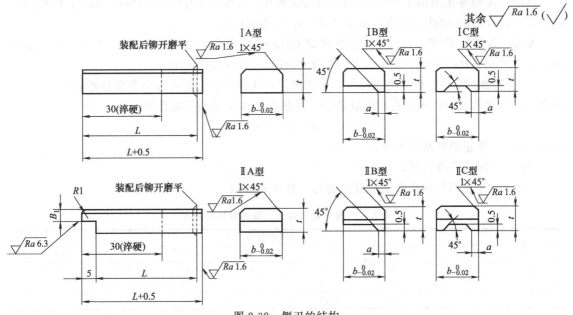

图 2-32　侧刃的结构

② 侧刃的固定。侧刃固定一般采用图 2-33 所示的几种方法。

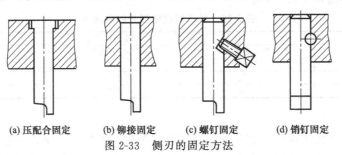

(a) 压配合固定　　(b) 铆接固定　　(c) 螺钉固定　　(d) 销钉固定

图 2-33　侧刃的固定方法

侧刃端部的凸起部分，可保证冲裁时先于侧刃进入凹模，平衡侧刃单边冲裁时产生的侧向力，防止侧刃折断。

③ 侧刃的设计选用。设计选用侧刃时，侧刃的长度按送料步距的公称尺寸加 0.05～0.1mm（工步次数多取大值，次数少取小值；冲厚料取大值，冲薄料取小值）；侧刃断面尺寸取 6～10mm，侧刃切下料边宽度近似等于材料厚度。

2.3.3　送进导向零件的选用

(1) 导料销

导料销一般设置两个，位于条料的同一侧。压装在凹模上的为固定式导料销；而压装在卸料板上的为活动式导料销。从右向左送料时，导料销安装在后侧，从前向后送料时，导料销安装在左侧，导料销多用于单工序模和复合模。

导料销结构形式可参照圆柱头圆柱销或活动圆柱销选用。

(2) 导料板

条料靠着导料板（导尺）或导料销一侧导向送进，以免送偏。导料板有与导板（卸料板）

分离的和连成整体的两种结构（图2-34）。其中：图2-34（a）所示结构用于弹压卸料板结构中，图2-34（b）所示结构用于固定卸料板结构。

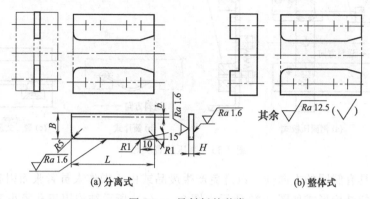

(a) 分离式   (b) 整体式

图 2-34 导料板的种类

为使条料顺利通过，导料板间的距离应等于条料的最大宽度加上一间隙值（一般大于0.5mm）。其高度 H 视板料厚度 t 与挡料销的高度 h 而定，其具体尺寸见表2-14。使用固定挡料销时，导料板的高度较大，挡料销之上要有适当的空间，使条料易于通过。送料不受阻碍时，导料板的高度可以小些。

表 2-14 导料板的高度   mm

板料厚度 t	挡料销高度 h	导料板高度 H	
		固定挡料销	自动挡料销或侧刃
0.3~2.0	3	6~8	4~8
2.0~3.0	4	8~10	6~8
3.0~4.0	4	10~12	6~10
4.0~6.0	5	12~15	8~10
6.0~10.0	8	15~25	10~15

标准导料板可按 JB/T 7648.6—2008 进行选用。

(3) 侧压装置

为保证零件紧靠导料板一侧正确送进，当条料宽度公差过大时，则需在一侧导尺上加装侧压装置，以避免送料时条料在导料板中摆动。侧压装置有压板式及簧片式两种，如图2-35所示。图2-35（a）所示为侧面压板式压料装置，其侧压力大而均匀，一般装在模具进料一端，适用于侧刃定距的级进模；图2-35（b）、（c）所示为簧片式，由于侧压力较小，适用于板料厚度为0.3~1mm的薄板冲裁模。

应该注意的是，不论哪种类型的侧压装置，板厚在0.3mm以下的薄板均不宜采用。由于有侧压装置的模具送料阻力较大，因而备有辊轴自动送料装置的模具也不宜设置侧压装置。

2.3.4 定位板及定位销的选用

单个冲件或毛坯的冲压一般采用定位板或定位销结构来对外缘轮廓或内孔定位，以保证前后工序相对位置的精度或冲件内孔与外缘的位置精度的要求。

定位方式的选择应根据冲件的具体要求来考虑。一般当外形简单时，采用定位板以外缘定位；而当外形复杂或外缘定位不符合要求时，则采用定位销以内孔定位。在设计定位装置时，定位要可靠，放置毛坯和取出冲件要方便，要考虑操作安全。对于不对称的冲件，定位需设计

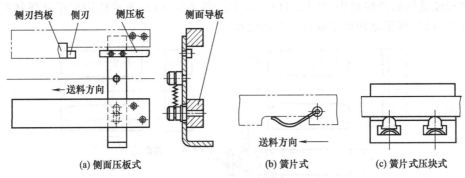

图 2-35 侧压装置类型

成不可逆的,应具有鲜明的方向性,以避免产生废品或由于操作人员紧张而引起事故。

定位销定位的结构形式如图 2-36 所示。图 2-36 (a) 所示结构用于孔径小于 15mm 的小圆孔定位;图 2-36 (b) 所示结构用于孔径为 15~30mm 的中型圆孔零件定位;图 2-36 (a) 所示结构则用于冲件或毛坯外形的定位。

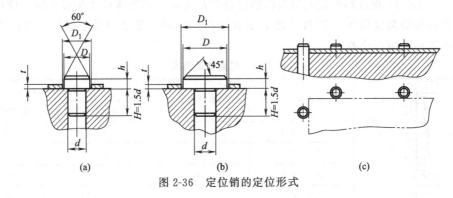

图 2-36 定位销的定位形式

定位板定位的结构形式如图 2-37 所示。图 2-37 (a) 所示结构用于孔径大于 30mm 的圆孔定位;图 2-37 (b) 所示结构用于冲件或毛坯的外形定位;图 2-37 (c) 所示结构用于拉深件冲底孔时的定位;而图 2-37 (d) 所示结构则用于大型冲件或毛坯的内孔定位。

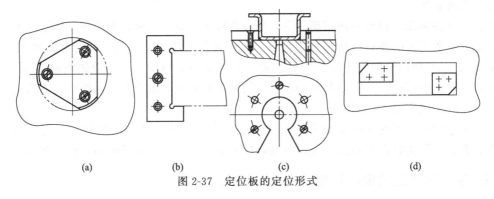

图 2-37 定位板的定位形式

定位板一般应有两个销钉固定,以防止定位板的移动。定位板(销)通常所取的极限偏差为 h8,定位板的定位厚度和定位销的高度可参照表 2-15 选取。

表 2-15 定位板厚度和定位销的高度   mm

板料厚度 t	≤1.0	1~3	3~6
定位板高度 h	2	$t+1$	t

2.4 卸料及压料零件的设计及选用

卸料装置包括卸料、推件和顶件等装置，主要用来在冲压工作完成后，把冲件或废料从模具工作零件上卸下来，通常，卸料是把冲件或废料从凸模上卸下来，推件和顶件一般是把冲件或废料从凹模中卸下来。

卸料装置除起卸料作用外，有时也起压料或凸模导向的作用，此外还兼有保护凸模强度、防止冲裁时材料的变形等作用。

常用的卸料及压料零件主要有：固定卸料板、活动卸料板、弹压卸料板和废料切刀等，不同型式的卸料装置主要是通过上述不同的零件或上述不同零件的组合完成的。

2.4.1 卸料装置中关系尺寸的计算

常见卸料装置的形式及应用参见表 2-16。

表 2-16 常见卸料装置的形式及应用

形式	简图	结构特点	应用
固定卸料		固定卸料装置由固定卸料板及相关紧固件组成，具有结构简单、工作可靠、卸料力较大等优点。当卸料板仅起卸料作用时，凸模与卸料板的双边间隙取决于板料厚度，一般在 0.2～0.5mm 之间，板料薄的取小值，板料厚的取大值。当固定卸料板兼起导板作用时，一般按 H7/h6 配合制造，但应保证导板与凸模之间间隙小于凸、凹模之间间隙，以保证凸、凹模的正确配合	适用于平整度要求不高或厚板料制件的卸料。主要用于冲制材料厚度不小于 0.8mm 厚的带料或条料
悬臂卸料			主要用于窄而长冲件冲孔和切口时卸料用
弹压卸料		弹压卸料装置由弹压卸料板、弹性元件（弹簧、橡胶等）组成。既起卸料作用，又起压料作用，由于在工作前对板料有预压作用，故所得冲裁零件的质量较好，平直度较高。因此，质量要求较高的冲裁件或薄板冲裁宜采用弹压式卸料装置。当卸料板起导向作用时，卸料板与凸模按 H7/h6 配合制造，但其间隙应比凸、凹模间隙小	用于冲制薄料和要求平整的工件。大量应用于级进模及复合冲裁模，一般用于板料厚度小于 1.5mm 的情况。卸料力主要来源于弹簧或橡皮，用后者使模具装校更方便
废料切刀		利用废料切刀代替卸料板，将废料切断，解决卸料力大的问题 对于冲件形状简单的冲裁模，一般设两个废料切刀；冲件形状复杂的冲裁模可以用弹压卸料加废料切刀进行卸料	对于大型零件冲裁或成形件切边时，如果冲件尺寸较大或板料厚度较厚而造成卸料力较大时，一般都采用废料切刀分段切断废料。使废料自然离开凸模并靠自重落下

形式	简图	结构特点	应用
弹压卸料刚性推件装置		弹压卸料刚性推件装置主要由卸料板、弹性元件(弹簧、橡胶等)、推杆及推件块组成。刚性推件装置推件力大,工作可靠,所以应用十分广泛,但不起压料作用。为使刚性推件装置能够正常工作,推力必须均衡。为此,连接推杆需要2～4根且分布均匀、长短一致。推板安装在上模座内。在复合模中,为了保证冲孔凸模的支承刚度和强度,推板的平面形状尺寸只要能够覆盖到连接推杆,本身刚度又足够,不必设计得太大,以使安装推板的孔不致太大	不但用于倒装式冲模中的推件,而且也用于正装式冲模中的卸件或推出废料,尤其对于冲裁板料较厚的冲裁模,宜用这种推件装置
弹压卸料和推件装置		弹压卸料和推件装置主要由卸料板、弹性元件(弹簧、橡胶等)、推杆及推件块组成。弹性推件,在冲裁时能压住制件,冲出的制件质量较高,但弹性元件的压力有限,当冲裁较厚材料时推件力不足或使结构庞大	对于板料较薄且平直度要求较高的冲裁件,宜用弹性推件装置。它以弹性元件的弹力代替打杆给予推件块的推力。采用这种结构,冲件质量较高,但冲件容易嵌入边料中,取出零件麻烦
顶件装置		顶件装置一般是弹性的,主要由顶杆、顶件块和装在下模底下的弹顶器等基本零件组成 顶件块与凹模和凸模的配合应保证顺利滑动,不发生互相干涉。为此,推件块和顶件块与凹模为间隙配合,其外形尺寸一般按公差与配合国家标准h8制造,也可以根据板料厚度取适当间隙。推件块和顶件块与凸模的配合一般呈较松的间隙配合,也可以根据板料厚度取适当间隙。弹顶器可以做成通用的,其弹性元件是弹簧或橡胶。大型压力机本身具有气垫作为弹顶器	对于板料较薄且平直度要求较高的冲裁件,宜用弹性推件装置。采用顶件装置这种结构的顶件力容易调节,工作可靠,冲裁件平直度较高。但冲件容易嵌入边料中,产生与弹性推件同样的问题

为保证卸料装置的可靠、稳定地完成卸料工作,在设计卸料装置时,应正确处理好以下卸料装置尺寸的计算。

(1) 卸料弹簧窝座的深度

如图2-38所示,弹簧窝座的深度 H,应使冲模在闭合状态时,弹簧压缩到最大的允许压缩量。

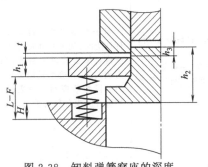

图2-38 卸料弹簧窝座的深度

其计算公式为:

$$H = L - F + h_1 + t + 1 - h_2 + h_3$$

式中 L——弹簧自由状态下的长度,mm;

F——弹簧允许的最大压缩量,mm;

h_1——卸料板的厚度,mm;

t——板料厚度,mm;

h_2——凸模高度,mm;

h_3——刃口修磨量,一般为4～6mm;

数值"1"——入模量。

(2) 卸料板螺钉的沉孔深度

如图 2-39 所示，沉孔螺钉的深度可按下式计算：

$$H = h_1 + h_2 + 0.5 - h_3 - L$$
$$H > h + h_4 + h_5 + (3 \sim 8)$$

式中 h_1——模座厚度，mm；

h_2——凸模（或凸凹模）的高度，mm；

h_3——卸料板的厚度，mm；

h——卸料螺钉头部高度，mm；

h_4——刃口修磨量，mm；

h_5——入模量，mm。

(3) 打杆的长度

如图 2-40 所示，打杆的长度可按下式计算：

$$H = h_1 + h_2 + C$$

式中 h_1——顶出状态时，打杆在上模座平面以下的长度，mm；

h_2——压力机的结构尺寸，mm；

C——考虑各种误差而加的常数，一般取 $C = 10 \sim 15$mm。

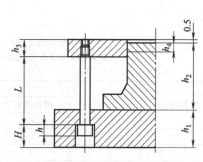

图 2-39 卸料板螺钉的沉孔深度

(4) 顶杆的长度

如图 2-41 所示，顶杆的长度可按下式计算：

$$L = H_1 + H_2 + H_3$$

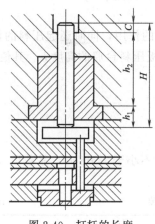

图 2-40 打杆的长度

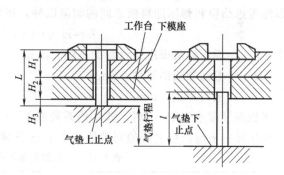

图 2-41 顶杆的长度

式中 H_1——气垫在压力机上止点时，顶杆在冲模内的长度，mm；

H_2——压力机工作台的厚度，mm；

H_3——气垫上平面与工作台下平面之间的间隙，mm。

为了安全使用，气垫处于下止点位置时，要求顶杆不能脱离工作台。这时，应满足：

$$L > l + H_3$$

式中 l——气垫行程长度，mm。

(5) 卸料板与凸模之间的间隙

卸料板与凸模之间的间隙大小以不致使冲件或废料被拉进间隙为准。根据卸料板（固定卸料板、弹性卸料板）类型的不同，其与凸模之间间隙的选取也有所不同。

① 固定卸料板与凸模之间的间隙。固定卸料板与凸模之间的间隙值按表 2-17 选取。

表 2-17　固定卸料板与凸模之间的间隙　　　　　　　　　　　　　mm

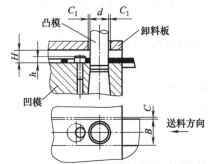

t—板料厚度；H—卸料板与凹模间的距离；h—挡料钉头部的高度；
C—侧面导板与条料宽度之间的间隙；C_1—在有导柱的冲模中凸模与卸料板的单面间隙

板料厚度 t	h	H				C_1	C
		用挡料钉挡料的冲模高度		用侧刃或自动挡料的冲模高度			
		≤200	>200	≤200	>200		
≤1	2.0	4	6	4		0.2	0.2	0.5
>1~2	2.5	6	8	6		0.3	0.3	
>2~3	3.0	8	10					1
>3~4	4.0	10	12	8		0.5	0.5	2
>4~6		12	14	10				

注：1. C 最小不小于 0.05mm。

2. 在无导柱冲模中，用卸料板的孔来作凸模导向时，凸模和卸料板之间的配合为 H7/h6。

3. 当 $t \geqslant 1$mm 时应采用侧压板。

② 弹压卸料板与凸模之间的间隙。弹压卸料板不仅起卸料的作用，同时还起压料的作用。所以除考虑凸模和弹压卸料板之间的间隙以外，还要考虑卸料板压料台肩的高度 h。其值为：

$$h = H - t + (0.1 \sim 0.3)t$$

式中　　h——弹压卸料板压料台肩的高度，mm；

　　　　H——侧面导板的厚度，mm；

　　　　t——板料厚度，mm。

当板料厚度小于 1mm 时，式中的系数取 0.3；当板料厚度不小于 1mm 时，系数取 0.1。

弹压卸料板与凸模之间的间隙值按表 2-18 选取。

表 2-18　弹压卸料板与凸模之间的间隙　　　　　　　　　　　　　mm

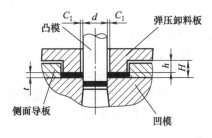

板料厚度 t	≤0.5	>0.5~1	>1
单面间隙 C	0.05	0.10	0.15

注：1. 弹压卸料板的孔用来作凸模导向时，凸模和卸料板之间的配合为 H7/h6。

2. 对于级进模中小孔凸模与卸料板之间的单面间隙可适当放大。

2.4.2 弹簧的选用及计算

弹簧和橡胶是模具中广泛应用的弹性零件，主要用于卸料、推件和压边等工作。此外，有条件的也可使用气垫。冲模中常用的弹簧有圆柱形压缩弹簧和碟形弹簧两类。

(1) 圆柱形压缩弹簧的选用及计算

图 2-42 为圆柱形压缩弹簧结构简图。

1) 圆柱形压缩弹簧的标记

弹簧按 $d \times D \times L$ 标记。右旋弹簧不需注明旋向。如弹簧外径 $D=30$mm，钢丝直径 $d=2$mm，自由状态高度 $L=50$mm 的右旋圆柱形压缩弹簧标记为：弹簧 $2 \times 30 \times 50$ GB/T 2089—1994。标准弹簧自由状态高度 H 值为"5"进距，有 15mm、20mm、25mm、30mm、35mm、40mm、45mm、50mm、55mm、60mm 等。

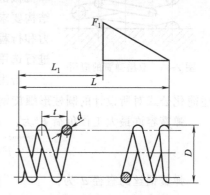

图 2-42 圆柱形压缩弹簧
L—弹簧在自由状态下的长度；
L_1—弹簧受最大工作负荷时的长度；
F_1—最大工作载荷；D—弹簧外径；
d—钢丝直径；t—弹簧节距

2) 选用圆柱形压缩弹簧的要求

弹性卸料装置中的弹簧，一般不进行强度设计，而是按标准选用。选择时应满足下述要求：

① 压力要足够。即：

$$F_{预} = F_{卸} / n$$

式中　$F_{预}$——弹簧的预压力，N；

　　$F_{卸}$——卸料力或推件力、压边力，N；

　　n——弹簧根数。

② 压缩量要足够。即：

$$S_1 \geqslant S_{总} = S_{预} + S_{工作} + S_{修磨}$$

式中　S_1——弹簧允许的最大压缩量，mm；

　　$S_{总}$——弹簧需要的总压缩量，mm；

　　$S_{预}$——弹簧的预压缩量，mm；

　　$S_{工作}$——卸料板或推件块、压边圈的工作行程，mm；

　　$S_{修磨}$——模具的修磨量或调整量，一般取 4～6mm。

当卸料、推件力较大时，可采用图 2-43 所示的双层弹簧，否则，可采用碟形弹簧。但碟形弹簧的压缩量小，当需要压缩量大时不宜采用，此时可考虑选用橡胶。

使用双层弹簧时，内、外圈弹簧的旋向应不同，一个为右旋，另一个为左旋。内、外弹簧预压缩后的许可压缩量应是相同的。

双层弹簧的最大总载荷 F 为：$F = F_1 + F_2$

式中　F_1，F_2——每个弹簧单独的最大允许载荷。

双层弹簧中两个弹簧的单面间隙 Z（图 2-43）按 $Z = (0.5 \sim 1)d$ 确定。

3) 选用卸料弹簧的步骤

① 根据卸料力和模具安装弹簧的空间大小，初定弹簧数量 n，计算出每个弹簧应有的预压力 $F_{预}$ 并满足 $F_{预} = F_{卸} / n$。

② 根据预压力 $F_{预}$ 和模具结构预选弹簧规格，选择时应使弹簧的最大工作负荷 F_2 大于 $F_{预}$。

③ 计算预选的弹簧在预压力 $F_{预}$ 作用下的预压缩量 $S_{预}$。也可以直接在弹簧压缩特性曲线上根据 $F_{预}$ 查出 $S_{预}$。

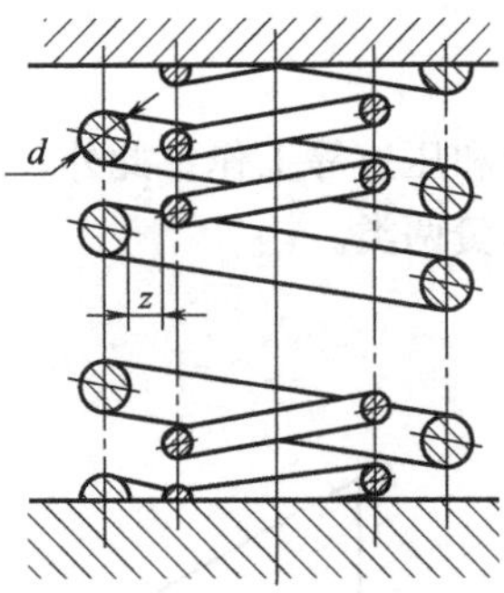

图 2-43 双层弹簧的应用

④ 校核弹簧最大允许压缩量是否大于实际工作总压缩量。

⑤ 如果不满足上述关系，则必须重新选择弹簧规格。直至满足为止。

4）圆柱形压缩弹簧的计算

作为冲裁卸料或顶件用的弹簧已形成标准，冷冲模国家标准和机械部标准均可供模具设计时选用，选用的原则是在满足模具结构要求的前提下，保证所选的弹簧能够达到模具所要求的作用力和行程。圆柱形压缩弹簧的基本性能可查阅 GB/T 2089—2009 进行选用。

若生产中有特殊需要，根据模具的实际使用情况，可根据下述简化公式对所设计的圆柱形螺旋钢丝弹簧进行估算。

弹簧容许最大工作负荷 F 为：

$$F = \frac{\pi d^3}{8D}[\tau] = 0.392 \frac{d^3}{D}[\tau]$$

弹簧钢丝的直径 d 为：

$$d = \sqrt[3]{\frac{FD}{0.392[\tau]}} \quad \text{或} \quad d = \sqrt{\frac{Fx}{0.392[\tau]}}$$

弹簧最大工作负荷下的轴向压缩量 λ 为：

$$\lambda = \frac{8FD^3 n}{Gd^4}$$

有效工作圈数 n 为：

$$n = \frac{\lambda Gd^4}{8FD^3}$$

总圈数 n_1 为：

$$n_1 = n + 1.5$$

节距 t 为：

$$t = 1.1d + \frac{\lambda}{n}$$

最大工作压力下的弹簧长度 L_1 为：

$$L_1 = (n - 0.5)d$$

弹簧的自由长度 L 为：

$$L = L_1 + n(t - d)$$

外径 $D_外$ 为：

$$D_外 = D + d$$

钢丝展开后的长度 L_0 为：

$$L_0 = \pi D n_1$$

式中　F——弹簧容许最大工作负荷，N；

　　　λ——最大工作负荷下的轴向压缩量，mm；

　　　t——弹簧节距，mm；

　　　L_0——弹簧展开长度，mm；

　　　L——弹簧自由长度，mm；

　　　$D_外$——弹簧外径，mm；

n——弹簧有效工作圈数；

n_1——弹簧总圈数；

$[\tau]$——许用剪应力，对弹簧钢采用 400～500MPa；

G——剪切弹性系数，对弹簧钢采用 75～80GPa；

D——弹簧中径，mm；

d——弹簧钢丝的直径，mm；

x——$x = \dfrac{D}{d}$，建议采用 4，6，8 或 10，目的是为设计弹簧时，能减少弹簧缠绕心轴的数量。

当设计的压缩弹簧圈数较时，在较大的轴向载荷作用下，弹簧工作时有可能发生较大的侧向弯曲而失去稳定性。

为保证弹簧的稳定性，一般要对设计的圆柱形压缩弹簧进行稳定性校核，对于弹簧两端固定支承方式，应满足其高径比 $b = L/D < 5.3$；对弹簧一端固定，一端自由回转时，应满足其高径比 $b = L/D < 3.7$；对弹簧两端自由回转时，应满足其高径比 $b = L/D < 3.6$。若不满足，则应重新选择参数，如果确因结构等条件限制不能改变参数，则应在弹簧上设置导杆或导套。

图 2-44 给出了弹簧常见的固定及放置方式。

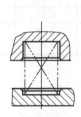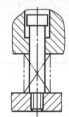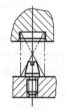

(a) 设置弹簧窝　　(b) 设置导杆(卸料螺钉)　　(c) 设置导杆(导料杆)　　(d) 设置弹簧窝及导杆

图 2-44　弹簧常见的固定及放置方式

(2) 碟形弹簧的选用及计算

对于卸料、推件力较大时，可采用碟形弹簧，其结构紧凑。但碟形弹簧的压缩量小，当需要压缩量大时不宜采用，否则要求很多碟形弹簧串联，影响模具结构。

① 碟形弹簧的选用。碟形弹簧有单个装置组成的直列式和多个装置组成的复合式两种组合形式，如图 2-45 所示。

其中：导杆是配合碟簧使用的导向件，其外形尺寸按碟簧的内径减 0.2～0.6mm 确定；碟形弹簧材料通常为 65Mn 钢，并需热处理后硬度达 40～45HRC，碟形弹簧已标准化，可根据相关国标或机械标准在市场上直接购买、选用，当需自制时，必须采用板料，不允许用切削杆料的方法制造。

碟形弹簧的标记根据其外径 D 及内径 d 尺寸而定，如外径 $D = 22\text{mm}$，内径 $d = 10.5\text{mm}$ 的碟形弹簧标记为：碟形弹簧 $\phi22 \times \phi10.5$。常用碟形弹簧规格尺寸见表 2-19。

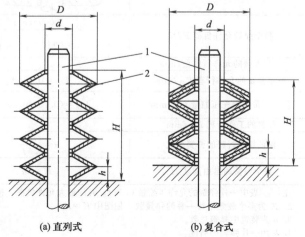

(a) 直列式　　　　(b) 复合式

图 2-45　碟形弹簧组装形式

1—导杆；2—碟簧

表 2-19　碟形弹簧规格尺寸　　　　　　　　　　　　　mm

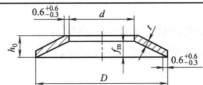

D(h14)		d(H14)		t	f_m	h_0	允许行程 $=0.65f_m$	允许行程下的负载 P/N
				允差				
公称尺寸	允差	公称尺寸	允差	$+0.10$ -0.03	$+0.4$ -0.2	$+0.5$ -0.3	$+0.26$ -0.13	$\pm0.1P$
16	0 -0.43	8.5	$+0.36$ 0	1.0	0.5	1.5	0.32	1500
22		10.5		1.5		2.0		2700
30	0 -0.52	15	$+0.43$ 0	1.0	1.0	2.0	0.65	1400
				0.6	2.6		0.39	5500
32		10		2.0	0.9	2.9	0.58	6100
35		15		1.5	1.0	2.5	0.65	2800
40		20		1.0	1.5		0.97	1300
	0 -0.62	25	$+0.52$ 0	2.5	0.8	3.3	0.52	9900
45				1.5	1.5	3.0	0.97	3200
		20		3.0	1.0	4.0	0.65	14500
50				2.0	1.5	3.5	0.97	4600
		30		3.0	1.0	4.0	0.65	12500

注：1. 材料为 65Mn。
2. 热处理硬度为 40～45HRC。

② 碟形弹簧的计算。碟形弹簧的计算公式见表 2-20。

表 2-20　碟形弹簧的计算

计算项目	单个装置	多个装置
整个弹簧允许负荷 F/N	$F=\dfrac{10000\tan^2\alpha f_m t^2}{n\left(1-\dfrac{d}{1.5D}\right)}$	$F=\dfrac{10000\tan^2\alpha K f_m t^2}{n\left(1-\dfrac{d}{1.5D}\right)}$
一片弹簧的允许压缩量/mm	$0.65f_m$	
整个弹簧的允许行程 $L_总$/mm	$L_总=0.65nf_m$	$L_总=0.65\dfrac{n}{K}f_m$
整个弹簧的预先压缩量 $L_预$/mm	$L_预=(0.15\sim0.20)nf_m$	$L_预=(0.15\sim0.20)\dfrac{n}{k}f_m$
弹簧的工作行程 $L_工$/mm	$L_工=L_总-L_预$	
保证规定行程的弹簧个数	$n=\dfrac{L_工}{0.5f_m}$	$n=\dfrac{KL_工}{0.5f_m}$
整个弹簧的自由高度 H	$H=nh$	$H=\dfrac{n}{K}[h+t(K-1)]$

注：1. 表中一片弹簧的允许压缩量 $0.65f_m$ 时的最大允许负荷，按表 2-19 中数据选用。
2. K 为多个装置中每一叠的弹簧数，如图中 $K=3$。
3. n 为装置中弹簧总数。
4. h 为一片弹簧的高度。
5. t 为弹簧板的厚度。
6. 式中 $\tan\alpha=\dfrac{2(h-t)}{D-d}$。

③ 碟形弹簧的应用结构。在冷冲模中，碟形弹簧的应用结构如图 2-46 所示。

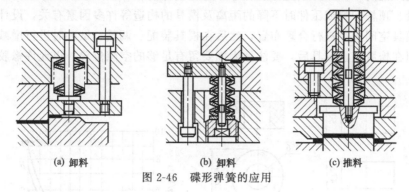

(a) 卸料　　　　　　　　(b) 卸料　　　　　　　　(c) 推料

图 2-46　碟形弹簧的应用

2.4.3　橡胶的选用及计算

橡胶允许承受的负荷比弹簧大，且安装调整方便、价廉，是冲裁模中常用的弹性元件。

(1) 橡胶的使用条件

为保证橡胶的正常使用，不致过早损坏、失去弹性。应控制其允许的最大压缩量 $S_总$ 为自由高度 $H_{自由}$ 的 $35\%\sim45\%$，而橡胶的预压缩量 $S_预$ 一般取 $H_{自由}$ 的 $10\%\sim15\%$，则橡胶的工作行程为：

$$S_{工作}＝S_总－S_预＝(0.25\sim0.30)H_{自由}$$

式中　$S_{工作}$——卸料板或推件块、压边圈等的工作行程与模具修磨量或调整量（$4\sim6\text{mm}$）之和再加 1mm。

橡胶的高度 H 与直径 D 之比必须在 $0.5\leqslant H/D\leqslant1.5$ 范围内，如图 2-47（a）所示；如果超过 1.5，则应将橡胶分成若干段，在其间垫钢圈，并使每段橡胶的 H/D 值仍在上述范围内，如图 2-47（b）所示。

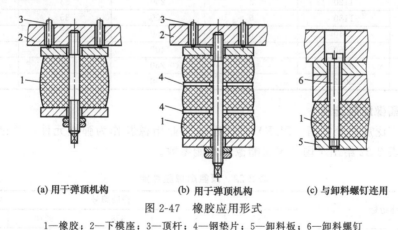

(a) 用于弹顶机构　　　　　(b) 用于弹顶机构　　　　　(c) 与卸料螺钉连用

图 2-47　橡胶应用形式

1—橡胶；2—下模座；3—顶杆；4—钢垫片；5—卸料板；6—卸料螺钉

(2) 橡胶的选用计算

橡胶所能产生的压力 F 为：

$$F＝Aq$$

式中　F——压力，N；

　　　A——橡胶的横截面积，mm^2；

　　　q——橡胶所产生的单位面积压力，与压缩量有关，其值可按图 2-48 确定，设计时取预压量下的单位压力。

橡胶所能产生的工作压力，随橡胶牌号、应变量等变化，模具上安装橡胶的形状、大小与所需要的力量、顶杆卸料或压件时下降的距离及模具的构造等许多因素有关，设计中大多凭经验，并依据模具空间大小进行合理布置，然后在模具装配、调整、试冲时进行增减，直至试冲适用为止。但在橡胶装上模具后，要注意周围要留有足够的空隙位置，以允许橡胶压缩时断面尺寸的胀大。

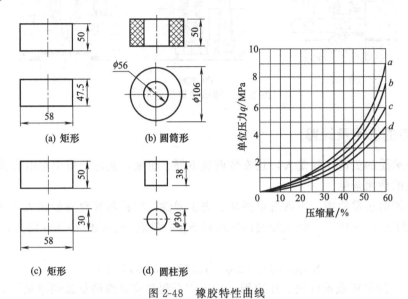

图 2-48　橡胶特性曲线

表 2-21 给出了常见的橡胶力学性能。

表 2-21　常用橡胶的力学性能

类型	牌号	扯断力(≥)/MPa	伸长率(≥)/%	永久变形(≥)/%	邵氏硬度(A)
普通橡胶板	1120	3	250	35	60～75
	1130	6	300	35	60～75
	1140	8	350	35	55～70
	1250	13	400	30	50～65
耐油橡胶板	3001	7	250	25	60～75
	3002	9	250	25	60～75

(3) 聚氨酯橡胶的选用

目前，已广泛应用聚氨酯（PUR）替代普通工业用橡胶作为弹性元件，并已在市场上形成系列产品，表 2-22 给出了国产聚氨酯橡胶性能参数。

表 2-22　聚氨酯橡胶性能

性能指标	橡胶牌号				
	8295	8290	8280	8270	8260
邵氏硬度(A)	95±3	90±3	83±5	73±5	63±5
伸长率/%	400	450	450	500	550
断裂强度/MPa	45	45	45	40	30
300%定伸强度/MPa	15	13	10	5	2.5
断裂永久变形/%	18	15	12	8	6
阿克隆磨耗[cm³/(1.6km)]	0.1	0.1	0.1	0.1	0.1
冲击回弹性/%	15～30	15～30	15～30	15～30	15～30
抗撕力/MPa	10	9	8	7	5
老化系数(100℃×72h)	≥0.9	≥0.9	≥0.9	≥0.9	≥0.9

续表

性能指标	橡胶牌号				
	8295	8290	8280	8270	8260
脆化温度/℃	−40	−40	−50	−50	−50
耐油性(煤油,室温 72h 的增重率)/%	≤3	≤3	≤4	≤4	≤4
适用范围	冲裁		弯曲成形及弹性元件		

聚氨酯橡胶是以定尺寸由厂家供货,设计时可按生产厂家提供的技术参数选用。聚氨酯橡胶的压缩量一般为 10%~35%。

2.4.4 推杆、顶杆、顶板、顶件器和废料刀的选用

在卸料装置中,除卸料板、弹簧、橡胶等零件外,其结构中往往还需包含推杆、顶杆和顶板、顶件器及废料刀等卸料件。

(1) 推杆、顶杆和顶板的设计选用

推杆、顶杆和顶板通常与卸料装置中的卸料块共同作用,形成顶件与推件装置,完成冲裁件或废料的卸料,推杆、顶杆长度应满足卸料结构的需要,其计算具体参见"2.4.1 卸料装置中关系尺寸的计算"。

常用的带肩推杆、带螺纹推杆、顶杆、顶板的结构尺寸可分别根据 JB/T 7650.1—1994、JB/T 7650.2—1994、JB/T 7650.3—1994、JB/T 7650.4—1994 进行选用。

(2) 顶件器的设计选用

在模具中,顶件器的作用是压紧坯料及在冲压过程结束后顶出工件,同时还可以防止毛坯在弯曲过程中的移动及拉深过程中的起皱。

顶件器有橡胶、弹簧和压缩空气三种。它们的压力特性是各不相同的。橡胶顶件器随着压缩行程的增加,其压力呈曲线形增加,并且增加得很快;弹簧顶件器随着压缩行程的增加,压力呈线形关系增大;而压缩空气的顶件器在整个的行程中,压力基本不变。

图 2-49 所示的为橡胶顶件器的结构形式。其中图 2-49 (a) 所示为顶件器装在模具的下模座上;而图 2-49 (b) 所示结构则将顶件器装在冲床或液压机的垫板上。

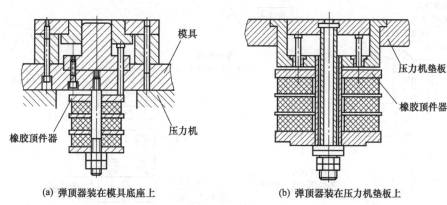

(a) 弹顶器装在模具底座上　　　　　　　(b) 弹顶器装在压力机垫板上

图 2-49　橡胶顶件器

图 2-50 所示为弹簧顶件器,它也可以装在模具的下模板上 [图 2-50 (a)]或直接安装在冲床的垫板上 [图 2-50 (b)]。

气垫装置是利用压缩空气的顶件器。它通过不断压缩的空气将销顶起,可使材料定位。同时,当加工完毕的冲件在排掉压缩空气后,依靠弹簧力,将销打下,并使冲件推出。压缩空气顶件器的结构形式较多,一般都是安装在压力机台面的下部。顶件力的大小可由减压阀来进行

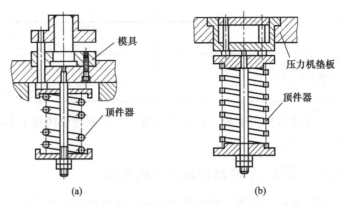

图 2-50　弹簧顶件器

调节。

刚性顶件一般都装在上模。其顶料力大且可靠。通常，顶料力通过打杆、推杆传给推板。为使顶料力均匀分布，推杆要长短一致、分布均匀。推板一般装在上模座的孔内。

(3) 废料刀的设计选用

在冲裁或修边工作中，可装置圆形或长方形切刀以代替卸料板将废料从凸模上卸下。废料

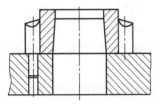

图 2-51　废料刀的使用

刀要紧靠着凸模安装，其刀刃高度要比凸模的刀刃低，相当于材料厚度 t 的 $2 \sim 3$ 倍，但不小于 2mm。在具有圆形凸模的模具中，应装置圆形的废料刀，在紧靠凸模的一边，加工后应和凸模靠紧，其结构形式如图 2-51 所示。圆废料刀用于小型模具和切断薄废料；方废料刀则适用于大型模具和切断厚废料。废料刀的宽度应比废料稍宽些。

表 2-23 给出了废料刀的结构尺寸，可供设计时参考。

表 2-23　废料刀的结构尺寸　　　　　　　　　　　　mm

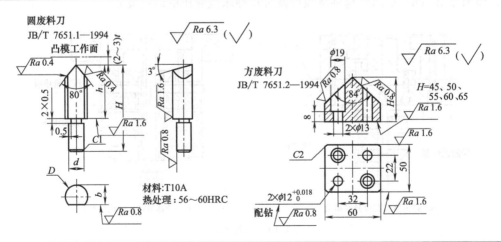

序号	D	基本尺寸 d	极限偏差	H	h	b
1				30	18	
2	14	8	+0.028 +0.019	32	20	12
3				34	22	
4				38	26	

序号	D	基本尺寸 d	极限偏差	H	h	b
5				38	24	
6	20	12		40	26	18
7				42	28	
8			+0.034 +0.023	46	32	
9				46	28	
10	24	16		48	30	22
11				50	32	
12				54	36	
13				53	28	
14	30	20	+0.045 +0.028	57	32	27
15				61	36	
16				65	40	

2.5 凸（凹）模固定板、垫板的设计与选用

凸（凹）模固定板、垫板等零件并不是所有冷冲模都需要设置的，只有在小型、中型或易损凸（凹）模需固定的情况下，才可能设置凸（凹）模固定板，垫板则是为承受和分散小凸模所传递的高应力而设置的。

(1) 凸（凹）模固定板的设计及选用

固定板主要用于小型凸模、凹模或凸凹模等工作零件的固定，其固定形式分别参见"2.1.3 凸模的结构形式及其固定"及"2.2.4 凹模的结构形式及其固定"相关内容。固定板主要分为圆形固定板和矩形固定板两种。

凸模固定板的厚度一般取为凹模厚度的 0.6～0.8 倍，其平面尺寸可与凹模、卸料板外形尺寸相同。凹模固定板的厚度则往往根据所固定的凹模需要确定。

对小型凸（凹）模固定板的凸（凹）模安装孔与凸（凹）模采用过渡配合 H7/m6、H7/n6，压装后将凸（凹）模端面与固定板一起磨平。

固定板材料一般选用 Q235 或 45 钢制造，无需热处理淬硬。

(2) 垫板的设计及选用

垫板的作用是直接承受和分散凸模传递的压力，以降低模座所受的单位压力，保护模座不被凸模端面压陷而损坏。此外，当利用压力机的打杆推件时，因上模座局部被挖空，也需要利用垫板来支承。

当凸模（或凹模）固定端面对模座的单位压力 σ 超过许用压应力值 $[\sigma_{压}]$ 时，就应该在凸（凹）模与模座之间加一淬硬、磨平的垫板。即：

$$\sigma = \frac{F}{A} > [\sigma_{压}]$$

式中 F——冲压力，N；

A——凸（凹）模固定端面的面积，mm^2；

$[\sigma_{压}]$——模座材料的许用压应力，MPa。

对于铸铁 HT250 模座，其 $[\sigma_{压}]$ 为 90～140MPa；对铸钢 ZG200－400 模座，其 $[\sigma_{压}]$ 为 110～150MPa；对于低碳钢 Q235 的模座，其 $[\sigma_{压}]$ 为 120～160MPa。

垫板厚度一般取 4～12mm，其外形尺寸常与固定板相同，材料选用 45 钢、低碳钢渗碳或 T10A，硬度按受力情况在设计时确定。标准的圆形固定板可根据 JB/T 7643.6—1994 选用。

45钢的许用压应力 $[\sigma_压]$ 为137～167MPa；20钢表面渗碳，硬度58～62HRC时，$[\sigma_压]$ 为245～294MPa；T10A、Cr12MoV、GCr15硬度为52～62HRC时，$[\sigma_压]$ 为981～1569MPa。

2.6 模架的设计及选用

根据国家标准，模架主要有两大类，一类是由上模座、下模座、导柱、导套组成的导柱模模架，另一类是由弹压导板、下模座、导柱、导套组成的导板模模架。模架及其组成零件已经标准化，但实际生产中，应用广泛的为导柱模模架。

按导柱模模架导向结构的不同，其主要有滑动导向和滚动导向两种。按模架材料的不同，模架主要分为铸铁模架和钢板模架两种，其中钢板模架具有更好的精度和刚度。

2.6.1 模架的精度等级

按JB/T 8050—2008，滑动导向模架精度分为Ⅰ级、Ⅱ级，滚动导向模架精度分为0Ⅰ级、0Ⅱ级，表2-24及表2-25分别给出了各级精度模架的技术指标和导柱、导套配合间隙。

表2-24 各级精度模架的技术指标

检查项目	被测尺寸/mm	模架精度等级	
		0Ⅰ、Ⅰ级	0Ⅱ、Ⅱ级
		公差等级	
上模座上平面对下模座下平面的平行度	≤400	5	6
	>400	6	7
导柱轴心线对下模座下平面的垂直度	≤160	4	5
	>160	5	6

注：公差等级按GB/T 1184—1996。

表2-25 导柱、导套配合间隙（或过盈量） mm

配合形式	导柱直径	模架精度等级		配合后的过盈量
		Ⅰ级	Ⅱ级	
		配合后的间隙值		
滑动配合	≤18	≤0.010	≤0.015	—
	>18～30	≤0.011	≤0.017	
	>30～50	≤0.014	≤0.021	
	>50～80	≤0.016	≤0.025	
滚动配合	>18～35	—	—	0.01～0.02

2.6.2 模架类型的正确选用

模架的选用一般需根据模具工作零件的外形尺寸及设计使用要求选用，一般说来，滑动导向模架是最为常用的导向装置，广泛用于冲裁模、弯曲、拉深、成形及复合、级进模等类型模具的冲压加工；而滚动导向模架是一种无间隙、精度高、寿命较长的导向装置，适用于高速冲模、精密冲裁模以及硬质合金模具的冲压工作。

图2-52所示为常用的滑动导向模架结构，其选用原则主要为：

图2-52（a）所示为对角导柱模架，两个导柱装在对角线上，冲压时可防止由于偏心力矩而引起的模具歪斜，适用于在快速行程的冲床上冲制一般精度冲压件的冲裁模或级进模。

图2-52（b）所示为后侧导柱模架，它具有三面送料、操作方便等优点，但由于冲压时容易引起偏心矩而使模具歪斜。因此，适用于冲压中等精度的较小尺寸冲压件的模具，大型冲模不宜采用此种形式。

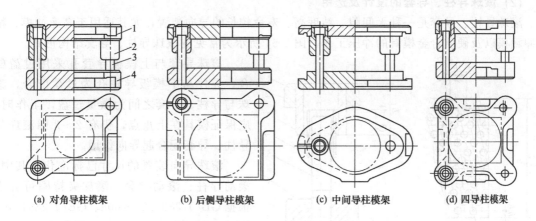

(a) 对角导柱模架　　　　(b) 后侧导柱模架　　　　(c) 中间导柱模架　　　　(d) 四导柱模架

图 2-52　滑动导向模架

1—上模板；2—导套；3—导柱；4—下模板

图 2-52（c）所示为中间导柱模架，适用于横向送料和由单个毛坯冲制的较精密的冲压件。

图 2-52（d）所示为四导柱模架，导向性能最好，适用于冲制比较精密的冲压件或大型的冲压件。

不论采用何种模架形式，选用模架的导柱和导套配合间隙均应小于冲裁或拉深等模具的间隙，一般可根据凸、凹模间隙来选用模架等级。对冲裁模，若凸、凹模间隙小于 0.03mm，可选用Ⅰ级精度滑动导向模架或 0Ⅰ级精度滚动导向模架；不小于 0.03mm 时，则可选用Ⅱ级精度滑动导向模架或 0Ⅱ级精度滚动导向模架。拉深较厚的金属板（4～8mm）时，可选用Ⅱ级精度滑动导向模架或 0Ⅱ级精度滚动导向模架。

各类标准模架，可根据相关国家标准选用。

2.6.3　模架零件的选用要点

(1) 滑动导柱、导套的设计及选用

滑动导柱、导套已标准化，在使用时可根据 GB/T 2861—1990 选用，但选用滑动导柱、导套时，导柱长度 L 应保证上模板在最低位置时（模具闭合状态），如图 2-53 所示，导柱上端与上模板顶面距离不小于 10～15mm，而下模板底面与导柱底面的距离不小于 3mm，导柱的下部与下模板导柱孔采用过盈配合，导套的外径与上模板导套孔采用过盈配合，导套的总长须保证在冲压时导柱一定要进入导套 10mm 以上。

导柱与导套之间采用间隙配合，对冲裁模，导柱和导套的配合可根据凸、凹模间隙选择。凸、凹模间隙小于 0.03mm，采用 H6/h5 配合，大于 0.03mm 时，采用 H7/h6 配合，拉深厚度为 4～8mm 的金属板时，采用 H7/f7 配合。所有的配合中，导柱和导套配合的间隙均应小于冲裁或拉深的模具间隙，否则，应选用滚珠导柱、导套或采取其他措施。

A 型导柱、B 型导柱的结构尺寸可分别根据 GB/T 2861.1—2008 进行选用，A 型、B 型导套的结构尺寸可分别根据 GB/T 2861.3—2008 进行选用。

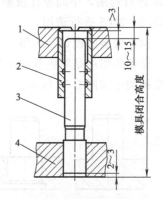

图 2-53　滑动导柱、导套

1—上模板；2—导套；3—导柱；4—下模板

(2) 滚珠导柱、导套的设计及选用

滚珠导柱、导套是一种无间隙、精度高、寿命较长的导向装置，尤其适用于高速冲模、精密冲裁模以及硬质合金模具的冲压工作。图 2-54 所示为常见的滚珠导柱、导套结构形式。

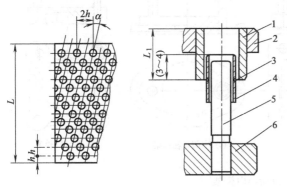

图 2-54 滚珠导柱、导套
1—导套；2—上模板；3—滚珠；4—滚珠夹持圈；5—导柱；6—下模板

滚珠导套与上模板导套孔采用过盈配合，导柱与下模板导柱孔为过盈配合，滚珠与导柱、导套之间为微量过盈，工作时，应保证模具在上止点，仍有 2～3 圈滚珠与导柱、导套配合起导向作用。

滚珠导向装置的尺寸已标准化，其中：滚动导柱、滚动导套、滚珠夹持圈可分别根据 GB/T 2861.2—2008、GB/T 2861.4—2008、GB/T 2861.5—2008 进行选用。

(3) 上、下模座的设计及选用

上、下模座是整个模架的基础，模具的各个零件都直接或间接地固定在上、下模座上。上模座通过模柄安装在冲床滑块上，下模座用压板和螺栓固定在工作台上。

通常凹模的外形尺寸确定后，便可根据模具的总体结构进行下模座的设计，设计时应尽量按标准选取，如果采用标准模架，一般可先根据凹模形状和冲压工艺特点选择模架类型，然后再按凹模外形尺寸选定模架规格，选用标准模架不仅有利于保证导向精度，而且由于模架系批量生产，其生产成本也低。一般情况下，下模座不需要进行强度计算。

按标准选择模座时，应根据凹模（或凸模）、卸料和定位装置等的平面布置来选择模座尺寸，一般应取模座尺寸大于凹模 40～70mm，模座厚度为凹模厚度的 1～1.5 倍，下模座的外形尺寸每边应超出冲床台面孔边 40～50mm。

模座常见材料一般为铸铁 HT250，有时也采用铸钢 ZG230-450，或用厚钢板 Q235-A、Q275-A 制作。其中铸铁 HT250 的许用压应力 $[\sigma]$ 为 90～140MPa，铸钢 ZG230-450 的许用压应力 $[\sigma]$ 为 110～150MPa。

后侧导柱模架上、下模座的结构尺寸可分别根据 GB/T 2855.1—2008、GB/T 2855.2—2008 进行选用，中间导柱模架上、下模座的结构尺寸可分别根据 GB/T 2855.1—2008、GB/T 2855.2—2008 进行选用。

(4) 模柄的设计及选用

模柄的作用是将模具的上模板固定在冲床的滑块上，并将作用力由压力机传给模具。常用的模柄类型如图 2-55 所示。

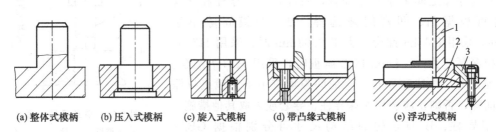

(a) 整体式模柄　　(b) 压入式模柄　　(c) 旋入式模柄　　(d) 带凸缘式模柄　　(e) 浮动式模柄

图 2-55 常用模柄类型
1—模柄；2—球面垫块；3—锥面压板

　　整体式模柄是模柄与上模板做成整体，主要用于小型有导柱或无导柱的模具；带台阶的压入式模柄（其标准号为 JB/T 7646.1—2008）安装时与模板安装孔用 H7/m6 配合，并加销钉以防转动，主要用于上模板较厚而又没有开设推件板孔的场合；带螺纹的旋入式模柄（其标准号为 JB/T 7646.2—2008）是通过螺纹与上模板相固定连接，并加防松螺钉，以防止转动，主要用于中、小型有导柱的模具；带凸缘式模柄（其标准号为 JB/T 7646.3—2008）是用 3～4 个螺钉和附加销钉与上模板固定连接，主要用于大型上模中开设推件板孔的中、小型模具。JB/T 7646.3—2008 标准中有 A、B、C 三种形式，其中 B、C 型中间钻出打杆孔，A 型则无上述规定。

　　采用上述结构，往往由于压力机滑块和导轨之间的间隙存在以及水平侧向分力的作用而使模具精度受到一定的影响，也使冲床导轨和模具寿命有所降低，为消除这种不利的影响，对冲压件的尺寸精度要求较高或采用精冲模加工时，可选用图 2-55（e）所示的浮动式模柄，模柄的压力通过球面垫块 2 传递给上模板，可以避免压力机滑块导向误差对模具导向的影响，消除水平侧向分力的影响，克服垂直度方面的误差，保证模具运动部分在冲压过程中动作的平稳与准确。采用浮动式模柄结构形式进行冲压时，冲压件的尺寸精度一般可保持在 ±0.1mm 范围内。

　　浮动式模柄由凹球面模柄（JB/T 7646.4—2008）及凸球垫板（JB/T 7646.5—2008）组成，其中：凸球垫板装入上模座的结构如图 2-56 所示。

　　压入式模柄、旋入式模柄、凸缘模柄的结构尺寸可分别根据 JB/T 7646.2—2008、JB/T 7646.2—2008、JB/T 7646.3—2008 进行选用，凹球面模柄及凸球垫板的结构尺寸可分别根据 JB/T 7646.4—2008、JB/T 7646.5—2008 进行选用。

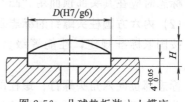

图 2-56　凸球垫板装入上模座

2.7　紧固件的设计及选用

　　冲模常用的紧固件主要有：螺栓、螺钉、螺母及圆柱销等，主要用于模具零件间的连接与定位。在冲模设计中，设计和选用好紧固件是保证模具工作可靠性及冲压件质量的重要内容之一。

2.7.1　紧固件性能等级和标志

　　按 GB/T 3098.1—2010 规定，对标准紧固件螺栓、螺钉、螺母等实施性能等级标记制度。按标准规定分为 3.6、4.6、4.8、5.6、5.8、6.8、8.8、9.8、10.9 和 13.9 共十级。其中：第一部分数字（“.”前）表示公称抗拉强度 σ_b 的 $\frac{1}{10}$；第二部分数字（“.”后）表示公称屈服点与公称抗拉强度比值的 10 倍。各级适用材料见表 2-26。

表 2-26　各性能等级适用的材料

性能等级	适用材料	C(质量分数)/%	
		最小值	最大值
3.6	低碳钢	—	0.20
4.6	低碳钢、中碳钢	—	0.55
4.8			

续表

性能等级	适用材料	C(质量分数)/%	
		最小值	最大值
5.6	低碳钢、中碳钢	0.15	0.55
5.8		—	
6.8		—	
8.8	低碳合金钢(淬火并回火)	0.15	0.35
	中碳钢(淬火并回火)	0.25	0.55
9.8	低碳合金钢(淬火并回火)	0.15	0.35
	中碳钢(淬火并回火)	0.25	0.55
10.9	低碳合金钢(淬火并回火)	0.15	0.35
	中碳钢(淬火并回火)	0.25	0.55
13.9	合金钢(淬火并回火)	0.20	0.50

(1) 六角头螺钉、螺栓性能等级的标志

按国家标准规定，六角头螺钉、螺栓性能等级为 4.6、5.6 级的和大于或等于 8.8 级的必须标志。螺纹直径大于 5mm 的需标志。

标志时应在其头部顶面用"凸"字或"凹"字标志，或在头部侧面用"凹"字标志。

(2) 内六方圆柱头螺钉的标志及标记

按国家标准规定，性能等级大于或等于 8.8 级的必须标志。螺纹直径大于 5mm 的需标志。

标志部位同六角头螺钉、螺栓的标志要求。

此外，根据国标要求对粗牙普通螺纹进行标记，如直径 $d=10\text{mm}$、长 $l=40\text{mm}$ 的圆柱头内六方螺钉，标记为：螺钉 M10×40 GB/T 70.1—2000

细牙普通螺纹、直径 $d=10\text{mm}$、螺距为 1mm、长 $l=40\text{mm}$ 的圆柱头内六方螺钉，标记为：螺钉 M10×1×40 GB/T 70.1—2000

(3) 小六角头螺栓的标记

根据国标要求对粗牙普通螺纹的小六角头螺栓进行标记，如直径 $d=10\text{mm}$、长 $l=100\text{mm}$ 的螺栓，标记为：螺栓 M10×100 GB/T 5782—2000。

(4) 圆柱头卸料螺钉的标记

根据国标要求对圆柱头卸料螺钉进行标记，如直径 $d=10\text{mm}$、$l=48\text{mm}$ 的圆柱头卸料螺钉，标记为：卸料螺钉 $\phi10×48$。

圆柱头卸料螺钉使用材料为 45 钢，热处理硬度要求为 32～40HRC。

(5) 圆柱销的标记

根据国标要求对圆柱销进行标记，如圆柱销直径 $d=10\text{mm}$、长 $l=100\text{mm}$、直径允差按 n6 制造时，标记为：销 $\phi10\text{n}6×100$ GB/T 119.2—2000。

2.7.2 螺钉的设计及选用

(1) 紧固螺钉的设计及选用

1）紧固螺钉的设计原则

① 螺钉主要承受拉应力，其尺寸及数量一般根据冲压力大小、凹模厚度和其他的设计经验来确定，中、小型模具一般采用 M6、M8、M10 或 M12 等，大型模具可选 M12、M16 或更大规格，但是选用过大的螺钉也会给攻螺纹带来困难，螺钉的规格可根据凹模厚度来确定，参见表 2-27。

表 2-27 螺钉规格的选用

凹模厚度 H/mm	≤13	13～19	19～25	25～32	>32
螺钉规格	M4、M5	M5、M6	M6、M8	M8、M10	M10、M12

螺钉要按具体位置、尽量在被固定件的外形轮廓附近进行均匀布置。当被固定件为圆形时，一般采用 3～4 个螺钉；当为矩形时，一般采用 4～6 个。

主要承受拉应力的紧固螺钉的许用载荷 $[P]$ 可按以下公式进行强度校核：

$$[P] \leqslant \frac{\pi d^2}{4}[\sigma]$$

式中　$[P]$——螺钉的许用载荷，N；

　　　d——螺钉的最小直径，mm；

　　　$[\sigma]$——许用应力，MPa，对于紧固螺钉取 $[\sigma]=120$MPa。

常用紧固螺钉的许用载荷见表 2-28。

表 2-28 紧固螺钉的许用载荷

螺钉规格	M6	M8	M10	M12	M14	M16	M20	M24
螺纹内径 d/mm	4.9	6.6	8.4	10.1	11.8	13.8	17.3	20.7
许用载荷$[P]$/N	2260	4100	6650	9600	13000	18000	28000	40000

② 螺钉拧入的深度不能太浅，否则紧固不牢靠；也不能太深，否则拆装工作量大，一般，对于钢制或铸铁材料零件间的螺钉连接，其螺钉拧入深度分别为 d 及 $1.5d$（d 为选用的螺钉连接螺纹直径）。螺钉之间，螺钉与销钉之间的距离，螺钉、销钉距离刃口及外缘距离，均不应过小，以防降低强度，其最小距离应满足表 2-7 的要求。

③ 螺栓用来连接两个不太厚的并能钻成通孔的零件，一般的连接方式是将螺杆穿过两个零件的通孔，再套上垫圈。

2）紧固螺钉的选用

① 内六方圆柱头螺钉的选用。如图 2-57 所示为内六方螺钉的安装尺寸，安装时，对于淬火材料应保证尺寸 $C>1.5d$；对钢材，尺寸 $E>1.5d$；对铸铁，尺寸 $E>2d$。

内六方圆柱头螺钉规格尺寸可依据相关国标选取。

② 小六角头螺栓的选用。小六角头螺栓安装尺寸可参照内六方圆柱头螺钉进行选用。相应的规格尺寸可参照相应的国标进行选用。

(2) 卸料螺钉的设计及选用

卸料螺钉工作时，主要承受拉应力，但承受的是动载荷。计算公式与紧固螺钉的相同，但其许用应力应为 $[\sigma]=80$MPa。

常用卸料螺钉许用载荷见表 2-29。

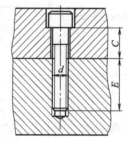

图 2-57 内六方圆柱头螺钉的安装尺寸

表 2-29 卸料螺钉的许用载荷

螺钉规格	M6	M8	M10	M12	M16	M20
最小直径 d_2/mm	4.5	6.2	7.5	9.5	13	16.5
许用载荷$[P]$/N	1270	2400	3500	5700	11000	17000

① 卸料螺钉安装方式。冲模中，卸料螺钉常用两种安装方式，如图 2-58 所示。

卸料螺钉的公称尺寸用 $d \times L$ 表示。

② 卸料螺钉尺寸计算。对图 2-58（a）所示安装方式，卸料螺钉长度 L 按以下公式计算：

$$L=凸模长度-卸料板厚度+垫板厚度$$

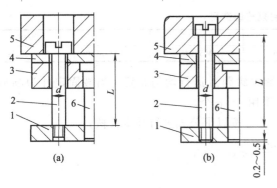

图 2-58　卸料螺钉安装方式

1—卸料板；2—卸料螺钉；3—固定板；
4—垫板；5—上模座；6—凸模

对图 2-58（b）所示安装方式，卸料螺钉长度 L 按以下公式计算：

L＝凸模长度－卸料板厚度＋垫板厚度＋上模座厚度－钻锪孔深

计算后的 L 值按国标的卸料螺钉规格进行选用。

（3）螺钉沉头座及通孔尺寸

螺钉沉头座及通孔尺寸参见表 2-30。

2.7.3 圆柱销的设计及选用

冲模中的圆柱销用于连接两个带通孔的零件，起定位作用并可承受一般的错移力。同一个组合的圆柱销不少于两个，尽量置于被固定件的外形轮廓附近，一般离模具刃口较远且尽量错开布置，以保证定位可靠。对于中、小型模具，一般选用 d＝6mm、8mm、10mm、12mm 等几种尺寸。错移力较大的情况可适当选大一些的尺寸。圆柱销的配合深度一般不小于其直径的两倍，也不宜太深。圆柱销钉孔的形式及其装配尺寸参见表 2-31。

表 2-30　螺钉沉头座及通孔尺寸　　　　　　　　　　mm

螺钉、螺栓直径 d			4	5	6	8	10	12	16	20	24
通孔直径 d_1			4.5	5.5	6.5	9	11	13	17	21	25
小六角头螺栓		D	—	—	—	17	20	24	30	36	42
		h	—	—	—	4.1	4.8	6.5	9	10.4	11.8
沉头螺钉		D	9	11	13	17	21	25	32	41	—
圆柱头螺钉		D	8.5	10	12	15	18	22	28	35	—
		H	3	3.5	4.5	6	7	8	10	12	—
内六方螺钉		D	8.5	10	12	15	18	22	28	35	42
		H	5	6	7	9	11	13	17	21	25

表 2-31　圆柱销钉孔的形式及其装配尺寸

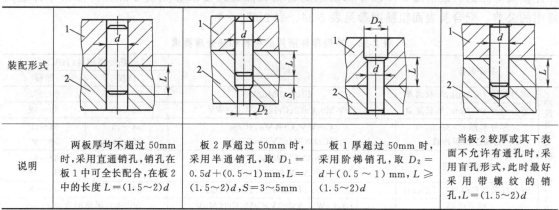

装配形式			
说明	两板厚均不超过 50mm 时，采用直通销孔，销孔在板 1 中可全长配合，在板 2 中的长度 $L=(1.5\sim2)d$	板 2 厚超过 50mm 时，采用半通销孔，取 $D_1=0.5d+(0.5\sim1)$mm，$L=(1.5\sim2)d$，$S=3\sim5$mm	板 1 厚超过 50mm 时，采用阶梯销孔，取 $D_2=d+(0.5\sim1)$mm，$L\geqslant(1.5\sim2)d$	当板 2 较厚或其下表面不允许有通孔时，采用盲孔形式，此时最好采用带螺纹的销孔，$L=(1.5\sim2)d$

一般说来，选用的圆柱销不需进行强度校核。当承受较大的径向力时，需核算其承受剪切载荷的能力。以下是按两个定位销平均承受载荷进行的计算：

$$d_{min}=\sqrt{\frac{2F}{\pi[\tau]}}$$

式中　d_{min}——圆柱销最小直径，mm；

　　　　F——侧向载荷，N；

　　　　$[\tau]$——圆柱销材料的许用切应力，MPa，经淬火的圆柱销 $[\tau]=300$MPa，未经淬火的圆柱销 $[\tau]=120$MPa。

圆柱销可承受的剪切安全负荷见表 2-32。

表 2-32　圆柱销承受剪切安全负荷值

圆柱销直径/mm	4	5	6	8	10	12	16	20
安全负荷/N	1350	2150	3100	5000	8600	12400	22000	34000

① 圆柱销安装方式选用。图 2-59（a）所示形式可用于两件不淬硬零件或一件淬硬、一件不淬硬零件装配时定位。

图 2-59（b）所示形式用于一件淬硬、一件不淬硬零件的装配定位。

图 2-59（c）所示形式用于两件淬硬零件的装配定位。

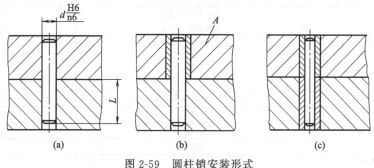

图 2-59　圆柱销安装形式

② 圆柱销规格尺寸。圆柱销的规格尺寸可参照相应的国标选用。

2.8　冲模零件的材料及其技术要求

合理地选用冲模零件材料，并对冲模零件进行良好的设计和技术处理，是控制加工成本和保证模具寿命的有效措施，冲模零件所用的材料和热处理要求参见表 2-33，冲压模零件之间常用的公差、配合及表面粗糙度参见表 2-34、表 2-35。

表 2-33　冲模零件所用的材料和热处理要求

零件名称		材料	热处理硬度（HRC）	
			凸模	凹模
冲裁模的凸模、凹模、凸凹模及其镶块	零件料厚 $t \leqslant 3mm$，形状简单	T10A、9Mn2V	58～60	60～62
	零件料厚 $t \leqslant 3mm$，形状复杂	CrWMn、Cr12、Cr12MoV、Cr6WV	58～60	60～62
	零件料厚 $t > 3mm$，高强度材料冲裁	Cr6WV、CrWMn、9CrSi	54～56	56～58
		65Cr4W3Mo2VNb(65Nb)	56～58	58～60
	硅钢板冲裁	Cr12MoV、Cr4W2MoV、GT35	60～62	61～63
		GT33、TLM(W50)、YG15、YG20	66～68	66～68
	特大批量零件料厚($t \leqslant 2mm$)	CT35、CT33、TLMW50、YG15、YG20	66～68	66～68
	细长凸模	T10A、CrWV、9Mn2V、Cr12、Cr12MoV	56～60，尾部回火 40～50	
	精密冲裁	Cr12MoV、W18Cr4V	58～60	62～64
	大型模镶块	T10A、9Mn2V、Cr12MoV	58～60	60～62
	加热冲裁	3Cr2W8、5CrNiMo、6Cr4Mo、3Ni2WV(GG-2)	48～52	
	棒料高速剪切	6CrW2Si	55～58	
上、下模板		HT400、ZG310-570、Q235、45	(45)调质 28～32	
普通模柄		Q235	42～48	
浮动模柄		45		
导柱、导套（滑动）		20	(20)渗碳淬火 56～62	
导柱、导套（滚动）		GCr15	62～66	
固定板、卸料板、推件板、顶板、侧压板、始用挡块		45	42～48	
承料板		Q235		
导料板		Q235、45	(45)调质 28～32	
垫板（一般）		45	42～48	
垫板（重载）		T7A、9Mn2V	52～55	
		CrWMn、Cr6WV、Cr12MoV	60～62	
顶杆、推杆、拉杆（一般）		45	42～48	
顶杆、推杆、拉杆（重载）		CrWMn、Cr6WV	56～60	
挡料销、导料销		45	42～48	
导正销		T10A	50～54	
		9Mn2V、Cr12	52～56	
侧刃		T10A、Cr6WV	58～60	
		9Mn2V、Cr12	58～62	
废料切刀		T8A、T10A、9Mn2V	58～60	
侧刃挡块		45	42～48	
		T8A、T10A、9Mn2V	58～60	
斜楔、滑块、导向块		T8A、T10A、CrWMn、Cr6WV	58～62	
限位块		45	42～48	
锥面压圈、凸球面垫块		45	42～48	
支承块		Q235		
钢球保持圈		H62		
弹簧、簧片		65Mn、60Si2MnA	42～48	
扭簧		65Mn	44～50	
销钉		45	42～48	
		T7A	50～55	
螺钉、卸料螺钉		45	35～40	
螺母、垫圈、压圈		Q235		

表 2-34　冲压模零件的加工精度及其相互配合

配合零件名称	精度及配合	配合零件名称	精度及配合
导柱与下模座	H7/r6	固定挡料销与凹模	H7/n6 或 H7/m6
导套与上模座	H7/r6	活动挡料销与卸料板	H9/h8 或 H9/h9
导柱与导套	H6/h5 或 H7/h6、H7/f7	圆柱销与凸模固定板、上下模座等	H7/n6
模柄(带法兰盘)与上模座	H8/h8、H9/h9	螺钉与螺杆孔	0.5mm 或 1mm(单边)
		卸料板与凸模或凸凹模	0.1~0.5mm(单边)
凸模(凹模)与上、下模座(镶入式)	H7/h6	顶件板与凹模	0.1~0.5mm(单边)
		推杆(打杆)与模柄	0.5~1mm(单边)
凸模与凸模固定板	H7/m6、H7/k6	推销(顶销)与凸模固定板	0.2~0.5mm(单边)

表 2-35　冲压模零件的表面粗糙度

表面粗糙度 Ra /μm	使用范围	表面粗糙度 Ra /μm	使用范围
0.2	抛光的成形面及平面	1.6	①内孔表面,在非热处理零件上的配合用 ②底板平面
0.4	①压弯、拉深、成形的凸模和凹模工作表面 ②圆柱表面和平面的刃口 ③滑动和精确导向的表面	3.2	①不磨加工的支承、定位和紧固表面(用于非热处理零件) ②底板平面
0.8	①成形的凸模和凹模刃口 ②凸模凹模镶块的接合面 ③过盈配合和过渡配合的表面(用于热处理零件) ④支承定位和紧固表面(用于热处理零件) ⑤磨加工的基准平面 ⑥要求准确的工艺基准表面	6.3~13.5	不与冲制件及冲模零件接触的表面
		25	粗糙的不重要的表面

　　针对不同的冲件产量,则需选择不同的模具工作零件材料,表 2-36 给出了其模具材料的选择。此外,针对不同的冲件材料,由于模具承受的拉伸、压缩、弯曲、冲击、疲劳及摩擦等机械力也不同,作用力的大小及方式也不同,因此,对于不同的冲件材料,也应选择不同的模具工作零件材料,表 2-37 给出了其模具材料的选择。

表 2-36　按不同冲件产量的模具工作零件材料选择

模具材料	材料举例	寿命
低熔点合金	Sn42Bi58	万次以下
锌基合金	Zn93Cu3Al4	万次以下
铸铁、铸钢	HT200、ZG200-400	用于成形模,万次以下
铜铝合金	Cu-Al 合金	用于拉深模,万次以下
碳素工具钢	T8、T10	10 万次以下
低合金工具钢	9Mn2V、CrWMn	10 万次以上
中高合金钢	Cr4W2MoV、Cr12MoV	100 万次以下
高强度基体钢	65Cr4W3Mo2VNb、6Cr4Mo3Ni2WN	100 万次以下
高速工具钢	W12Mo3Cr4V3N、W18Cr4V	100 万次以上
钢结合金与硬质合金	GT35、TLMW50、YG11、YG15	100 万次以上

表 2-37　按不同冲件材料的模具工作零件材料选择

冲件材料	生产批量	
	中小批量（10 万件以下）	大批量（10 万件以上）
铝及铝合金、铜及铜合金	42CrMo T8A、T10A 9Mn2V、9CrWMn CrWMn、MnCrWV	9Mn2V CrWMn、MnCrWV 6CrNiMnSiMoV 7CrSiMnMoV
低碳钢及含碳量小于 0.4％的中碳钢	T10A 9CrWMn、CrWMn GCr15 Cr6WV、Cr4W2MoV	6CrNiMnSiMoV 7CrSiMnMoV Cr6WV Cr2Mn2SiWMoV
高碳钢、弹簧合金钢	7CrSiMnMoV、CrWMn MnCrWV、7CrSiMnMoV Cr6WV、Cr4W2MoV Cr12MoV	Cr12 6CrNiMnSiMoV Cr2Mn2SiWMoV W6Mo5Cr4V2
不锈钢、耐热钢	6CrNiMnSiMoV 3Cr2W8V 7CrSiMnMoV Cr12MoV	7Cr7Mo3V2Si 5Cr4Mo3SiMrNA Cr2Mn2SiWMoV W6Mo5Cr4V2、9Cr6W3Mo2V
硅钢片	6CrNiMnSiMoV 7CrSiMnMoV、Cr4W2MoV Cr12MoV	Cr12MoV、9Cr6W3Mo2V 9Cr6W3Mo2V、W12Mo3Cr4V3N W18Cr4V

注：1. 本表材料排列由上至下，由次到优，应结合模具种类依次选择。

2. 当冲压次数超过百万次时，应选用钢结合金或硬质合金等材料。

3. 当模具材料用于拉深模、冷挤压模、冷镦模等易损模具时，模具表面应采用氮化及 CVD、PVD 等深冷处理耐磨措施。

根据 GB/T 14662—2006《冲模技术条件》的要求，模具制造者应保证足够的冲裁模寿命，表 2-38 给出了国内冲裁模的最低寿命，这也是目前冲裁模寿命的最低值，小于表所列数值应视为不合格。

表 2-38　国内冲裁模的最低寿命（摘自 GB/T 14662—2006）

冲裁模的首次刃磨寿命/万冲次			
工作部分材料	冲模类型		
	单工序模	级进模	复合模
碳素工具钢	2	1.5	1
合金工具钢	3.5	2	1.5
硬质合金	40	30	20
冲裁模的总寿命			
碳素工具钢	20	15	10
合金工具钢	50	40	30
硬质合金	1000		

注：1. 表中数值使用条件是：冲件材料强度 $\sigma_b=500$MPa，材料厚度 $t=1$mm。

2. 当冲件材料强度 $\sigma_b \neq 500$MPa，料厚 $t \neq 1$mm 时，须将表中的数值分别乘以表 2-39、表 2-40 所列的材料强度系数 K_σ 及材料厚度系数 K_S。

表 2-39　冲件的材料强度系数 K_σ

冲件材料	σ_b/MPa	K_σ
结构钢、碳钢	≤500	1.0
	>500	0.8
合金钢	≤900	0.7
	>900	0.6
软青铜、青铜	—	1.8
硬青铜	—	1.5
铝	—	2.0

表 2-40 材料厚度系数 K_S

料厚 t/mm	K_S
≤0.3	0.8
>0.3~1.0	1.0
>1.0~3.0	0.8
>3.0	0.5

国内冲裁模寿命与国外先进水平相比，总体寿命较低且存在较大差距。但国外的先进水平也不均衡，并且发达国家之间也存在明显的差距。表 2-41 列出了目前国内外冲裁模寿命对比情况，可供企业参考、选用。

表 2-41 国内外冲裁模寿命对比

冲件材料及其尺寸	冲模凸、凹模材料	冲模总寿命/冲次	
		国外已达到水平	国内目前水平
料厚 t≤1mm 的黄铜、低碳钢平板冲裁件尺寸为40mm×40mm、ϕ45mm	碳素工具钢 T8~T10	400万~700万	<100万
	合金工具钢 Cr12、Cr12MoV	800万~1000万	300万~500万
	硬质合金 YG20、YG15	6亿~30亿	<5000万
料厚 t≤0.5mm 的硅钢片（电机转、定子片）	硬质合金（多工位级进冲裁模）	美国 Limina 公司:3亿 日本黑田精工:3.7亿 瑞士 Statomat:0.8亿 英 Stellrem 公司:1亿	3800万~5000万

第3章 ▶▶▶

典型冲裁模结构设计实例

3.1 冲裁排样的方法

　　冲裁件在条料上的布置方法称为排样。排样的基本原则为提高材料利用率，同时使操作人员方便、安全，劳动强度低，使模具结构简单等。

　　按排样时有无废料来分，冲裁排样的方法主要分为：有废料排样、少废料排样、无废料排样三种。三种冲裁排样方法按冲裁零件排布的不同，又可分为：直排、斜排、直对排及斜对排等形式。表 3-1 给出了冲裁排样的主要形式及其应用。

表 3-1　冲裁排样的主要形式及其应用

排样形式	有废料排样		少、无废料排样	
	简　图	应　用	简　图	应　用
直排		用于简单几何形状（方形、矩形、圆形）的冲件		用于方形或矩形冲件
斜排		用于 T 形、L 形、S 形、十字形、椭圆形冲件	第1方案 第2方案	用于 L 形或其他形状的冲件，在外形上允许有不大的缺陷
直对排		用于 T 形、U 形、山形、梯形、三角形、半圆形的冲件		用于 T 形、U 形、山形、梯形、三角形、半圆形的冲件，在外形上允许有不大的缺陷
斜对排		用于材料利用率比直对排时高的情况		多用于 T 形冲件
混合排		用于材料及厚度都相同的两种以上的冲件		用于两个外形互相嵌入的不同冲件（铰链等）

续表

排样形式	有废料排样		少、无废料排样	
	简 图	应 用	简 图	应 用
多排		用于大批生产中尺寸不大的圆形、六角形、方形、矩形冲件		用于大批量生产中，尺寸不大的方形、矩形及六角形冲件
冲裁搭边		大批生产中用于小的窄冲件（表针及类似的冲件）或带料的连续拉深		用于以宽度均匀的条料或带料冲制长形件

3.2 冲裁力的计算

冲裁力是选用合适压力机的主要依据，也是设计模具和校核模具强度所必需的数据。

(1) 普通平刃口的冲裁力

对普通平刃口的冲裁，其冲裁力的计算公式为：

$$F = kLt\tau$$

式中　F——冲裁力，N；

　　　L——冲裁件周长，mm；

　　　t——板料厚度，mm；

　　　τ——材料的抗剪强度，MPa；

　　　k——安全系数，一般取 1.3。

在一般情况下，材料的抗拉强度 $\sigma_b \approx 1.3\tau$，为计算方便，可用下式计算冲裁力：

$$F = Lt\sigma_b$$

(2) 斜刃冲裁的冲裁力

采用斜刃冲裁能显著地降低冲裁力，通常运用的斜刃冲裁方法如图 3-1 所示。

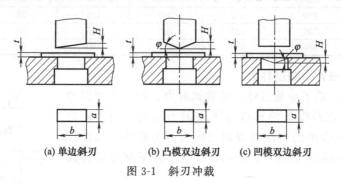

(a) 单边斜刃　　(b) 凸模双边斜刃　　(c) 凹模双边斜刃

图 3-1　斜刃冲裁

① 单边斜刃的冲裁力　图 3-1（a）所示为单边斜刃的冲裁，当 $H > t$ 时，冲裁力 F 按下式计算：

$$F = 1.3t\tau\left(a + \frac{bt}{H}\right) = t\sigma_b\left(a + \frac{bt}{H}\right)$$

当 $H = t$ 时，冲裁力 F 按下式计算：

$$F = 1.3t\tau(a + b) = t\sigma_b(a + b)$$

式中　F——冲裁力，N；

H——斜刃口高度差，mm；

a——斜刃先接触的轮廓宽度，mm；

b——轮廓长度，mm；

τ——材料的抗剪强度，MPa；

σ_b——材料的抗拉强度，MPa。

② 双边斜刃的冲裁力　双边斜刃分凸模双边斜刃［图 3-1(b)］和凹模双边斜刃［图 3-1(c)]两种。当冲裁料厚 $t \leqslant 3\text{mm}$ 时，$H=2t$、斜刃倾角 $\varphi < 5°$；$3\text{mm} < t < 10\text{mm}$ 时，$H=t$、$\varphi < 8°$。

双边斜刃的冲裁力 F 按下式计算：

$$F = 1.3 \times 2t\tau\left(a + b \times \frac{0.5t}{H}\right)$$

或

$$F = 2t\sigma_b\left(a + b \times \frac{0.5t}{H}\right)$$

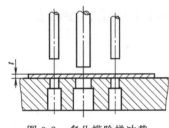

图 3-2　多凸模阶梯冲裁

(3) 阶梯冲裁的冲裁力

采用阶梯形布置的凸模冲裁是冲压生产中，用来降低冲裁力的措施之一，参见图 3-2，其冲裁力 F 按下式计算：

$$F = 1.3F_0$$

式中　F_0——阶梯形布置中同一高度凸模冲裁力之和的最大值。

(4) 加热冲裁的冲裁力

采用材料加热冲裁（红冲）也是用来降低冲裁力的措施之一，其冲裁力 F 可按下式计算：

$$F = 1.3Lt\tau'$$

式中　τ'——冲裁材料在加热时的抗剪强度，MPa，见表 3-2。

表 3-2　钢在不同温度时的抗剪强度　　　　　　　　　　　　　　MPa

材料牌号	200℃	500℃	600℃	700℃	800℃	900℃
Q195,10,15	360	320	200	110	60	30
Q235,20,25	450	450	240	130	90	60
Q255,30,35	530	520	330	160	90	70
40,45,60	600	580	380	190	90	70

(5) 卸料力、推件力和顶件力

在冲裁加工中，除了冲裁力外，还有卸料力、推件力和顶件力，将冲裁后紧箍在凸模上的料拆卸下来的力称为卸料力，以 $F_{卸}$ 表示；将卡在凹模中的料推出或顶出的力称为推件力与顶件力，以 $F_{推}$ 与 $F_{顶}$ 表示，如图 3-3 所示，其大小由下列经验公式确定：

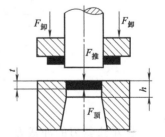

图 3-3　卸料力、推件力和顶件力

卸料力 $F_{卸}$ 为：$F_{卸} = K_{卸}F$

推件力 $F_{推}$ 为：$F_{推} = nK_{推}F$

顶件力 $F_{顶}$ 为：$F_{顶} = K_{顶}F$

式中　　$F_{卸}$——卸料力，N；

$F_{推}$——推件力，N；

$F_{顶}$——顶件力，N；

$K_{卸}$，$K_{推}$，$K_{顶}$——卸料系数、推件系数、顶件系数，其值见表 3-3；

F——冲裁力，N；

n——卡在凹模孔内的工件数，$n=h/t$（h 为凹模刃口孔的直壁高度，t 为工件材料厚度）。

表 3-3　卸料力、推件力及顶件力的系数

料厚/mm		$K_{卸}$	$K_{推}$	$K_{顶}$
	纯铜、黄铜	0.02～0.06	0.03～0.09	
	铝、铝合金	0.025～0.08	0.03～0.07	
钢	≤0.1	0.06～0.075	0.1	0.14
	>0.1～0.5	0.045～0.055	0.065	0.08
	>0.5～3.5	0.04～0.05	0.050	0.06
	>3.5～6.5	0.03～0.04	0.040	0.05
	>6.5	0.02～0.03	0.025	0.03

(6) 总冲压力的计算

冲裁时所需总冲压力为冲裁力、卸料力、推件力和顶件力之和，这些力在选择压力机时是否都要考虑进去，应根据不同的模具结构分别对待。

采用刚性卸料装置和下出料方式的冲裁模的总压力 $F_{总}$ 为：

$$F_{总}=F_{冲}+F_{推}$$

采用弹性卸料装置和下出料方式的冲裁模的总压力 $F_{总}$ 为：

$$F_{总}=F_{冲}+F_{推}+F_{卸}$$

采用弹性卸料装置和上出料方式的冲裁模的总压力 $F_{总}$ 为：

$$F_{总}=F_{冲}+F_{卸}+F_{顶}$$

根据冲裁模的总压力选择压力机时，一般应满足：压力机的公称压力 $\geqslant 1.2F_{总}$。

3.3　凸模和凹模刃口尺寸的计算

模具刃口（工作）尺寸及公差是影响冲裁件尺寸精度的首要因素，模具的合理间隙也要靠模具工作部分的尺寸及其公差来保证。因此，正确确定凸、凹模刃口尺寸和公差是冲裁模设计的一项重要工作。

3.3.1　凸模、凹模刃口尺寸计算的原则

凸模、凹模间隙的存在使冲裁件断面都带有锥度，所以冲裁件尺寸的测量和使用中，都是以光亮带的尺寸为基准。落料件的光亮带是因为凹模刃口挤切材料产生的，冲孔件的光亮带是由于凸模刃口挤切材料产生的，因此，设计凸、凹模刃口尺寸应区别冲孔和落料，并遵循以下原则：

① 冲孔时，孔的直径决定于凸模的尺寸，间隙由增加凹模的尺寸取得；落料时，外形尺寸决定了凹模的尺寸，间隙由减小凸模的尺寸取得。

② 凸模和凹模应考虑磨损规律。凹模磨损后会增大落料件的尺寸，凸模磨损后会减小冲孔件的尺寸。为提高模具寿命，在制造新模具时应把凹模尺寸做得趋向于落料件的最小极限尺寸，把凸模尺寸做得趋向于冲孔件的最大极限尺寸，保证模具工作零件在尺寸合格范围内有最大的磨损量。

③ 制造模具时，凸、凹模之间应保证合理间隙，常用以下两种方法来保证合理间隙：

a. 分别加工法。分别加工法是分别规定凸模和凹模的尺寸和公差，分别进行制造。用凸模和凹模的尺寸及制造公差来保证间隙要求。该种加工方法加工的凸模和凹模具有互换性，制

造周期短，便于成批制造。但采用凸、凹模分开加工时，由于凸、凹模存在制造偏差 $\delta_\text{凸}$ 和 $\delta_\text{凹}$，因此，应保证下述关系：

$$|\delta_\text{凸}| + |\delta_\text{凹}| \leqslant Z_{\max} - Z_{\min}$$

也就是说，新制造的模具应该保证 $|\delta_\text{凸}| + |\delta_\text{凹}| + Z_{\min} \leqslant Z_{\max}$，否则，模具的初始间隙已超过允许的变动范围，直接影响模具的使用寿命及冲裁件的质量。

采用分开制造的简单形状冲裁模的凸、凹模的制造偏差见表 3-8。若选用的偏差保证不了上述要求，则应提高凸、凹模的制造公差等级来满足上述条件，若制造上有困难或不经济，则应采用单配加工法。

b. 单配加工法。单配加工法是用凸模和凹模相互单配的方法来保证合理间隙。加工后，凸模和凹模必须对号入座，不能互换。通常，落料件选择凹模为基准模，冲孔件选择凸模为基准模。在作为基准模的零件图上标注尺寸和公差，相配的非基准模的零件图上标注与基准模相同的基本尺寸，但不注公差，然后在技术条件上注明按基准模的实际尺寸配作，保证间隙值在 $Z_{\min} \sim Z_{\max}$ 之内。这种加工方法的特点是模具的间隙由配制保证，工艺比较简单，不必校核 $|\delta_\text{凸}| + |\delta_\text{凹}| + Z_{\min} \leqslant Z_{\max}$ 条件，并且还可放大基准件的制造公差，使制造容易，故目前一般工厂常常采用此种加工方法。

3.3.2 冲裁间隙的确定

冲裁间隙 Z 是指冲裁凸模和凹模之间刃口（工作）部分的尺寸之差，即：$Z = D_\text{凹} - D_\text{凸}$。

在实际生产中，合理间隙的数值是由实验方法来确定的。由于没有一个绝对合理的间隙数值，加之各个行业对冲裁件的具体要求也不一致，因此各行各业甚至各个企业都有自身的冲裁间隙表。若制件质量要求不太高，但要求模具寿命较长，则可参照表 3-4 选用较大的间隙，若制件质量要求较高，可参照表 3-5 选用较小的间隙。

表 3-4　冲裁模初始双面间隙 Z（汽车拖拉机行业用）　　　　　mm

板料厚度	08、10、35、09Mn、Q235		Q345		40、50		65Mn	
	$Z_{\min}$	$Z_{\max}$	$Z_{\min}$	$Z_{\max}$	$Z_{\min}$	$Z_{\max}$	$Z_{\min}$	$Z_{\max}$
0.5	0.04	0.06	0.04	0.06	0.04	0.06	0.04	0.06
0.6	0.048	0.072	0.048	0.072	0.048	0.072	0.048	0.072
0.7	0.064	0.092	0.064	0.092	0.064	0.092	0.064	0.092
0.8	0.072	0.104	0.072	0.104	0.072	0.104	0.064	0.092
0.9	0.09	0.126	0.09	0.126	0.09	0.126	0.09	0.126
1	0.1	0.14	0.1	0.14	0.1	0.14	0.09	0.126
1.2	0.126	0.18	0.132	0.18	0.132	0.18		
1.5	0.132	0.24	0.17	0.24	0.17	0.23		
1.75	0.22	0.32	0.22	0.32	0.22	0.32		
2	0.246	0.36	0.26	0.38	0.26	0.38		
2.1	0.26	0.38	0.28	0.4	0.28	0.4		
2.5	0.36	0.5	0.38	0.54	0.38	0.54		
2.75	0.4	0.56	0.42	0.6	0.42	0.6		
3	0.46	0.64	0.48	0.66	0.48	0.66		
3.5	0.54	0.74	0.58	0.78	0.58	0.78		
4	0.64	0.88	0.68	0.92	0.68	0.92		
4.5	0.72	1	0.68	0.96	0.78	1.04		
5.5	0.94	1.28	0.78	1.1	0.98	1.32		
6	1.08	1.4	0.84	1.2	1.14	1.5		
6.5			0.94	1.3				
8			1.2	1.68				

注：1. 冲裁皮革、石墨和纸板时，间隙取 08 钢的 25%。
　　2. 本间隙表适用于钢制凸、凹模的冲裁，当选用硬质合金制作凸、凹模时，冲裁间隙取一般钢模间隙的 1.5 倍。

表 3-5　冲裁模初始双面间隙 Z（电器、仪表行业）　　　　　mm

板料厚度	软铝		纯铜、黄铜、软钢（碳的质量分数 0.08%～0.2%）		硬铝、中等硬钢（碳的质量分数 0.3%～0.4%）		硬钢（碳的质量分数 0.5%～0.6%）	
	Z_{min}	Z_{max}	Z_{min}	Z_{max}	Z_{min}	Z_{max}	Z_{min}	Z_{max}
0.2	0.008	0.012	0.01	0.014	0.012	0.016	0.014	0.018
0.3	0.012	0.018	0.015	0.021	0.018	0.024	0.021	0.027
0.4	0.016	0.024	0.02	0.028	0.024	0.032	0.028	0.036
0.5	0.02	0.03	0.025	0.035	0.03	0.04	0.035	0.045
0.6	0.024	0.036	0.03	0.042	0.036	0.048	0.042	0.054
0.7	0.028	0.042	0.035	0.049	0.042	0.056	0.049	0.063
0.8	0.032	0.048	0.04	0.056	0.048	0.064	0.056	0.072
0.9	0.036	0.054	0.045	0.063	0.054	0.072	0.063	0.081
1	0.04	0.06	0.05	0.07	0.06	0.08	0.07	0.09
1.2	0.06	0.084	0.072	0.096	0.084	0.108	0.096	0.12
1.5	0.075	0.105	0.09	0.12	0.105	0.135	0.12	0.15
1.8	0.09	0.126	0.108	0.144	0.126	0.162	0.144	0.18
2	0.1	0.14	0.12	0.16	0.14	0.18	0.16	0.2
3.2	0.132	0.176	0.154	0.198	0.176	0.22	0.198	0.242
3.5	0.15	0.2	0.175	0.225	0.2	0.25	0.225	0.275
3.8	0.168	0.224	0.196	0.252	0.224	0.28	0.252	0.308
3	0.18	0.24	0.21	0.27	0.24	0.3	0.27	0.33
3.5	0.245	0.315	0.28	0.35	0.315	0.385	0.35	0.42
4	0.28	0.36	0.32	0.4	0.36	0.44	0.4	0.48
4.5	0.315	0.405	0.36	0.45	0.405	0.495	0.45	0.54
5	0.35	0.45	0.4	0.5	0.45	0.55	0.5	0.6
6	0.48	0.6	0.54	0.66	0.6	0.72	0.66	0.78
7	0.56	0.7	0.63	0.77	0.7	0.84	0.77	0.91
8	0.72	0.88	0.8	0.96	0.88	1.04	0.96	1.12
9	0.81	0.99	0.9	1.08	0.99	1.17	1.08	1.26
10	0.9	1.1	1	1.2	1.1	1.3	1.2	1.4

注：1. 表中所列的 Z_{min} 与 Z_{max} 只是指新制造模具时初始间隙的变动范围，并非磨损极限。

2. 本间隙表适用于钢制凸、凹模的冲裁，当选用硬质合金制作凸模、凹模时，冲裁间隙取一般钢模间隙的 1.5 倍。

　　除此之外，冲裁的双面间隙 Z 还可按下式进行计算：

$$z = mt$$

式中　m——系数，见表 3-6、表 3-7；

　　　t——板料厚度，mm。

表 3-6　机械制造及汽车、拖拉机行业的 m 值

材料名称	m 值
08 钢、10 钢、黄铜、纯铜	0.08～0.10
Q235、Q255、25 钢	0.1～0.12
45 钢	0.12～0.14

表 3-7　电器仪表行业的 m 值

材料类型	材料名称	m 值
金属材料	铝、纯铜、纯铁	0.04
	硬铝、黄铜、08 钢、10 钢	0.05
	锡磷青铜、铍合金、铬钢	0.06
	硅钢片、弹簧钢、高碳钢	0.07
非金属材料	纸布、皮革、石棉、橡胶、塑料	0.02
	硬纸板、胶纸板、胶布板、云母片	0.03

3.3.3 凸模、凹模刃口尺寸的计算方法

根据模具制造时，凸、凹模之间保证合理间隙方法的不同，凸模、凹模刃口（工作）尺寸的计算方法也有所不同。

(1) 凸模和凹模分别加工时刃口尺寸的计算

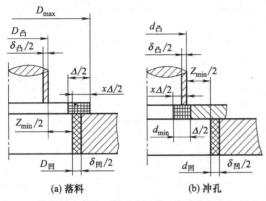

(a) 落料　　　　　**(b) 冲孔**

图 3-4　凸模和凹模工作部分尺寸的确定

凸模和凹模分别加工时，冲模刃口与工件尺寸及公差分布情况如图 3-4 所示。

① 落料。图 3-4（a）为落料时凸模和凹模工作部分刃口尺寸的关系示意图。各部分尺寸可分别按以下公式计算。

$$D_凹 = (D_{max} - x\Delta)^{+\delta_凹}_0$$
$$D_凸 = (D_凹 - z_{min}) = (D_{max} - x\Delta - z_{min})^0_{-\delta_凸}$$

② 冲孔。图 3-4（b）为冲孔时凸模和凹模工作部分刃口尺寸的关系示意图。各部分尺寸可分别按以下公式计算。

$$d_凸 = (d_{min} + x\Delta)^0_{-\delta_凸}$$
$$d_凹 = (d + z_{min}) = (d_{min} + x\Delta + z_{min})^{+\delta_凹}_0$$

式中　$D_凹$，$D_凸$——落料凹模和凸模的基本尺寸；

$d_凸$，$d_凹$——冲孔凸模和凹模的基本尺寸；

d_{min}——冲孔件的最小极限尺寸；

$\delta_凸$，$\delta_凹$——分别为凸模和凹模的制造偏差，凸模偏差取负向，凹模偏差取正向，一般可按零件公差 Δ 的 1/4～1/3 来选取，对于简单的圆形或方形等形状，由于制造简单，精度容易保证，制造公差可按 IT6～IT8 级选取，或按表 3-8 来选取；

Δ——冲裁件的公差；

x——磨损系数，其值应在 0.5～1 之间，与冲裁件精度有关，可直接按冲裁件公差值查表 3-9 或按冲裁件的公差等级选取；当工件公差为 IT10 以上时，取 $x=1$；当工件公差为 IT11～IT13 时，取 $x=0.75$；当工件公差为 IT14 以下时，取 $x=0.5$。

表 3-8　简单形状冲裁时凸、凹模的制造偏差　　　　　　　　mm

公称尺寸	凸模偏差 $\delta_凸$	凹模偏差 $\delta_凹$	公称尺寸	凸模偏差 $\delta_凸$	凹模偏差 $\delta_凹$
≤18	−0.02	+0.02	>180～260	−0.03	+0.045
>18～30	−0.02	+0.025	>260～360	−0.035	+0.05
>30～80	−0.02	+0.03	>360～500	−0.04	+0.06
>80～120	−0.025	+0.035	>500	−0.05	+0.07
>120～180	−0.03	+0.04			

表 3-9　磨损系数　　　　　　　　mm

材料厚度	工件公差 Δ				
1	≤0.16	0.17～0.35	≥0.36	<0.16	≥0.16
1～2	≤0.2	0.21～0.41	≥0.42	<0.2	≥0.2
2～4	≤0.24	0.25～0.49	≥0.5	<0.24	≥0.24
4	≤0.3	0.31～0.59	≥0.6	<0.3	≥0.3
磨损系数	非圆形 x 值			圆形 x 值	
	1	0.75	0.5	0.75	0.5

（2）凸模和凹模单配加工时刃口尺寸的计算

1）凸模和凹模单配加工的步骤

① 首先选定基准模，就是按设计尺寸制出一个基准件（凸模或凹模）。

② 判定基准模中各尺寸磨损后是尺寸增大、减小还是不变。

③ 根据判定情况，增大尺寸按冲裁件上该尺寸的最大极限尺寸减 $x\Delta$ 计算，凸、凹模制造偏差取正向，大小按该尺寸公差 Δ 的 $1/4\sim1/3$ 选取；减小尺寸按冲裁件上该尺寸的最小极限尺寸加 $x\Delta$ 计算，凸、凹模制造偏差取负向，大小按该尺寸公差 Δ 的 $1/4\sim1/3$ 来选取；不变尺寸按冲裁件上该尺寸的中间尺寸计算，凸、凹模制造偏差取正负对称分布，大小按该尺寸公差 Δ 的 $1/8$ 选取。

④ 基准模外的尺寸按基准模实际尺寸配制，保证间隙要求。

2）凸模和凹模单配加工时刃口尺寸的计算公式

① 落料。图 3-5（a）为工件图，图 3-5（b）为冲裁该工件所用落料凹模刃口的轮廓图，图中虚线表示凹模刃口磨损后尺寸的变化情况。

落料时应以凹模为基准件来配作凸模。从图 3-5（b）可看出，凹模磨损后刃口尺寸有变大、变小和不变三种情况，故凹模刃口尺寸也应分三种情况进行计算。

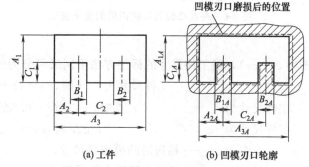

凹模刃口磨损后的位置

（a）工件　　　（b）凹模刃口轮廓

图 3-5　落料凹模刃口磨损后的变化情况

a. 凹模磨损后变大的尺寸（图中 A_1、A_2、A_3），按一般落料凹模尺寸公式计算，即：

$$A_A=(A_{max}-x\Delta)^{+\delta_A}_0$$

b. 凹模磨损后变小的尺寸（图中 B_1、B_2），按一般冲孔凸模公式计算，因它在凹模上相当于冲孔凸模尺寸，即：

$$B_A=(B_{min}+x\Delta)^0_{-\delta_A}$$

c. 凹模磨损后无变化的尺寸（图中 C_1、C_2），其基本计算公式为 $C_A=(C_{min}+0.5\Delta)\pm0.5\delta_A$。为方便使用，随工件尺寸的标注方法不同，将其分为三种情况：

工件尺寸为 $C^{+\Delta}_0$ 时，$C_A=(C+0.5\Delta)\pm0.5\delta_A$

工件尺寸为 $C^0_{-\Delta}$ 时，$C_A=(C-0.5\Delta)\pm0.5\delta_A$

工件尺寸为 $C\pm\Delta'$ 时，$C_A=C\pm\delta'_A$

式中　A_A，B_A，C_A——相应的凹模刃口尺寸；

$\quad\quad\quad A_{max}$——工件的最大极限尺寸；

$\quad\quad\quad B_{min}$——工件的最小极限尺寸；

$\quad\quad\quad C$——工件的基本尺寸；

$\quad\quad\quad \Delta$——工件公差；

$\quad\quad\quad \Delta'$——工件偏差；

δ_A，$0.5\delta_A$，δ'_A——凹模制造偏差，通常取 $\delta_A=\Delta/4$，$\delta'_A=\Delta'/4$。

以上是落料凹模刃口尺寸的计算方法。落料用的凸模刃口尺寸，按凹模实际尺寸配制，并保证最小间隙 Z_{min}。故在凸模上只标注基本尺寸，不标注偏差，同时在图样技术要求上注明："凸模刃口尺寸按凹模实际尺寸配制，保证双面间隙值为 $Z_{min}\sim Z_{max}$"。

② 冲孔。图 3-6（a）所示为工件孔尺寸，图 3-6（b）所示为冲孔凸模刃口轮廓，图中虚

线表示冲孔凸模刃口磨损后尺寸的变化情况。

冲孔时应以凸模为基准件来配作凹模。凸模刃口尺寸的计算，同样要考虑不同的磨损情况，分别进行计算。

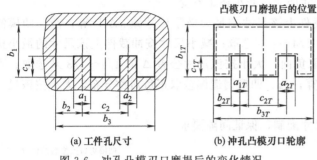

图 3-6　冲孔凸模刃口磨损后的变化情况

a. 凸模磨损后变大的尺寸（图中 a_1、a_2），因它在冲孔凸模上相当于落料凹模尺寸，故按落料凹模尺寸公式计算，即：

$$a_T = (a_{\max} - x\Delta)_0^{+\delta_T}$$

b. 凸模磨损后变小的尺寸（图中 b_1、b_2、b_3），按冲孔凸模尺寸公式计算，即

$$b_T = (b_{\min} + x\Delta)_{-\delta_A}^0$$

c. 凸模磨损后无变化的尺寸（图中 c_1、c_2），随工件尺寸的标注方法不同又可分为三种情况：

工件尺寸为 $c^{+\delta}_{\ 0}$ 时，$c_T = (c + 0.5\Delta) \pm 0.5\delta_T$

工件尺寸为 $c_{-\Delta}^{\ 0}$ 时，$c_T = (c - 0.5\Delta) \pm 0.5\delta_T$

工件尺寸为 $c \pm \Delta'$ 时，$c_T = c \pm \delta'_T$

式中　a_T, b_T, c_T ——相应的凸模刃口尺寸；

　　　$a_{\max}$ ——工件孔的最大极限尺寸；

　　　$b_{\min}$ ——工件孔的最小极限尺寸；

　　　c ——工件孔的基本尺寸；

　　　Δ ——工件公差；

　　　Δ' ——工件偏差；

δ_T, $0.5\delta_T$, δ'_T ——凸模制造偏差，通常取 $\delta_T = \Delta/4$，$\delta'_T = \Delta'/4$。

冲孔用的凹模刃口尺寸应根据凸模的实际尺寸及最小合理间隙 $Z_{\min}$ 配制。故在凹模上只标注基本尺寸，不标注偏差，同时在图样技术要求上注明："凹模刃口尺寸按凸模实际尺寸配制，保证双面间隙值为 $Z_{\min} \sim Z_{\max}$"。

(3) 单边剪裁时凸模和凹模刃口尺寸的计算

当采用单边剪裁加工时，不同的排样方式，其凸模和凹模刃口尺寸的计算也有所不同。

① 单步距剪裁时凸模和凹模刃口尺寸的计算　图 3-7（a）为采用单步距剪裁（一模一件）时凸模和凹模工作部分刃口尺寸的关系示意图。各部分尺寸可分别按以下公式计算。

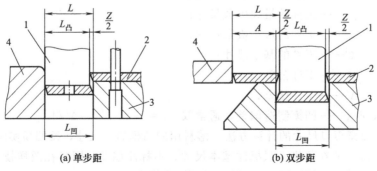

图 3-7　单边剪裁时凸模和凹模工作部分尺寸的确定

1—凸模；2—条料；3—凹模；4—挡块

$$L_{凹} = L^{+\delta_{凹}}$$

$$L_{凸} = \left(L_{凹} - \frac{Z}{2}\right)_{-\delta_{凸}} = \left(L - \frac{Z}{2}\right)_{-\delta_{凸}}$$

② 双步距剪裁时凸模和凹模刃口尺寸的计算 图 3-7（b）为采用双步距剪裁（一模两件）时凸模和凹模工作部分刃口尺寸的关系示意图。各部分尺寸可分别按以下公式计算。

$$L_{凹} = L^{+\delta_{凹}}$$

$$L_{凸} = (L_{凹} - Z)_{-\delta_{凸}} = (L - Z)_{-\delta_{凸}}$$

$$A = L - \frac{Z}{2}$$

式中 L——工件尺寸；

$L_{凹}$——凹模尺寸；

$L_{凸}$——凸模尺寸；

Z——凸模与凹模双面间隙；

$\delta_{凸}$，$\delta_{凹}$——凸模、凹模的制造偏差。

3.4 常见落料模的结构

以下选取了一些有代表性的落料模典型结构，供生产中设计使用。

3.4.1 圆片落料模

图 3-8（a）所示为加工零件的外形结构，采用料厚 $t = 1.5\text{mm}$ 的 Q235A 钢板制成，其精度按 IT16 级制造，断面粗糙度为 $Ra\,25\mu\text{m}$，中等生产批量。

一般说来，冲裁金属件内、外形的经济精度为 IT12～IT14 级，生产中，一般要求落料件精度最好低于 IT10，冲孔件最好低于 IT9 级，而料厚不大于 3mm 的冲裁件的断面粗糙度一般能保证在 $Ra\,12.5\mu\text{m}$ 以下。

图 3-8（b）为该零件的冲裁排样图。图 3-8（c）所示为设计的加工该零件的导柱式正装弹压卸料落料模。

该模具的结构特点有：凸模装在上模内，凹模装在下模内；上、下模对准精度主要通过模架上的导柱导套精密导向来保证；送料经安全板 1 上的导孔向下进行送进，进距由人工或自动送料装置控制；冲压开始和结束时，弹压卸料板起到压料和卸料作用；冲下的制件由凹模孔自然下落，但直的刃口会积留一定片数后下落，斜刃口凹模内不会积留制件。

导柱式模具在使用中，原则上不允许导柱与导套脱离，若做不到时，模柄与上模座除紧固装牢外，还应设防转销或螺钉。本模具和下面的模具，如模柄与上模座未加防转销，均视为模具在工作中导柱导套永不脱开。否则不加防转销从结构上考虑是不安全的，不能用于生产。

3.4.2 圆片无导向通用落料模

图 3-9 所示为圆片零件结构，采用 Q235A 钢板制成，料厚 t 见图 3-9，小批量生产。

考虑到零件为多品种、小批量生产且加工精度不高，为简化模具制造过程，降低生产成本，提高经济效益，采用单工序、无导向落料模进行加工。

图 3-10 所示为设计的无导向通用开式落料模，该模具的特点是结构简单，模具制造成本低廉；凸、凹模的间隙配合由压力机滑块的导向精度决定；使用时调整麻烦，模具寿命低，冲裁件精度差，主要适用于精度要求不高、形状简单、批量小的冲裁件。考虑到冲裁加工零件的

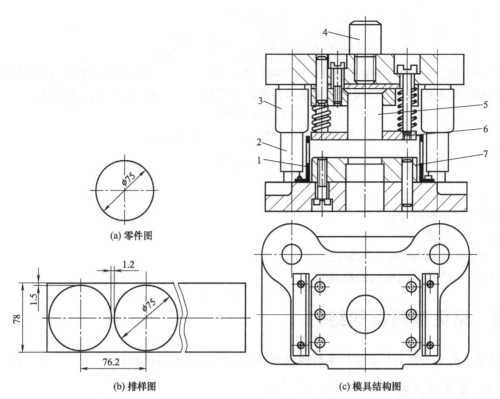

图 3-8　导柱式正装弹压卸料落料模
1—安全板兼有导料作用；2—导柱；3—导套；4—模柄；5—凸模；6—卸料板；7—凹模

料厚、大小有多种规格，因此，应将无导向模设计成通用型结构。

ϕ	65	60	55	50	45	40
t	3	3	2.5	2	2	2

图 3-9　圆片零件结构图

　　模具工作时，剪切好的条料利用导料板 6 侧面定位，可调定位板 1 径向定位，凹模 5、凸模 8 完成板料落料后，通过卸料块 7 完成卸料。该模具具有以下特点：

　　① 标准化与通用化程度高。除工作零件凸、凹模是可换的非标准件零件外，其他零件均为工厂常用的和机械行业冷冲模成套标准件，可以通用。

　　② 冲模结构通用性强，使用范围较广。根据使用的需要，更换模具中的凹模 5、凸模 8 成欲冲裁工件的凹、凸模，便可实现不同外形直径的圆片或相当尺寸的方形、矩形以及类似简单形状的平板冲裁件的落料。凸模 8 与模柄 9、凹模 5 与下模座 2 定位部位选用 H7/h6 配合。

　　两导料板 6 构成的导料槽宽窄与高低均可调，适用的料厚、条料宽度范围更广；可调定位板 1 不仅可调圆形工件的搭边大小，还可用于其他形状工件的落料定位。

　　无导向开式冲模一般既无模架，也无导板与卸料板，甚至还没有定位装置，只有整体或镶拼组合结构的凸模与凹模，生产使用时，必须由操作人员对模具间隙进行调整，模具的导向由压力机滑块及导轨导向精度保证。

一般来说，无导向单工序冲裁模通常在以下场合使用：

① 冲裁件尺寸精度不高，一般低于IT12级。

② 冲裁料厚较大，通常 $t \geqslant 1$mm。

③ 冲裁线形状为圆、方、矩形、长圆或多角以及类似或接近的、规则而简单的几何形状，冲裁线圆滑、平直，无锐角与齿形、小凸台以及细小枝芽、悬壁等冲切形状。

④ 冲裁件产量不大。

⑤ 对冲裁件冲切面质量、毛刺及平面度无要求。

⑥ 冲裁件尺寸较大，推荐冲裁件尺寸：长 × 宽 × 料厚 $\geqslant 25$mm × 10mm × 1mm；更小尺寸及更薄料厚的冲裁工件，为安全计，不推荐用敞开模冲制。

3.4.3 圆片下顶出落料模

图 3-11（a）所示圆片零件，采用料厚为 0.6mm 的 Q235A 钢板制成，大批量生产。

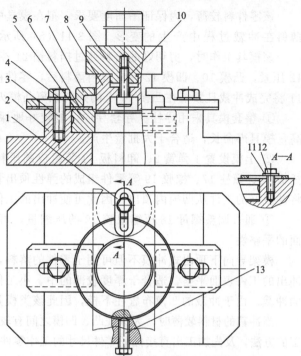

图 3-10 圆片无导向通用开式落料模

1—可调定位板；2—下模座；3,10,12,13—螺钉；4,11—垫圈；5—凹模；6—导料板；7—卸料块；8—凸模；9—模柄

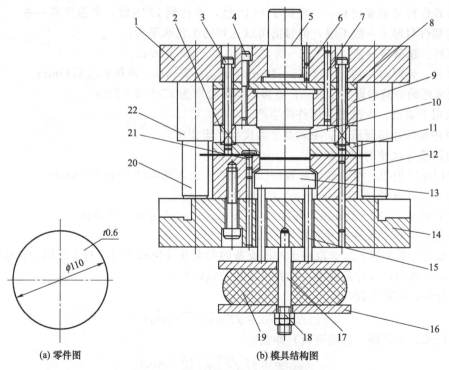

(a) 零件图　　　(b) 模具结构图

图 3-11 模架导向下顶出式落料模

1—上模座；2—弹簧；3—卸料螺钉；4—螺钉；5—模柄；6—止转销；7—圆柱销；8—垫板；9—凸模固定板；10—凸模；11—卸料板；12—凹模；13—顶件块；14—下模座；15—顶杆；16—托板；17—螺柱；18—螺母；19—橡胶；20—导柱；21—挡料销；22—导套

该零件料较薄，为保证平面度要求，拟在模具中采用压料、背压顶料约束变形方案，控制薄料在冲裁过程中产生的变形。图 3-11（b）所示为设计的模架导向下顶出式落料模。

该模具工作时，剪切好的条料通过挡料销 21 控制进距。冲切前，条料被卸料板 11 及凹模 12 压紧，凸模 10、凹模 12 完成板料落料后，零件被顶件块 13 顶出凹模 12 型腔，同时卸料板 11 将完成冲裁且紧箍在凸模 10 上的条料推离凸模刃口。模具具有以下特点：

① 整套模具采用导柱、导套导向，能较好地保证模具的导向精度，其冲裁的工件质量较高，模具寿命长，适合于大批量生产。

② 上模设置了弹簧 2、卸料板 11 等组成的压料装置，下模设置了顶件块 13、顶杆 15 及托板 16、螺柱 17、橡胶 19 等零件组成的弹性顶出装置，从而在冲裁时能压住工件，并能即时将冲裁好的工件从凹模内顶出，因此可使冲出的工件表面平整。

③ 通过调整螺母 18 压缩橡胶 19 的压缩量，可调整顶出力，并在一定程度上改善工件表面的平整性。

模架导向下顶出式冲模不但可用于零件的落料，也可用于工件的冲孔加工，且能保证模具冲出的工件表面平整，适合于厚度较薄的中、小工件冲裁，或对平面度等有较高要求的较厚料的冲裁。由于冲裁的凹模布置在下模，因此该类模具结构也称为模架导向正装式冲模。

当冲裁的材料较薄时，为保证凸、凹模之间有较小的间隙，生产中一般采取凸、凹模配合加工的方法，及先加工出直接保证零件尺寸的工作零件，通常是落料件先加工出凹模，冲孔件先加工好凸模，然后按实际尺寸配制与其相配对的工作零件，以控制冲裁间隙。这种加工方法对零件外形比较复杂的零件应用更为广泛，当然，根据企业不同的加工设备，也可能采取不同的加工方法，若采用加工中心或数控铣等加工则多采取分别加工法，以减少模具钳工的修模调整量。

一般来说，有导向的单工序冲裁模通常在以下场合使用：

① 冲裁件尺寸精度较高，一般高于 IT12 级，可达到 IT10 级，甚至更高一些。

② 冲裁件料厚 t 一般不限，但目前可以达到的工艺水平为：

a. 薄料、超薄料冲裁：$t < 0.5 \sim 0.05\text{mm}$，$t_{min} \leqslant 0.01\text{mm}$。

b. 厚料、超厚料冲裁：$t > 4.75 \sim 16\text{mm}$，$t_{max} \leqslant 25\text{mm}$，冲孔 $t_{max} \leqslant 35\text{mm}$。

c. 较常用的冲裁料厚 $t \leqslant 3\text{mm}$，更多的料厚范围为 $t > 0.5 \sim 2\text{mm}$。

③ 适用于成批、大批量冲压件的生产。

④ 对冲裁件冲切面质量、毛刺及平面度有一定要求。

⑤ 对冲裁件尺寸的限制如下：

a. 使用标准模架，推荐最大冲裁件凹模尺寸：长 × 宽 $\leqslant 630\text{mm} \times 500\text{mm}$。

b. 冲制圆孔直径 $d \geqslant (0.5 \sim 0.6) t$，推荐 $d_{min} \geqslant t$。

c. 冲裁料厚 $t \leqslant 12 \sim 16\text{mm}$，推荐 $t_{max} \leqslant 10\text{mm}$，$t > 10\text{mm}$（热冲裁）。

d. 确定压力机最大许用冲裁料厚 t_{max}。

许用最大冲裁料厚 t_{max}，取决于冲压设备的类型及其公称压力，对于通用、普通标准的机械压力机，其许用最大冲裁料厚，推荐按下述公式计算：

单次行程，间断冲裁时：

$$t_{max} = 0.9 \sqrt{F_{公称}/10} \text{（mm）}$$

连续行程，不间断（连闸开机）冲裁时：

$$t_{max} = 0.45 \sqrt{F_{公称}/10} \text{（mm）}$$

式中 $F_{公称}$——具有标准行程的普通标准机械压力机的公称压力，kN。

e. 精冲小孔、高精度群孔、深孔：冲孔直径 $d < 3 \sim 0.4\text{mm}$ 小孔，冲孔直径 $d < t \sim 0.3t$ 的深孔。

f. 光洁冲裁冲切面光洁平直，表面粗糙度 $Ra \leqslant 0.8\mu\mathrm{m}$。

3.4.4 薄板冲模

图 3-12 所示为另一种结构形式的通用单工序薄板冲模，其冲裁外形尺寸可在 $30 \sim 40\mathrm{mm}$ 范围内。

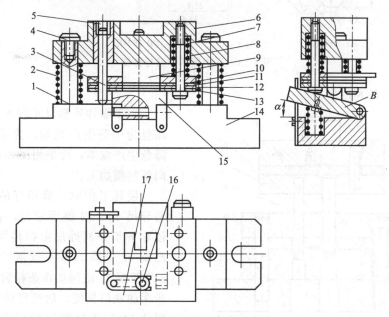

图 3-12 通用单工序薄板冲模

1—支承柱；2—弹簧；3—小导柱；4—螺钉；5—塞柱；6—上模板；7—卸料螺钉；8—卸料弹簧；9—凸模；
10—导板；11—导料板；12—凹模；13—垫板；14—下模板；15—折动垫板；16—弹性挡料销；17—弹簧片

整套模具采用通用模架结构。通用模架主要由上模板 6、下模板 14、折动垫板 15、支承柱 1、螺钉 4、弹簧 2、卸料螺钉 7、卸料弹簧 8 及小导柱 3 组成。

模具工作部分主要由凸模 9、导板 10、凹模 12、垫板 13 和导料板 11 组成。其中凸模 9 上端设有固定螺孔，通过螺钉将其固定在上模板上。凸模的下端伸入导板 10 型孔中，并以其作为定位和导向。导板、导料板、凹模及垫板四者通过卸料螺钉 7、小导柱 3 与上模板连在一起。另外，为了便于送料时定位，在导板上设置有弹性导料销 16。

模具工作时，压力机滑块首先压住上模板下行，这时，与上模板相连的导板、导料板、凹模和垫板组件，随之向下运动。同时，本来翘起成一定角度的折动垫板 15 逐渐被压平。当下行到垫板与下模板上平面全部吻合时（即折动垫翘起角 $\alpha = 0°$时），垫板及凹模等组件，便以下模板作支承，而停止不动。此后，凸模随上模板继续下行，并压缩卸料弹簧 8，致使材料在凸、凹模作用下分离，完成冲裁工作。当压力机滑块回升时，整个上模上行，卸料弹簧 8 首先进行脱料。然后，在弹簧 2 作用下，一起随上模板复位，所冲裁的工件通过垫板漏料孔落在下模板中部的折动垫板上，并随着它在翘起时形成的斜坡而滑出模外。

3.4.5 导板导向落料模

图 3-13（a）所示三角板零件，采用料厚 1.2mm 的 20 钢板制成，中等生产批量。

该零件外形基本上为三角形，但无尖锐的尖角，尺寸精度及冲裁断面质量要求均不高，加工工艺性较好。根据零件近似于三角形的结构特点，可采用图 3-13（b）所示的零件排样方

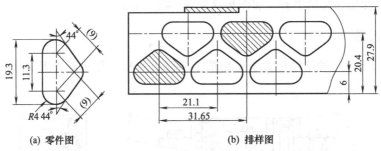

(a) 零件图　　　　　　　(b) 排样图

图 3-13　三角板零件及排样图

式，以提高材料的利用率。

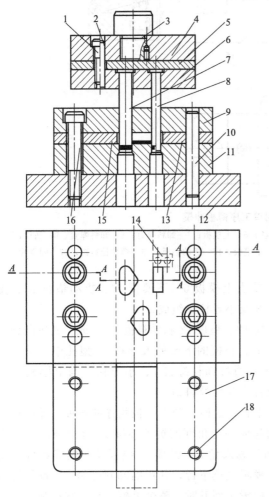

图 3-14　三角板导板导向落料模

1,16,18—螺钉；2,10—圆柱销；3—模柄；4—上模座；
5—垫板；6—凸模固定板；7—凸模；8—定距侧刃；9—导板；
11—凹模；12—下模座；13—右导尺；14—挡料块；
15—左导尺；17—承料板

由于零件外形尺寸较小，加工精度不高且为中等生产批量，为提高经济效益，降低生产成本，可采用图 3-14 所示导板导向落料模加工。

模具工作时，剪切好的条料利用左、右导尺 15、13 侧面定位，初始径向定位依靠剪切条料外形由挡料块 14 保证，在凸模 7、凹模 11 第一次落料时，定距侧刃 8 与凹模 11 也同步在条料侧边冲切出一个步距的缺口长度，后续径向定位则通过挡料块 14 与条料侧边冲切出的缺口完成，通过径向定位的改变，依次完成后续的落料加工。

导板模与无导向开式冲模相比，使用寿命相对较长，安装调整也较方便，操作安全性较好，但毛坯的定位不可见，操作不方便。

为提高冲压加工的生产效率，模具设计成一次冲裁出两个零件的排样方式，为保证落料凹模有足够的强度，冲裁的两个零件采用嵌花式排样。该模具具有以下特点：

① 模具中的导板 9 主要为凸模 7 导向，同时兼起卸料作用。

② 考虑到挡料块 14 安放在导板 9 下方，条料的定位不易观察清楚，模具中设计了条料承料板 17，减轻了操作人员的劳动强度，同时有助于定位精度的保证。

③ 模具定位采用了左、右导尺 15、13 和挡料块 14 与级进模定位常用的定距

侧刃 8 结合的方式，定距侧刃通过切去条料旁侧少量材料，使条（卷）料形成台阶，从而达到挡料的目的。

④ 模具一次冲程能加工出两个零件，生产效率高。

导板导向冲模不但可用于零件的落料，也可用于工件的冲孔加工。

导板导向冲模最重要的工作特点是：凸模 7 的工作部分依靠与导板 9 的小间隙配合进行导向，一般对冲裁料厚小于 0.8mm 的材料，采用 H6/h5 小间隙配合；对料厚大于 3mm 的材料，选用 H8/h7 级配合，但各种配合均应保证其配合间隙小于凸、凹模间隙。

采用导板导向冲模冲孔或落料时，要保证凸模始终不脱离导板，以保证导板的导向精度。尤其是当多凸模或小凸模离开导板再进入导板时，凸模的锐利刃边易被碰损，同时也啃坏导板上的导向孔，从而影响到凸模的寿命或使得凸模与导板之间的导向精度受到影响。

导板导向冲模较无导向开式冲模精度高，使用较安全，安装容易。但制造较无导向模复杂。一般用于形状简单、尺寸不大的冲裁件。对形状复杂、尺寸较大的零件，不宜采用这种结构形式。由于冲裁过程中，其凸模应始终不脱离导板，以保证导向精确，因此导板模要与行程较短（一般不大于 20mm）的压力机配合使用。生产中也可选用行程能调节的偏心压力机。

3.4.6　角板用自动挡料销的落料模

图 3-15 （a）所示角板零件，采用料厚 2mm 的 Q275A 钢板制成，中等生产批量。

该零件外形为三角形，根据零件的结构特点，采用图 3-15 （b）所示的零件对排方式，以提高材料的利用率。

图 3-16 所示为设计的采用自动挡料销定位的落料模结构。该模具具有以下特点：

采用自动挡料销 30 挡料，排样为对排，采用调头冲的送料方式。调头冲首件时，应先用手旋转始用挡料销 27，使销头抬起，起临时挡料作用，冲裁后，松开始用挡料销 27 使之复位，以后即可应用自动挡料销挡料。这种冲模广泛应用于料厚大于 1mm 的冲裁件。

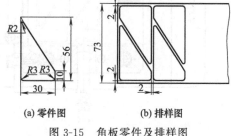

(a) 零件图　　(b) 排样图

图 3-15　角板零件及排样图

3.4.7　一模六件无废料落料模

图 3-17 （a）所示为联板零件，采用料厚 0.8mm 的 10 钢板制成，中等生产批量。

该零件外形并不复杂，尺寸精度及冲裁断面质量要求均不高，零件凹槽不长，冲孔直径均大于料厚 t，故冲孔凸模强度足够，冲裁孔与孔之间和孔与边缘之间的距离均大于 $1.5t$，凹模强度足够且工件边缘不会产生膨胀或歪扭变形，故零件的加工工艺性较好，由于零件外形较为简单，故可考虑无废料冲裁方案加工。图 3-17 （b）为零件加工排样图。

图 3-18 所示为采用的无废料落料模结构。

该模具工作时，剪切好的条料通过定位销 18 及挡料块 13 定位，六个工位的孔和槽一次性冲切完，与此同时，相互间隔的三个工位条料被相应的凸凹模 15 落料切断，从而在模具的一次冲程中能同时得到六个工件，重复上述定位，可实现下一次冲程中另六个工件的加工。

模具具有以下特点：

① 整套模具采用对角导柱模架导向，两个导柱装在对角线上，冲压时可防止由于偏心力矩而引起的模具歪斜，能较好地保证模具的导向精度及冲压加工中模具的稳定性，冲裁的工件质量较高，模具寿命长，适合于中等或大批量生产。

② 整套模具加工的材料利用率高。在冲压加工中，冲压件材料消耗费用占到总成本的 60%～75%，每提高 1% 的材料利用率，将会使成本降低 0.6%～0.75%。因此，采用图 3-18

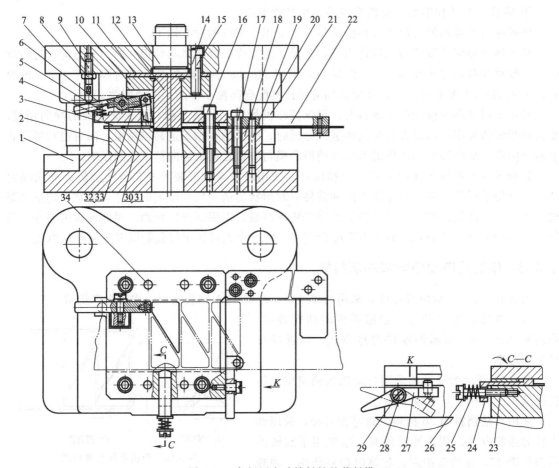

图 3-16　角板用自动挡料销的落料模

1—下模座；2—凹模；3—导尺；4—固定卸料板；5,25—弹簧；6—挡料销钉；7—上模座；8—螺母；9—压杆；
10—凸模固定板；11,18—垫板；12—凸模；13—模柄；14,20,34—圆柱销；15,16,17,23,28,33—螺钉；
19—导套；21—导柱；22—承料架；24—侧压板；26,29—垫圈；27—始用挡料销；30—挡料销；31—小轴；32—弹簧片

所示的无废料排样方式提高材料利用率，是冲压加工企业增加经济效益的重要方法。

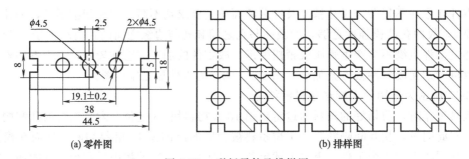

(a) 零件图　　　　　　　　　(b) 排样图

图 3-17　联板零件及排样图

③ 整套模具加工生产效率高，操作简单，模具工作安全、可靠。

应该注意的是：该类模具尽管生产效率高，由于同时增加了多处工位的加工，使模具结构变得较复杂，制造也较困难。另外，采用无废料冲裁，主要适用于外形精度要求不高，并能采用无废料冲裁的工件（如条料宽度等于工件的宽度或长度），此外，在大生产中还可采用将料厚及材质相同的零件组合加工冲裁的方式，以减少材料消耗，提高经济效益。

3.4.8 前板拼块落料模

图 3-19 (a) 所示为零件前板, 采用料厚 1.2mm 的 08 钢板制成, 小批量生产。

该零件外形并不复杂, 尺寸精度及冲裁断面质量要求均不高, 一次落料即可完成零件加工, 但冲件的长×宽将近 1.5m×1m 的零件大尺寸外形, 将使模具制造、加工变得很困难。为此, 采用单件坯料进行冲裁。图 3-19 (b) 为零件采用的坯料图。

设计的模具结构如图 3-20 所示。

该模具工作时, 上、下模座均用螺钉、压板分别固定在压力机的滑块底平面及床身的工作台面上。剪切好的块料通过 4 个定位销 1 定位, 在凸模拼块 11、凹模拼块 12 的共同作用下, 完成零件外形的冲切, 冲切完成后的搭边废料采用 3 个废料切刀 15 将其一切为三, 便于搭边废料的清除。

该模具具有以下特点:

① 模具采用四个导柱 17 和导套 16, 使之有精确的导向, 同时有利于保证大型冲压件冲切过程的平稳。

② 整个模具的工作部分采用了倒装式结构, 即落料凹模 12 装在上模, 而落料凸模 11 装在下模。落料凸模和凹模均采用了拼块结构。

③ 模具的卸料与推件均采用弹性装置, 在冲裁时能压紧坯料, 以提高冲件

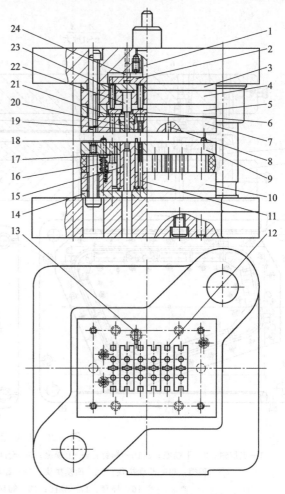

图 3-18 一模六件无废料落料模

1—打杆; 2—打板; 3,14—垫板; 4—上固定板; 5—衬板; 6—推板; 7—凹模; 8,19,21—推件杆; 9—卸料板; 10—固定板; 11,12,17—凸模; 13—挡料块; 15—凸凹模; 16—弹簧; 18—定位销; 20—推料板; 22—凸模; 23—推杆; 24—导向杆

的质量。螺钉 3 (有 7 个) 与螺钉 10 (有 32 个) 分别对卸料板 13 与推件板 8 起定程作用。

④ 顶销 9 在弹簧作用下, 使工件在落料后稍微抬起, 略高于凹模, 以防止工件紧贴在凸模上, 便于将工件取出。

⑤ 在下模上设置了限位柱 19, 便于装模时, 调整压边机构的闭合高度。上、下模各设置了 4 个起重手柄 14, 有利于模具的起重、安装, 这对于大、中型的模具是不能忽略的。

拼块冲模不但可用于大型零件的落料, 也可用于大型工件的冲孔加工, 同时对外形较复杂、

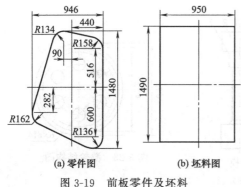

(a) 零件图   (b) 坯料图

图 3-19 前板零件及坯料

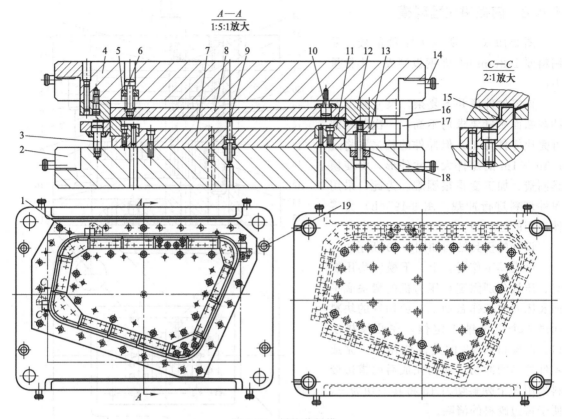

图 3-20　拼块落料模

1—定位销；2—下模座；3,10—螺钉；4—上模座；5—套圈；6—推件螺钉；7—凸模固定板；8—推件板；
9—顶销；11—凸模拼块；12—凹模拼块；13—卸料板；14—起重手柄；15—废料切刀；
16—导套；17—导柱；18—卸料螺钉；19—限位柱

易磨损、制造困难的零件加工也常使用，在企业模具加工制造过程中，若受加工设备的限制或合理使用模具钢材，也常采用拼块加工。

3.4.9　垫板锌基合金落料模

图 3-21 所示为零件垫板，采用料厚 4mm 的 Q235A 钢板制成，小批量生产。

图 3-22 所示为设计的锌基合金落料模。

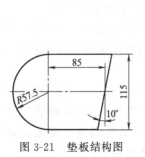

图 3-21　垫板结构图

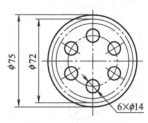

图 3-22　锌基合金落料模

图 3-23　游轮结构图

1—模架；2—垫板；3—凸模固定板；
4—模柄；5—凸模；6—卸料板；7—导板；
8—锌合金凹模；9—凹模框

该模具为锌基合金冲裁模的常见结构，其中凹模 8 是由锌基合金浇注铸造而成的，而凸模 5 则采用钢制成。此类模具不仅结构简单、制造方便，而且能使凸、凹模间隙均匀一致，对冲裁薄板料显示出了极大的优越性。

为提高模具寿命，适应零件较大批量的生产，生产中还常常采用在凸模和凹模上分别镶以模具钢块的锌基冲模结构。即：凸、凹模在浇注锌基合金成形后，分别镶以钢块，根据冲裁材料的厚度及批量生产要求的不同，可选用局部嵌镶或全部嵌镶等方式。

锌基合金冲裁模的设计应符合以下原则。

① 对于冲裁中小型制品的锌基合金冲裁模，应采用导柱、导套模架。因为，锌基合金冲裁模的凸、凹模间隙在模具使用前尚未定妥，冲裁间隙是由凸模与合金凹模磨损获得的，所以必须保证其凸、凹模导向精度。

② 在设计冲裁模时，其落料凹模采用锌合金，而凸模采用工具钢；冲孔时凸模采用锌合金，而凹模采用工具钢。即在落料时只设计凸模，而在冲孔时只设计凹模。

③ 凹模刃口高度。对锌基合金冲裁模，用于落料加工时，其凹模刃口高度将直接影响到制件的加工质量。高度太小则强度不够，模具寿命低；太大则制件平直度、质量将受影响。故建议采用下述高度值：当板厚 $t \leqslant 1mm$ 时，凹模刃口高度 h 为 $5 \sim 8mm$；当板厚 $1mm < t \leqslant 2mm$ 时，h 为 $8 \sim 12mm$；当板厚 $2mm < t \leqslant 3mm$ 时，h 为 $12 \sim 15mm$；当板厚 $t > 3mm$ 时，h 为 $15 \sim 18mm$。

④ 凹模的厚度与宽度。凹模的厚度一般不小于 30mm，而宽度应不小于 40mm。

3.4.10 游轮聚氨酯橡胶模

图 3-23 所示为零件游轮，采用厚度为 0.2mm 的铍青铜制成，游轮的模数为 $m = 1.5$；齿数 $z = 48$；外径为 75mm，小批量生产。

设计的聚氨酯橡胶模如图 3-24 所示。该模具具有以下特点：

采用邵氏硬度为 95A 的聚氨酯橡胶作聚氨酯橡胶模垫，所用聚氨酯橡胶模垫的外形只需与零件的外形相仿，而不必与零件的实际外形一致，从而简化了模垫的结构。

由于零件硬度较大，为增大模垫与凸、凹模刃口对零件的剪切力，压料板采用台阶式结构，冲裁时与凸、凹模同时进入凹模容框内，此时，应保证橡胶模垫的外径比零件的外径每边约大 $2 \sim 3mm$。

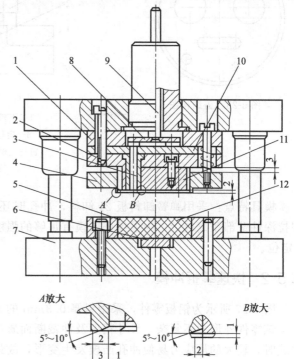

图 3-24 聚氨酯橡胶模
1—平板；2—固定板；3—推杆；4—卸料板；5—橡胶容框；6—托板；7—模座；8—打板；9—打杆；10—垫板；11—凸模；12—聚氨酯橡胶模垫

3.5 常见冲孔模的结构

3.5.1 垂直冲孔模

图 3-25 所示为零件盖，采用厚度为 1.2mm 的 Q235A 钢制成，中等生产批量。零件经拉

深、切边（拉深高度）后，在其底部需冲制几种不同大小及类型的孔。

图 3-26 所示为设计的垂直冲孔模。

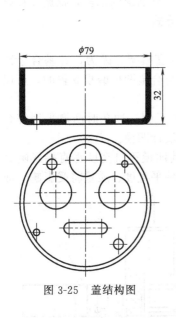

图 3-25　盖结构图

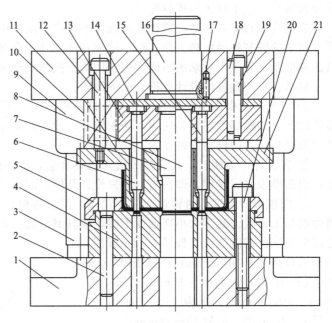

图 3-26　垂直冲孔模

1—下模座；2,17,18—圆柱销；3—导柱；4—凹模；
5—定位板；6～8,15—凸模；9—导套；10—弹簧；
11—上模座；12—卸料螺钉；13—固定板；14—垫板；
16—模柄；19,20—螺钉；21—卸料板

模具特点：采用弹簧卸料板 21 卸料，冲孔时还起压件作用，以保证冲孔质量。由于孔边和拉深件壁部距离较近，为了保证凹模有足够的强度，采用拉深件口部朝上放置，并用定位板 5 定位。

3.5.2　快速装拆冲模

图 3-27 所示为铝板零件，采用料厚 0.3mm 的 LY12 板制成，小批量生产。

该零件外形并不复杂，尺寸精度及冲裁断面质量要求均不高，但零件矩形槽宽仅 0.4mm，冲裁时，较大的压应力易使冲孔凸模发生变形，故最好应采取保护措施。另外由于槽与工件边缘距离仅 0.4mm，冲槽时易使工件边缘产生膨胀或歪扭变形，零件的加工工艺性不太好。

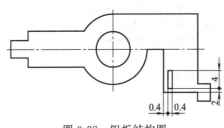

图 3-27　铝板结构图

根据零件应保证矩形槽位置形状的使用要求，应采用先冲切零件外形（含圆孔），最后再冲切矩形槽的加工方案。这是因为，若先冲切矩形槽，则在冲切零件外形时，将使距工件边缘距离仅 0.4mm 的槽发生变形，矩形槽形状无法保证，影响零件的使用；而槽与工件边缘仅有 0.4mm 的间隔，考虑到模具的使用寿命，又不宜设计复合模；由于零件为小批量生产，从经济上考虑也不便于设计级进模加工。

图 3-28 所示为冲切矩形槽采用的模具结构。

该模具工作时，冲切好零件外形（含圆孔）的坯料通过定位板 14 定位，由凹模 12、凸模

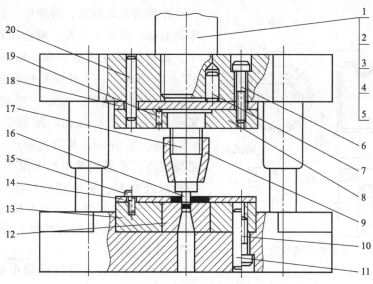

图 3-28　快速装拆冲模

1—模柄；2—上模板；3—导柱；4—导套；5—下模板；6,10,15—螺钉；7—防转销；8—凸模固定板；9—紧固螺母；
11,19,20—圆柱销；12—凹模；13—凹模固定板；14—定位块；15—凸模；16—凸模；17—凸模定位夹头；18—上垫板

16 共同作用完成矩形槽的冲切。模具具有以下特点：

① 凸模 16 装拆快速、方便。更换凸模时，只需用凸模定位夹头 17 装夹，然后由紧固螺母 9 锁紧便可实现。

② 冲模结构通用性强，使用范围较广。根据使用的需要，更换模具中的凹模 12、凸模 16 成欲冲裁工件的凹、凸模，便可实现其他形状或尺寸冲裁件的冲裁。凹模 12 与凹模固定板 13 选用 H7/n6 配合。

图 3-28 所示的快速装拆冲模不但可用于零件的冲槽、冲孔加工，也可用于工件的落料加工。

考虑到冲槽宽仅为 0.4mm 以及减少槽与工件 0.4mm 距离处边缘的变形需要，需经常刃磨冲孔凸模，以保持刃口的锋利，设计的快速装拆凸模 16 的模具结构，凸模 16 上部呈回转体结构，其定位部分通过与凸模定位夹头 17 的定位，并与紧固螺母 9 配合实现锁紧。

由于凸、凹模间隙较小，为保证冲裁间隙，采用中间导柱模架，导柱和导套采用 H6/h5 配合。

生产中，除采用上述凸模快换结构外，还可采用图 3-29 所示的形式，其中：快换凸模与凸模固定板采用基孔制间隙配合 H7/h6，一般用于冲裁间隙较大、冲制或落料的尺寸较大、生产批量较大的工件的加工。

该类模具冲制的冲件质量不高，一般用于精度要求不高，凸模细小，易磨损、折断，需经常装拆且生产批量不大的零件加工。

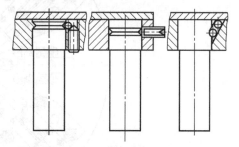

(a) 钢球固定式　(b) 螺钉固定式　(c) 球锁式
图 3-29　快换凸模的固定型式

3.5.3　微电机罩冲孔模

图 3-30 所示为零件微电机罩，采用厚度为 0.6mm 的 10 钢冷轧板制成，中等生产批量。零件经拉深、切边（拉深高度后），在其底部及侧面共需冲制九处多种不同大小及类型的孔。

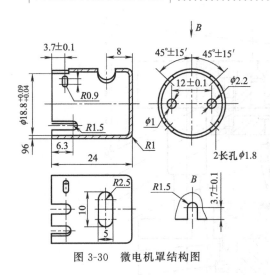

图 3-30　微电机罩结构图

在所有九处群孔、群槽中，仅有两个小孔在零件底部，另外七个孔、槽全在其圆筒壁部。其中，四槽孔都在圆筒口部，沿圆筒口中心线成 $45°±15'$ 分布，三个长圆孔均在圆筒壁中间。此外，两个大小相同、稍小一些的长圆孔，长×宽＝3.3mm×1.8mm，距筒口仅为（3.7－0.9）mm＝2.8mm。所有九处孔、槽的位置度要求均较高。考虑到微电机大量生产时产品总装、调校以及修理、更换的便利性，所有罩壳冲孔（槽）的一致性要好，保证有良好的互换性。上述技术要求只有采用高性能冲模一次冲出九孔（槽）才能保证。

图 3-31 所示为设计的微电机罩九孔（槽）一次冲切的楔传动冲孔模。该模具结构主要有以下特点：

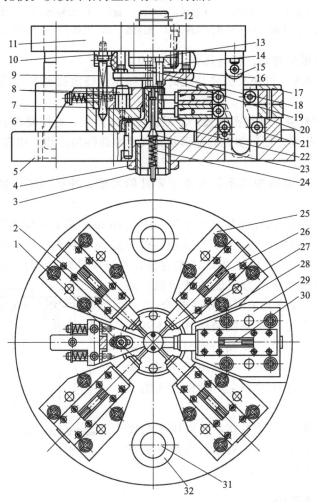

图 3-31　微电机罩冲群孔、群槽模

1,2,16,18,27,28—凸模；3—螺塞；4—螺母；5—下模座；6—后座；7,13—垫板；8—垫块；
9—插杆；10—插杆座；11—上模座；12—模柄；14—固定板；15—楔座；17—盖板；19—卸料板；20—楔滑块；
21—滑轮；22—凹模；23—顶杆；24—弹簧；25,29—滑座；26,30—斜楔；31—导柱；32—导套

① 采用相同的五组楔传动机构，将垂直的冲压力转变成水平冲压力，用双作用驱动楔驱动装凸模滑块，实现同时冲孔（槽），如图 3-31 所示。

② 冲件底部两孔较小，其中一个直径为 1mm。两凸模均制成台阶形，将杆部加粗。同时，将卸料板加厚，按基轴制 h5/H6 配合制造，使卸料板具有凸模的导向作用，并沿横向支承，防止凸模出现纵弯折断现象。

③ 上模座尺寸根据非标准圆形下模座进行配制，并用 Q235A 钢板制造。

④ 采用加粗、加长两导柱，并将导套装在下模座上，实现加长导套倒装结构，保证模具在大开启高度时，仍有平稳的导向。

3.5.4　凸模在内的悬臂式冲孔模

图 3-32 所示为零件罩壳，采用厚度为 0.8mm 的 20 冷轧钢板制成，中等生产批量。零件经拉深、凸缘切边后，在其壁部需冲制 ϕ3mm 的孔。

该零件冲制的外形孔并不复杂，尺寸精度及冲裁断面质量要求也不高，但由于所冲孔离拉深件底面仅 3.7mm，模具结构设计困难。

仔细分析零件结构后，设计了如图 3-33 所示的凸模在内的悬臂式冲孔模。

该模具工作时，可将半成品拉深件套在凸模座 2 和定位卸料板 5 上，上模下行时，压紧钉 4 压紧工件。冲孔时，定位卸料板随工件上、下移动，冲孔完成后上模上行，弹卸工件。

当所需冲孔离成形件底面很近时，受凹模强度的限制，可设计采用此结构。但此结构受工件尺寸 D、H 的限制，尺寸 D 应满足 $A—A$ 剖面所示结构和强度的要求。

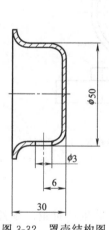

图 3-32　罩壳结构图

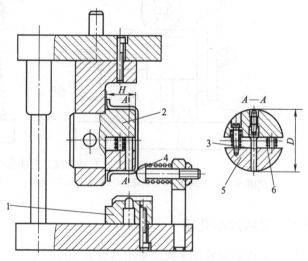

图 3-33　凸模在内的悬臂式冲孔模
1—凹模；2—凸模座；3—凸模；4—压紧钉；
5—定位卸料板；6—卸料弹簧

3.5.5　自动分度径向冲孔模

图 3-34 所示为零件筒体，采用厚度为 1.5mm 的 08 钢板制成，大批量生产。零件经拉深、切边（保证拉深高度）后，在其大筒壁部需冲制 20 处 ϕ3mm 的孔。

该零件周边均布 20 个 ϕ3mm 孔，由于生产批量较大，故设计如图 3-35 所示的自动分度径向冲孔模进行冲裁。该模具主要由冲孔、分度和压紧三部分组成，模具工作原理为：压力机上行时，固定在上模的连杆 5、8 带动棘轮 3、棘爪 6、主轴和工件转过一个分度值，依靠分度盘

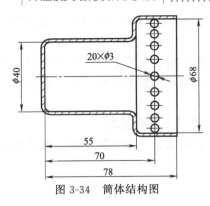

图 3-34 筒体结构图

2 对主轴准确定位。压力机下行时，在弹簧作用下，棘爪 6 插入棘轮的下一个齿中，完成分度定位。

模具具有以下特点：

① 冲孔由凸模 4 和凹模 7 完成，凸模采用快换结构。凸模上套有聚氨酯卸料套，以便凸模能从工件中顺利退出，以免工件变形。

② 分度部分由棘轮 4、棘爪 6、分度盘 2、连杆 5、8 和主轴组成。分度盘 2 上沿周向均匀分布 20 个锥度孔（与孔数相同），角度为 90°的棘轮 3 上有 20 个齿（齿轮与孔数相同）。棘轮、棘爪和分度盘采用 T8A 钢制造，淬火硬度为 60～62HRC。

③ 压紧部分由压料盘 9、手柄 10 等组成。压紧力大小可通过压料盘中的弹簧力大小调节。

④ 冲压前，将工件套在凹模座 1 上，用工件的底面定位，扳动手柄 10，通过压料盘 9 压紧工件，工件随主轴旋转。

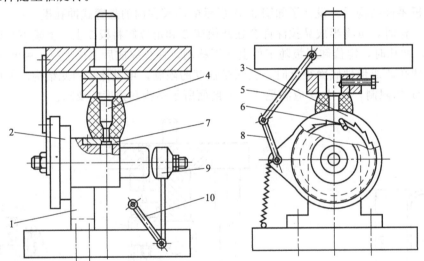

图 3-35　自动分度径向冲孔模结构图
1—凹模座；2—分度盘；3—棘轮；4—凸模；5,8—连杆；6—棘爪；7—凹模；9—压料盘；10—手柄

3.5.6　厚料冲小孔模

图 3-36 所示为零件锭钩，采用厚度为 4mm 的 Q235A 钢板制成，中等生产批量。零件经落料后，需冲制 $\phi2.4mm$ 的孔。

该零件冲制 $\phi2.4mm$ 的孔，仅相当于料厚的 0.6 倍，属于厚料冲小孔的范畴，采用普通的冲裁方法，会由于凸模的强度及刚度不足而受到破坏，因此，应采取针对性措施及与其相对应的模具结构。

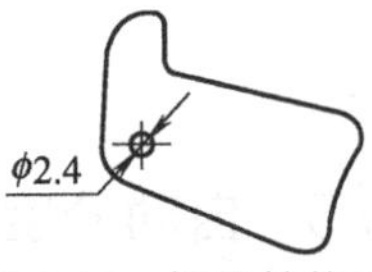

设计的冲小孔模结构如图 3-37 所示。

图 3-36　锭钩结构图

该模具工作时，可将落好外形的半成品置于模具定位板 2 的合适位置上，当上模下降时，凸模护套 9 在弹簧 13 的作用下首先与坯料接触并压紧，随着上模的下行，凸模 7 与凹模 3 共同完成对坯料的冲切；随着上模的上行，凸模护套 9 在弹簧 13 的作用下完成对已冲切好零件的卸料。

该模具具有以下特点：

① 整套模具采用滚珠导向模架,导向精度高。为了提高导向精度,排除压力机轨道精度不足的影响,模具采用了浮动模柄结构,但必须保证在冲压过程中,导柱始终不脱离导套。

② 凸模全程导向,模具采用了凸模全程导向结构,冲裁时,凸模 7 由凸模护套 9 全程导向,伸出凸模后,即冲出一个孔。

③ 导向精度高,这副模具的导柱不但在上、下模座之间进行导向,而且对卸料板也导向。在冲压过程中,导柱装在上模座上,在工作行程中上模座、导柱、弹压卸料板一同运动,严格保证了上、下模座平行装配的卸料板中的凸模护套和凸模滑配的精确性,当凸模受侧向力时,卸料板通过凸模护套承受侧向力,保护凸模不致发生弯曲。

④ 这是一副全长导向结构的小孔冲模,与一般冲孔模的区别是凸模在工作行程中,除了进入被冲材料内的工作部分外,其余全部得到不间断的导向作用,因而大大提高了凸模的稳定性和强度,另外,由于凸模护套 9 伸出于卸料板,因此,弹性卸料板 6 并不接触材料。冲压时,凸模护套先在所冲孔周围对材料加压,由于凸模护套与材料的接触面上的压力很大(活动护套与材料的接触面积小,强力弹簧的压力较大),使其处于立体的压应力状态,改善了材料的塑性条件,有利于塑性变形过程,故冲出的孔断面光洁。

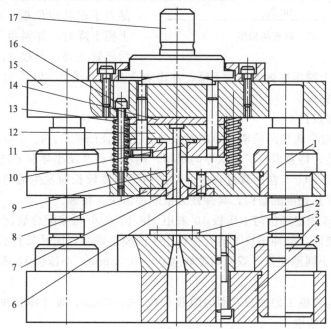

图 3-37 全长导向式小孔冲模

1—导柱;2—定位块;3—凹模;4—导套;5—下模座;6—弹性卸料板;7—凸模;8—托板;9—凸模护套;
10—扇形块;11—扇形块固定板;12—凸模固定板;13—弹簧;14—垫板;15—上模座;16—螺钉;17—模柄

整套模具中重要的导向零件主要是凸模护套 9 和扇形块 10。在模具设计中,应保证扇形块 10 与扇形块固定板 11 成过盈配合,凸模护套 9 与弹性卸料板 6 成过盈配合,两零件均各均匀开设有三个扇形槽,它们相互错开排列,既避免了冲模工作过程中相互碰撞,又能使凸模护套插入扇形块 10 的扇形槽中,并能上、下滑动,其结构见图 3-38。凸模直径与凸模护套 9、扇形块 10 的安装孔尺寸 d 之间成小间隙配合,单面间隙取0.03~0.06mm。

⑤ 对厚料小孔的冲裁采用全长导向结构保护凸模是该

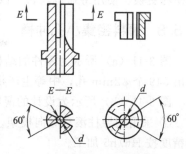

(a) 凸模护套结构 (b) 扇形块结构

图 3-38 凸模护套和扇形块的结构

类型模具设计中常用的方法，能完成软钢不小于 $0.35t$、硬钢不小于 $0.5t$（t 为料厚）圆孔的冲裁，且能获得光洁的断面。

3.5.7 短凸模中厚料冲孔模

图 3-39 所示为零件联板，采用厚度为 4mm 的 Q235A 钢板制成，中等生产批量。零件经落料后，需在其上冲制多处小孔。

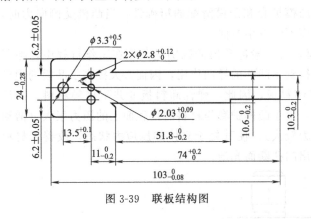

图 3-39 联板结构图

该零件为外形较简单的冲裁件，加工的三种孔孔径均较小，最小孔径约为 $0.5t$，属在厚料上冲裁小孔的类型，孔的冲裁工艺性较差，需在模具中采取措施方能冲裁。

设计的冲小孔模结构如图 3-40 所示。

该模具工作时，将落好外形的半成品置于模具定位板 2 的合适位置上，当上模下降时，卸料板 11 和小压板 10 先后压紧工件，凸模 3、4、5 上端露出小

压板 10 的上平面，上端压缩弹簧继续下降，冲击块 7 冲击凸模 3、4、5 对工件进行冲孔。卸料工作由卸料板 11 完成。

模具具有以下特点：

① 整套模具采用滚珠导向模架，导向精度高。为保证凸模 3、4、5 与凹模 1 的工作间隙均匀并提高导向刚性，特意增设了二次导向机构，用小导柱 9 及小导套 8 进行导向。

② 为防止凸模 3、4、5 在冲裁过程中，可能由于长度较长而发生的弯曲变形而折断，模具中特意设计成缩短其长度的结构，其冲裁力依靠冲击块 7 传递。

③ 凸模 3、4、5 固定部位与小压板 10 采用 H8/h7 的小间隙配合装配，其各自上端面均高于凸模固定板上表面，使冲击块 7 能直接作用于凸模上端面，同时又利于凸模的更换。小压板 10 与小导柱 9 成小间隙配合，双面间隙取 0.03～0.05mm，小压板 10 依靠小导柱 9 及小导套 8 进行精确导向。

凸模 3、4、5 与凹模 1 的冲裁双面间隙取 0.04～0.07mm，设计深孔冲裁模的深孔冲裁间隙一般可参照表 3-10 选取。

④ 采用缩短凸模长度的方法是提高小凸模强度和寿命的一种常用的有效方法。能较好地防止小凸模在冲裁过程中产生弯曲而导致的折断，模具结构较为简单，模具制造也比较容易，凸模易更换，使用寿命也较长。该模具结构能完成软钢不小于 $0.5t$（t 为料厚）圆孔的冲裁。

3.5.8 薄料密集小孔冲模

图 3-41（a）所示为零件的结构，采用厚度为 0.1mm 的 08F 薄钢带制成，需在其上一次冲出 549 个 ϕ2mm 孔，中等生产批量。

图 3-41（b）所示为设计的薄料密集小孔冲模结构。该模具具有以下特点：

① 采用四导柱滚动导向模架。凸模固定板、卸料板、凹模三板之间外加四个小导柱，导向精度按 H6/h5 加工。

② 卸料螺钉装置由图 3-41（b）中所示的件 7～件 12 零件构成。通过在螺钉 10 上加套筒 12（套筒共 16 个一起磨成等高）和垫圈 11，并在 18 个压杆 9 的共同作用下保证卸料板 15 平

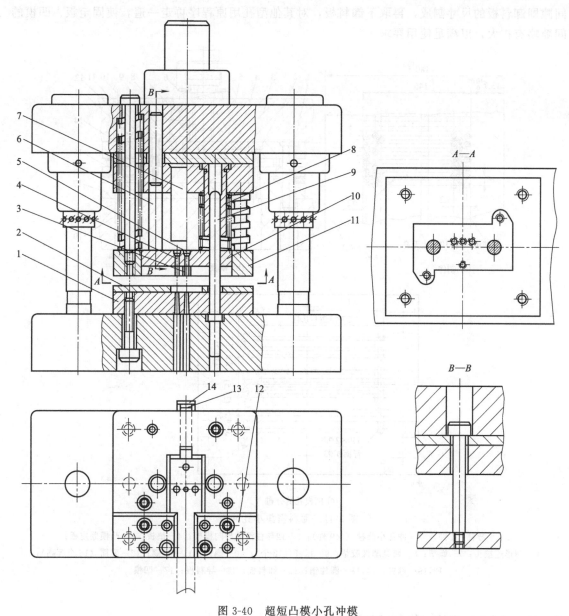

图 3-40　超短凸模小孔冲模

1—凹模；2—定位板；3～5—凸模；6—螺钉；7—冲击块；8—小导套；
9—小导柱；10—小压板；11—卸料板；12—定位块；13—侧压块；14—簧片

衡工作。卸料螺钉与压杆的位置均布在排孔周围和 13.5mm 的两条空白处 ［图 3-41 (c)］。

　　③ 凹模采用整体结构，直刃口长 2mm，反面扩大至 φ3mm。冲压时凸模进入凹模深≥2mm，不让废料留在凹模内，有利于延长模具寿命。

表 3-10　深孔冲裁的双面间隙（2C）值　　　　　　　　　　　　　　　　　mm

料厚 t	0.5～2	3	4～6	10
间隙 2C	0.025t	0.02t	0.017t	0.015t

　　④ 凸模长≤38mm，为使不致太长，将固定板固定部分开成通槽，然后用垫板 4 垫入，这样固定板总厚度未变，而凸模短了。

　　⑤ 为使凸模固定板 5、卸料板 15、凹模 17 各孔位置一致，三板装夹一起由线切割按最小

间隙即卸料板的尺寸割成，再取下卸料板，对其他型孔用原程序再走一遍，使固定板、凹模的间隙略有扩大，以满足使用要求。

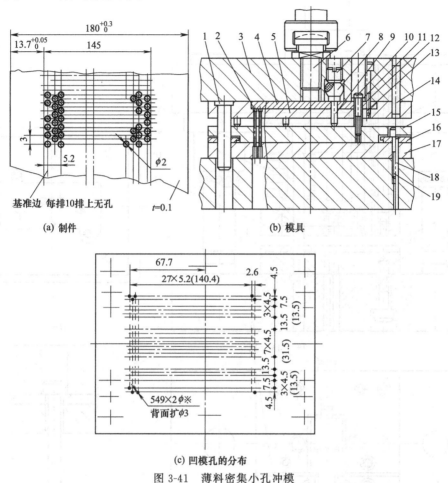

(a) 制件　　　(b) 模具

(c) 凹模孔的分布

图 3-41　薄料密集小孔冲模

1—小导柱（4件）；2—冲孔小凸模（549件）；3—四导柱滚动导向模架；4—垫板；5—凸模固定板；
6—球形连接头；7—螺塞；8—聚氨酯橡胶垫；9—压杆（18个）；10—螺钉；11—垫圈；12—套筒（16个等高）；
13,19—螺钉；14,18—圆柱销；15—卸料板；16—导料板；17—凹模

3.6　常见切断模的结构

3.6.1　通用切断模

图 3-42 所示为用于切断厚 2mm 以下的金属与非金属板料的通用切断模。

该模具采用中间导柱导向，待剪切板料先经压料板 9 及下刀 8 共同压紧后，通过下刀 8 及上刀 10 完成板料的剪切。通过调节左、右侧面导料板的间距和前后定位板之间位置，可用于冲切各种规格的条料。模具中后定位板 6 的定位尺寸可调；侧面导料板 3 可转成各种角度，因而也可以当切角模使用。

3.6.2　型钢切断模

图 3-43（a）所示为 63mm×63mm×4mm 等边角钢，生产中需切断成不同尺寸的长度使用。

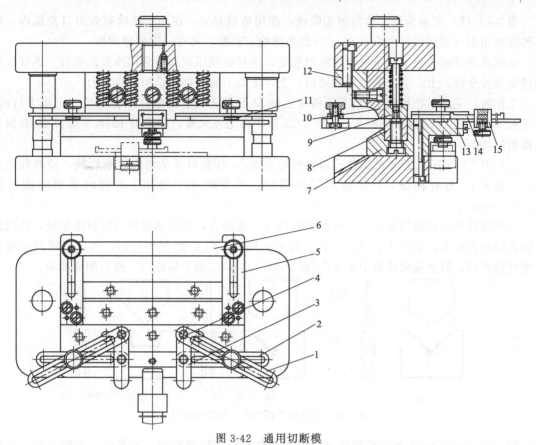

图 3-42 通用切断模

1,2—滑板（左、右各 1 个）；3—侧面导料板（左、右各 1 个）；4—铆钉；5—后支板（左、右各 1 个）；6—后定位板；7—下切刀固定板；8—下刀；9—压料板；10—上刀；11—垫圈；12—角座；13—L 形支架；14—前定位板；15—前支板

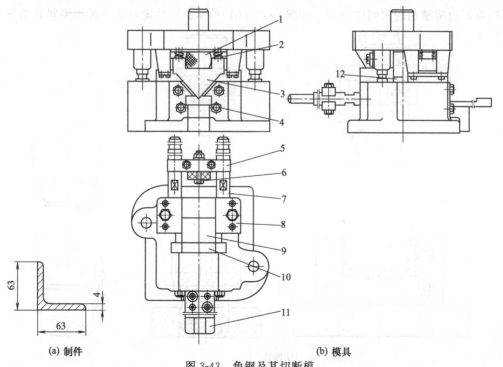

(a) 制件   (b) 模具

图 3-43 角钢及其切断模

1—橡胶；2—弹簧；3—上压板；4—下切刀压紧螺钉；5—挡料架；6—定位螺钉；7—支撑柱；8—压板；9—下压板；10—下切刀；11—托料架；12—上切刀

图 3-43（b）所示为设计的角钢切断模，使用该模具时，在凸、凹模有效刃口范围内，对各种规格角钢（多用于厚度小于 6mm）的角钢均可切断，具有一定的通用性。

该模具设计时，为了防止角钢切断时翘曲，压料板预压和卸料采用弹簧加橡胶，保证操作的稳定及安全性。上、下模采用导柱导向，上、下切刀有挡块来承担侧向推力。

工作时，毛坯沿托料架 11 和下压板 9 上的 V 形槽送到定位螺钉 6 处定位，上模下行时，上压板 3 与下切刀 10 及下压板 9、上切刀 12 分别将毛坯夹紧，上切刀 12 与下切刀 10 共同完成角钢的切断。

上切刀 12 与下切刀 10 的工作刃口夹角均取 90°，切断时可从两边逐渐切断，使冲裁力降低。下切刀 10 为对称设计，单面刃口磨损后，可翻转 180° 使用。冲切时单面间隙可取 0.3～0.4mm。

在角钢类型材切断模设计时，应保证型材与凹模贴合，即凹模型腔与型材角相同，凸模的含角比型材含角大，如图 3-44（a）、（b）所示，同样，对 U 形材的切断，也应保证凹模型腔与型材角相同，但凸模含角略小于 90°［图 3-44（c）］，以减小切断力，提高断面质量。

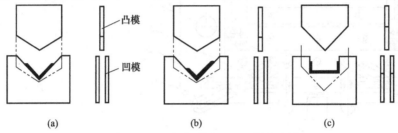

图 3-44　型材切断模中凸、凹模的设计

图 3-45（a）所示为槽钢切断模的结构。该模具结构简单实用。工作时，上模下行，切断凸模 2 的下端部首先接触放在凹模 4 内的被切槽钢底边，并将底边切断。上模继续下行，利用凸模的两斜边将槽钢的两侧边切断，如图 3-45（b）所示。三片废料从下模座漏料孔落下。

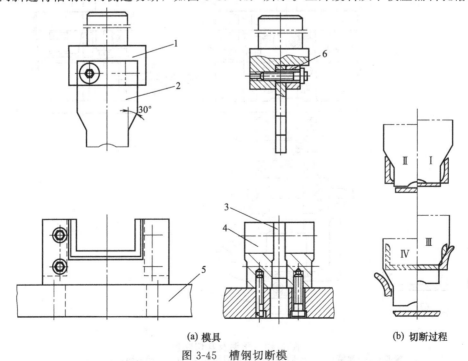

（a）模具　　　　　　　　　　　（b）切断过程

图 3-45　槽钢切断模

1—上模座；2—切断凸模；3—切断凹模垫片；4—凹模；5—下模座；6—凸模压板

欲切断不同规格的槽钢，只需更换凸、凹模即可，也可如图 3-43（b）所示加设挡料装置。

图 3-46 为 U 形材切断模的另一种结构，主要用于料较厚（＞6mm）且对切断面有较高要求件的切断。工作时，上模下降，先由两个圆盘刀 2 将槽钢两侧划出深 2～3mm 的 V 形沟，上模继续下降时，由上刃 1 和下刃 3 将其全部切断。

图 3-46 U 形材切断模
1—上刃；2—圆盘刀；3—下刃

3.6.3 型材切断模

图 3-47 所示为非规则型材切断模。该类型材冲切加工的受力变形与型钢基本相似，即：加工多为单面冲切，由于冲切力的不平衡，使料与冲头都承受侧向力，易造成冲头折断或使料产生偏移。

为避免上述冲裁缺陷，模具应按照先由内、外凹模将型材夹紧，再由凸模裁断成一定长度的要求进行结构设计。切断模结构中常设有内凹模和外凹模，既作为工作零件又对型材起到支持作用，使型材在处于完全定位、支承的情况下被切断，保证切断质量。

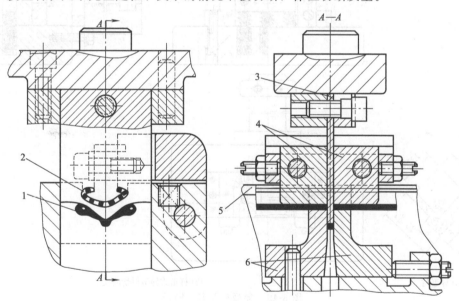

图 3-47 型材切断模
1—切下废料；2—型材；3—凸模；4—内凹模；5—挡料装置；6—外凹模

为控制或消除非规则型材冲切时侧向力可能造成的变形及对冲切精度的影响，保证裁断质量，图 3-48 所示给出了冲切不同断面结构型材建议采用的凸模形状。

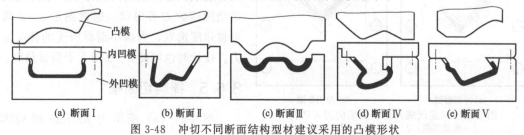

(a) 断面Ⅰ　　(b) 断面Ⅱ　　(c) 断面Ⅲ　　(d) 断面Ⅳ　　(e) 断面Ⅴ

图 3-48 冲切不同断面结构型材建议采用的凸模形状

3.6.4 异型材切断模

图 3-49（b）所示为切断图 3-49（a）所示异型材所采用的打击式切断模。

工作时，先将异型材置于固定刀片 2 及活动刀片 7 内，定位块 3 控制切断的异型材长度。随着压力机滑块的下行，模柄 8 在压力机工作行程中推动活动刀片 7 下行，使其与固定刀片 2 相互搓动，将异型材切断。

模具设计时，活动刀片 7 和固定刀片 2 上的型孔按型材的尺寸加上 0.3～0.5mm 的间隙。如果型材直线度误差较大，间隙还应适当加大。为获得更好的冲切质量，设计活动刀片 7 和固定刀片 2 时，应保证冲切间隙在 0.05～0.1mm 之间。按上述要求，更换不同型孔的固定刀片及活动刀片便可冲切其他不同断面结构的型材及异型材。

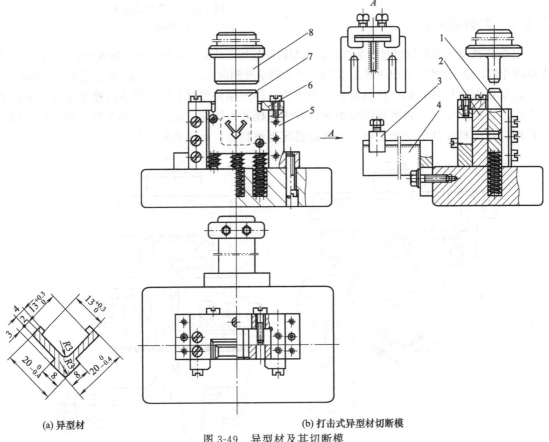

(a) 异型材　　　　　　　　(b) 打击式异型材切断模

图 3-49　异型材及其切断模

1—压板；2—固定刀片；3—定位块；4—支架；5—框架；6—盖板；7—活动刀片；8—模柄

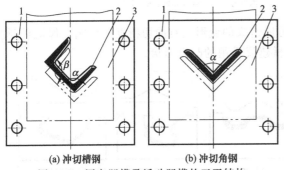

(a) 冲切槽钢　　　(b) 冲切角钢

图 3-50　固定凹模及活动凹模的刀刃结构

1—活动凹模；2—工件；3—固定凹模

当冲切槽钢、角钢时，活动刀片 7 和固定刀片 2 两种刀刃结构见图 3-50，图中实线部分表示固定凹模的刀刃形状，双点划线为活动凹模的刀刃形状。通常图示 α、β 角按型材角度选取，为减小型材所受的径向冲切力，设计时也可使 α、β 稍大于型材角度。

3.6.5 棒料切断模

图 3-51（a）所示为 $\phi22mm$ 的 Q235A

热轧圆钢，由于生产需要，需切断成不同长度使用，中等生产批量。

图 3-51（b）所示为采用的棒料切断模。

该模具整体分为定尺组件、冲击头、活动刃组件、固定刃组件四大部分。其中定尺组件由螺杆 1、螺母 2、连接板 3、弹簧 4、定位螺栓 5、压块 20、转动板 21、限位销 22、螺钉 23、扭簧 24、挡销 25 组成；冲击头由上模板 6、冲击头 7、模柄 8 组成；活动刃组件由螺栓 9、压紧套 10、动刀 11、动刀滑动座 12、弹簧 13、螺栓 14 组成；固定刃组件由定刀 15、定刀压紧套 16、定刀固定座 17、下模板 18、螺母 19 组成。

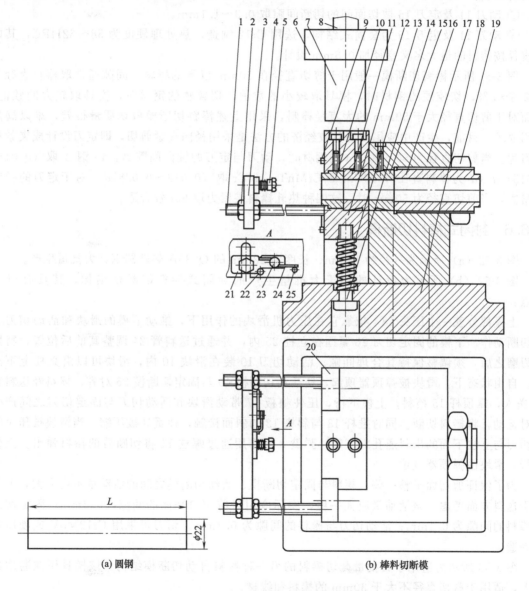

(a) 圆钢　　　　(b) 棒料切断模

图 3-51　圆钢及其切断模

1—螺杆；2,19—螺母；3—连接板；4,13—弹簧；5—定位螺栓；6—上模板；7—冲击头；8—模柄；9,14—螺栓；
10—压紧套；11—动刀；12—动刀滑动座；15—定刀；16—定刀压紧套；17—定刀固定座；18—下模板；
20—压块；21—转动板；22—限位销；23—螺钉；24—扭簧；25—挡销

工作时，模具置于压力机工作台上，随着压力机滑块的上升，上、下模脱离接触，此时，将需截断的圆钢穿过定刀压紧套 16 的圆孔，使圆钢端头与定位螺栓 5 端面紧贴（此时已调整好须切断圆钢的长度），随着压力机滑块的下行，冲击头 7 与动刀滑动座 12 接触，压迫动刀 11 与定刀 15 共同作用将圆钢切断；随着压力机滑块的上行，弹簧 13 将动刀滑动座 12 回复到位，转动转动板 21 一定的角度，便可将切断的圆钢从连接板 3 开设的槽中取出。

该模具具有以下特点：

① 模具中设置螺杆 1 及连接板 3、螺栓 5 等配合来调整水平长度，以便能在一定范围内切不同的长度。

② 动刀 11 及定刀 15 剪切面间的切断间隙取 0.9～1.1mm。

③ 动刀 11 及定刀 15 为套筒式结构，选用 Cr12 制造，热处理硬度为 58～62HRC，其内孔直径按棒料的最大名义直径加 0.5mm 设计。

图 3-51 所示棒料切断模一般用于剪切直径在 30mm 以下的棒料，间隙通常取棒料直径 d 的 2%～5%，切较硬的钢材时，模具取较小的数值，切较软的钢材时，模具取较大的数值。然而对于剪切直径大于 50mm 的大直径棒料，采用上述棒料切断模剪切质量很差，难以满足使用要求。目前，生产中应用较好且较经济的方法是采用径向夹紧剪切，即定刀设计成夹紧型的刀片。当剪切直径为 50～70mm 的钢材时，动刀与定刀的轴向间隙 Δ：45 钢 Δ 取（0.01～0.015）d（d 为棒料直径）；20Cr、20CrMnTi、40Cr 取（0.013～0.038）d，对于定刀的径向夹紧力，当剪切直径为 50mm 时，这四种热轧棒料夹紧力取 90t 较合适。

3.6.6 封闭式棒料切断模

图 3-52（a）所示为外径为 13mm、长度为 22mm 的 Q235A 热轧圆钢，大批量生产。

图 3-52（b）所示为设计的用于大批量生产的封闭式棒料切断模结构，其具有以下特点：

上模部分就一个压头 18，依靠它在压力机滑块的作用下，推动下模的滑块和活动切刀完成切断动作。下模的固定切刀 26 紧固在立柱 25 内，并通过送料管 24 调整其前后位置，特别在刃磨之后，须调整保持其合理间隙。活动切刀 19 装在滑块 10 内，滑块可以沿立柱上下滑动。自由状态下，滑块被弹顶器顶起，使活动切断模 19 与固定切断模 26 对齐，棒料经送料管 24 送入，靠顶杆 15 挡料，上模下行，压住垫板 17 带动滑块和活动切刀与固定切刀之间产生相对运动，将棒料切断。同时推杆 13 与斜楔 12 的斜面接触，弹簧 8 被压缩。当滑块被压至活动切刀与立柱下面的出料通孔对齐时，弹簧 8 的作用通过螺柱 11 将切断后的棒料弹出。上模上行，滑块由弹顶器复位。

为了保证剪切面平整一些，棒料与固定切断模、活动切断模之间的活动量不可太大，但从便于送料方面考虑，该活动量应大一些，实际应用时剪切口平面的间隙≤0.2mm；固定切刀与棒料的间隙为 0.1mm；活动切刀与棒料的间隙为 0.2mm。切刀可采用 Cr12MoV 或硬质合金制造。

图 3-53 所示为适用于大批量截切棒料的另一种棒料自动切断模结构。该模具用在通用冲床上，适用于截切直径不大于 30mm 的棒料和线材。

整套模具能实现自动送料和自动出件，切料前，动模块 7 在弹簧 23 和限位板 9 作用下，处于上极限位置。被送入动切刀 6 内待切的棒料将顶料杆 26 顶至其左极限位置，即限定了切料长度，此时弹簧 3 被压缩。冲床滑块与压头下行，施力于动模块 7，使动模块 7 和挡料座 2 下移，将棒料切断，弹簧 23 被压缩。当动切刀 6 的孔对准定模块 11 上的出料口时，在弹簧 3 的张力作用下，顶料杆 26 将切下的毛坯从动切刀中顶出。在压头 5 下行过程中，压头 5 通过螺杆 8、套筒 12 和杆 13 推动送料块 16 右移，弹簧 14 被压缩。压头回程时，弹簧 23 通过 2 个顶杆 21 将动模块 7 顶回至上极限位置，此时动切刀与定切刀孔对正，送料块 16 在弹簧 14 压力作用下（因套筒 12 和杆 13 间隙配合，压头回程时压头对送料块既无推力也无拉力）向左移动，实现自动送料，然后进行下一次切料。

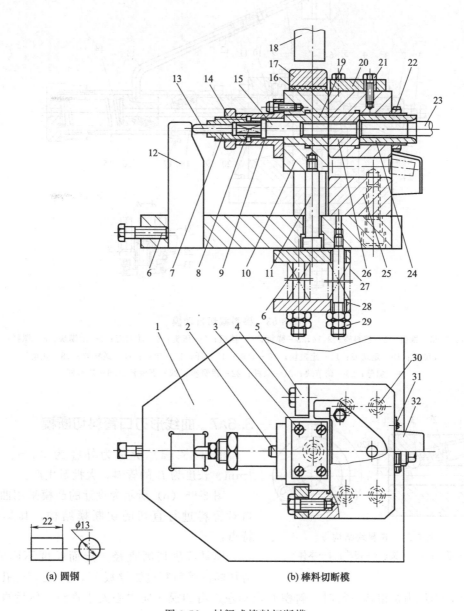

图 3-52 封闭式棒料切断模

1—下模座；2～4,6,21,30,31—螺钉；5—压板；7—调整套；8,27—弹簧；9—套筒；

10—滑块；11—螺柱；12—斜楔；13—推杆；14,22,29—螺母；15—顶杆；16—橡胶；

17—垫板；18—上模压头；19—活动切断模（活动切刀）；20—顶板；23—棒料；24—送料管；

25—立柱；26—固定切断模（固定切刀）；28—托板；32—罩

送料块 16 和止退块 18 是整套模具实现自动送料的关键装置，送料块 16 结构如图 3-54 所示。

止退块 18 的结构与送料块 16 原理相似，区别仅在于两者弹簧倾斜方向不同，即两者对棒料的自锁方向相反。

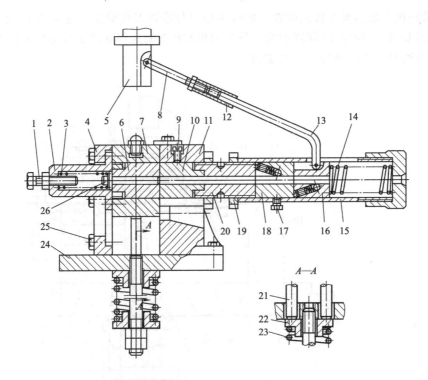

图 3-53　棒料截切自动模

1,17,25—螺钉；2—挡料座；3,14,23—弹簧；4—挡板；5—压头；6—动切刀；7—动模块；8—螺杆；
9—限位板；10—定切刀；11—定模块；12—套筒；13—杆；15—导套；16—送料块；18—止退块；
19—螺母；20—调节块；21—顶杆；22—弹簧座；24—下模板；26—顶料杆

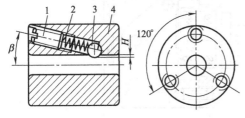

图 3-54　送料块结构

1—螺钉；2—弹簧；3—钢珠；4—本体

3.6.7　曲线形刃口管料切断模

图 3-55（a）所示为外径为 6mm、壁厚为 1mm、长度为 L 的管料，大批量生产。

图 3-55（b）所示为设计的凸模采用曲线形刃口对管料进行直切的切断模结构，其具有以下特点：

模具可供切断直径一定而长度不同的管料，待切断的管料穿过侧导板 13、14 的定位孔，送至定位块 12，当压力机滑块下行时，斜楔 6 推动左、右凹模 8 向中心夹紧管料，然后再由切断凸模 5 开始切断。切下的管料掉在下模座上面两角铁 11 之间，随第二次管料送进时将它推出去。

定位块 12 在角铁 11 上前后可调，以适应切割不同长度的管料。

由于切割时，管料上端有压凹现象，因此，凹模要做成微桃形，如图 3-56（a）所示，以减小管料的压凹。图 3-56（b）所示为管料的切断过程，图 3-56（c）所示为切断凸模的工作部分曲线形状，对于外径为 8～35mm、管壁厚 1～3mm 的管料，切刀宽度常取≤3mm；刀尖做成宽 2mm，张角为 30°的尖劈，后部为曲线形，该曲线形状主要是考虑到冲切时，切屑（废料）能向外形成，以减小压凹；此外，切断凸模（切刀）应保证有足够强度；且易于磨削加工。

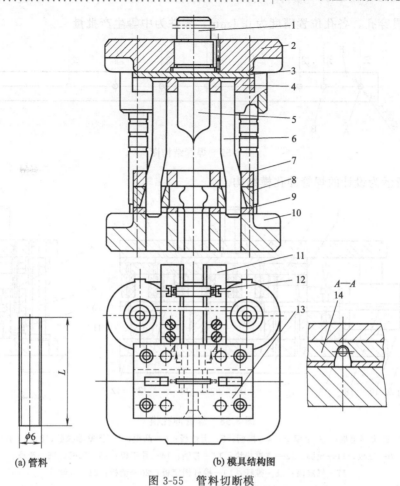

(a) 管料　　(b) 模具结构图

图 3-55　管料切断模

1—模柄；2—上模座；3,9—垫板；4—凸模固定板；5—切断凸模；6—斜楔；
7—卸料板；8—凹模；10—下模座；11—角铁；12—定位块；13,14—侧导板

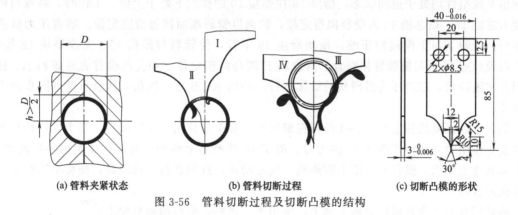

(a) 管料夹紧状态　　(b) 管料切断过程　　(c) 切断凸模的形状

图 3-56　管料切断过程及切断凸模的结构

3.7　常见管料冲模的结构

3.7.1　管料有芯冲孔模

图 3-57 所示为零件焊管的结构，采用壁厚 1mm 的 Q235A 有缝焊接钢管制成，其中管料

A、B 两处为贯穿孔，各孔位置精度为 0.1mm，零件为中等生产批量。

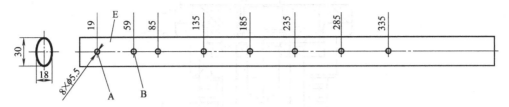

图 3-57　焊管结构图

图 3-58 所示为设计的焊管冲孔模结构。

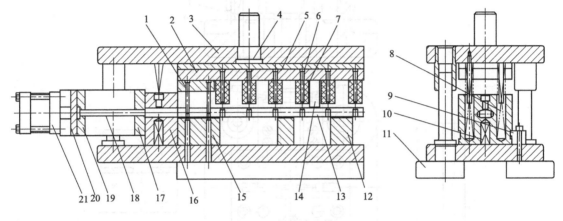

图 3-58　焊管冲孔模

1,2—凸模固定板；3—上模座；4—模柄；5—上垫板；6—凸模；7—聚氨酯橡胶；8,10—弹簧；

9—压板；11—模脚；12—支撑垫块；13—芯轴；14—导正板；15—凹模；16—滑座；

17—气缸座；18—推杆；19—推杆固定板；20—垫板；21—气缸

工作前，模具处于开启状态时，由于气缸是自复位的形式，故与气缸活塞杆相连接的推杆等顶出系统组件均处于退回状态，滑座 16 在弹簧 10 的作用下处于上位，工作时，将管料由手工套入芯轴 13，以芯轴 13 内壁径向粗定位，轴向以管料端面接触滑座定位。随着压力机滑块的下行，弹簧 8 与上模接触压缩，推动滑座 16 下行，使管料与凹模 15、支撑垫块 12 接触，凹模口设计成 U 形与椭圆管相吻合，对管料 E 端径向精定位。冲孔凸模首先对管料 A、B 处上面孔实施冲裁，随着压力机滑块的继续下行，冲出 A、B 另一侧孔，其余凸模也同步冲出其他各孔。

随着压力机滑块的上行，冲孔凸模在聚氨酯橡胶 7 的作用下完成卸料，当上模行程行至两个弹簧 8 作用力之和小于弹簧 10 的力时，滑座 16 开始向上移动，其上行位置由限位块限位，当上模到达上死点，操作人员踏下脚踏阀，气缸动作，推出管料一段距离，便可手工取出冲裁好各孔的管料。

整套模具安放在普通压力机上加工，采用手工送料，半自动卸料加工。

由于零件的 A、B 两孔需一次贯穿冲出，因此，A、B 两孔的凸模刃口面应比其余凸模高出一个冲孔方向轴径。为了不使凸模设计得很长，采用独立凸模固定板 1 固定。

考虑到 A、B 孔与滑座很近，卸料时产生的力矩也相对较小，并且卸料行程很大，设计单独的卸料装置也比较复杂，故此孔不设卸料装置，由聚氨酯橡胶 7 的弹力作用同步完成卸料。

考虑到芯轴与管料的接触面积大，且冲孔后存在的毛刺产生的脱模阻力将使人工拿下管料非常困难，因此模具采用了气缸作为动力源的顶出方式。若受条件限制，也可采用机构顶出式。图 3-59 所示为由斜楔滑块的动作代替气缸顶出的模具结构图。

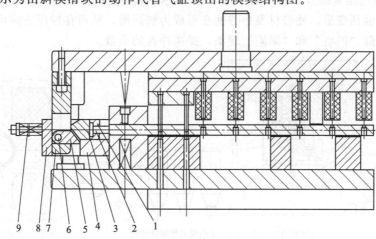

图 3-59　斜楔滑块顶出的焊管冲孔模

1—推杆固定板；2—推杆；3—滑块；4—滑座；5—凸轮；6—转轴；7—凸轮座；8—挡板；9—复位弹簧组件

图 3-59 所示模具结构与气缸顶出式相类似。模具工作时，顶出机构在复位弹簧组件的作用下，处于退回状态。随着压力机滑块的下行，上模带动凸轮座下行，因凸轮可向上摆动，下行时并不能推动滑块动作。当凸轮行至滑块下方时，凸轮在扭簧的作用下，自动复位，上模回程，凸轮逆转受凸轮座限位；凸轮上行时，凸轮斜面与滑块斜面作用，使滑块向前移动，带动与之固连的顶出系统动作，推出管料一段距离。斜面工作行程结束后，滑块在复位弹簧的作用下复位。

3.7.2　管料无芯冲孔模

管料无芯模冲孔和板料的冲裁过程不同，它是在管内无芯模支撑的作用下，仅靠凸模对管壁进行冲孔。由于管材支撑刚度有限，冲孔过程中，若管材受力点受到的冲压力大于管材的屈服应力，则冲孔周围材料在力的作用下，向冲孔方向移动，孔周围的材料在凸模力作用下向中间产生弯曲变形，便自然形成"凹坑"和"塌陷"。

图 3-60（b）所示为加工图 3-60（a）所示直径为 d_0 孔的管料无芯冲孔模。管料是在上下模的弹压压料板包住并压紧下直接由凸模在无凹模的情况下将孔冲出的。为保证上、下模闭合时有正确的位置，模具上、下模之间设有导正销。

由于冲孔过程管内无芯模的支撑，管材在冲裁力的作用下将有被压扁的趋势，若管材及模具的支撑刚度太差，还可能使冲孔过程无法完成。因此，提高管材在无芯模支撑条件下的抗变形能力是该类模具设计考虑的首要问题，一般来说，主要有如下措施：

① 合理选用材料。材质较软的管材，在冲孔过程中，"塌陷"较大；硬质材料，冲制出的管件"塌陷"小。

② 选择合适的管材壁厚。管材的壁厚对管材的支撑刚度影响较大，对 $\phi 22mm \times 0.8mm$ 的 Q195 管材，冲孔后的"凹坑"比较大；当厚度提高到 1.5mm 时，冲孔质量明显提高；厚度达到 2.5mm 时，冲制出的孔"凹坑"较小，且表面比较圆滑，冲孔质量较好。

③ 设计合理的凸模形式。凸模形状的设计主要是考虑怎样使弧面冲孔所受的力最小，管材的变形最小。图 3-60（c）中Ⅰ、Ⅱ所示凸模结构对中性较好，凸模不容易发生偏移，主要适用于材料较软或管壁小于 2mm 的钢管冲孔；图 3-60（c）中Ⅲ、Ⅳ所示结构则适用与材料较硬或管壁大于 2mm 的钢管冲孔。

④ 设计恰当的压紧装置。采用图 3-60（d）所示压紧装置改变管材受力，在冲孔前可以给管材一相反方向的预变形，使管材发生弹性变形成为椭圆形，从而在冲压方向可补偿一部分管顶的塌陷，可降低"凹坑"和"塌陷"现象，提高冲孔的质量。

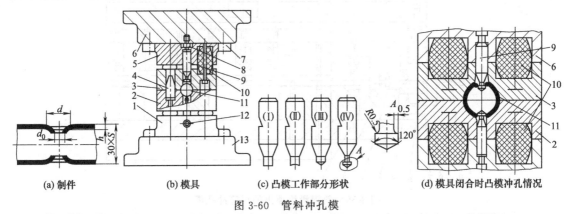

图 3-60　管料冲孔模

1—下凸模座；2—下活动座；3—上活动座；4—导正销；5—上凸模座；6—上模座；7—固定螺钉；
8—位置螺钉；9—凸模；10—聚氨酯橡胶；11—管料；12—紧定螺钉；13—下模座

3.7.3　管料双向冲孔模

图 3-61（a）所示为零件的结构，采用 $\phi 19\text{mm} \times 0.8\text{mm}$ 的 Q235 钢管制成，要求在管料上冲 $\phi 4.2\text{mm}$ 通孔，孔的中心离管料一端为 100mm，中等生产批量。

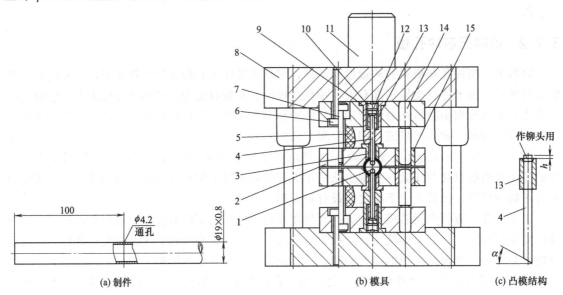

图 3-61　管料对向冲孔模

1—管件；2—卸料板；3—凸模导套；4—凸模；5—橡胶块；6—螺钉；7—卸料螺钉；8—上模座；
9—凸模固定套；10—紧定螺钉；11—模柄；12—垫块；13—定位套；14—小导柱；15—小导套

图 3-61（b）所示为设计的管料双向浮动冲孔模，模具工作时，将锯切好的圆管 1 放入上、下模安装相同的两组模块内，使它与下模板上安装的定位销紧贴完成圆管径向定位。随着压力机滑块的下行，在卸料板 2 将圆管 1 抱紧后，由凸模 4 分别在圆管 1 的上下两个方向同时冲孔，这样圆管 1 在冲孔时不产生变形。凸模 4 固定在定位套 13 上后装在凸模固定套 9 中，用紧定螺钉 10 紧固。凸模 4 冲向圆管 1 后，由凸模固定套 9 触及凸模导套 3 限位，完成冲孔。

该模具具有以下特点：

① 整套冲孔模的上、下模通过弹性橡胶 5 的弹性收缩，能上、下运动，呈浮动式结构，整个管料的冲孔采用了无芯（凹模）冲孔方式。

② 考虑到凸模 4 较细长，模具又安装了小导柱 14 进行二次导向，工作时，小导柱 14 始终处于导向状态，保证了模具的冲孔间隙。

③ 模具设计成上、下模两组相同的模块同时冲出通孔的结构，使得模具设计制作变得简单，依次可在同一管件上安装好多相同的模块冲制多孔。

④ 凸模设计成针形，相比台阶形容易加工，成本较低，安装时将顶部加热后铆合磨平即可，铆合余量 $h=1\sim2mm$，凸模端部设计成斜面，使孔的周围变形小。一般取斜角 $\alpha=30°\sim45°$，如图 3-61（c）所示。

⑤ 当凸模需刃磨时，卸下紧固螺栓 6，拧下紧定螺钉 10 即可实现凸模的快换。并且可将定位套 13 做成许多长短不同的尺寸组，实现凸模 4 长度的调节。

⑥ 使用双向浮动无芯冲孔模冲孔，由于管料冲孔是在浮动凹模与下支承板呈刚性接触的情况下，并在弹压板的受压作用下进行的，管料不易变形，但由于整个冲孔不存在凹模（未设置芯轴），因此，这种模具结构适用于细长比较大、壁厚较大、冲孔直径较小、对冲孔的质量要求不太高的管料的冲孔，能消除固定凹模结构上的一些弱点，使生产效率得到提高，满足大批量生产的需要。

3.8 常见修边模的结构

3.8.1 垂直修边模

图 3-62（a）所示为带凸缘方盒零件的结构，采用料厚 0.8mm 的 08Al 钢板制成，小批量生产。零件经拉深后，由于拉深模的间隙不均匀、拉深材料的各向异性等因素的影响，拉深后

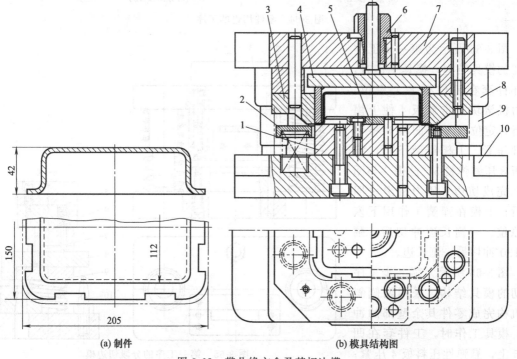

(a) 制件 (b) 模具结构图

图 3-62　带凸缘方盒及其切边模

1—凸模；2—卸料板；3—凹模；4—推件块；5—定位块；6—模柄；7—上模座；8—导套；9—导柱；10—下模座

的零件凸缘周边并不整齐，为此，须将其不平的毛边切去。

图 3-62（b）所示为设计的垂直修边模，模具工作时，将拉深好零件外形的半成品套入安放在凸模 1 上表面的定位块 5 中定位，当上模下降时，凹模 3 与凸模 1 共同作用将拉深件的凸缘周边切成符合图示尺寸要求的形状。该模具具有以下特点：

① 整套模具采用倒装式结构，工件采用刚性推件装置推出，废料则由弹性顶料装置顶出。

② 整套模具结构与带导柱的落料模类似，由于需要同时排除工件和废料，故操作不够方便。一般对较大型拉深件的切边则常常安置废料切刀将切边后的废料切断成几段，以便于废料的清除及方便工人操作。

③ 本模具结构形式既可用于料厚拉深件的切边，又可用于料薄拉深件的切边，适用切边的料厚范围较广，生产中，多用于料较厚（$t \geqslant 0.5\text{mm}$）带凸缘拉深件的修边。

3.8.2 分段切边模

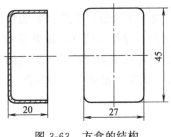

图 3-63　方盒的结构

图 3-63 所示为方盒零件的结构，采用料厚 0.4mm 的 H68M 铜板制成，小批量生产。零件经拉深后，由于拉深模的间隙不均匀、拉深材料的各向异性等因素的影响，拉深后的零件壁部不整齐，需将其不平的毛边切去。

该零件的切边共分两步工序，采用分段切边完成，其中图 3-64（a）所示为第一步工序完成的冲切，图 3-64（b）所示为第二步工序完成的冲切，A 为冲切方向。

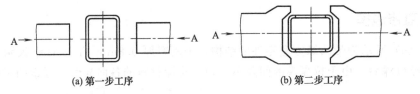

(a) 第一步工序　　　　　　(b) 第二步工序

图 3-64　零件切边的工序

图 3-65 所示为第一步工序冲切的模具结构。模具工作时，毛坯件套在定位板 8 上定位。压力机滑块打击盖板 4 使上模下行，定位板 8 与凹模 3 将毛坯件压紧。上模继续下行，定位板 8 压缩弹簧 5，凸模 9 与凹模 3 完成切边。压力机滑块回升后，上模在弹簧 1 作用下恢复原位。一侧长边冲切后，翻转 180°冲切另一侧长边。

图 3-66 所示为第二步工序冲切的模具结构。采用两侧斜楔机构完成零件其余壁部的冲切。模具工作时，工件套在凹模 5 上，靠弹性压料板 4 压紧；上模下行时，斜楔 2 推动两侧

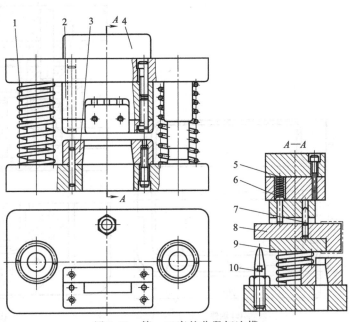

图 3-65　第一工序的分段切边模
1,5—弹簧；2—衬板；3—凹模；4—盖板；6—顶杆；
7—导销；8—定位板；9—凸模；10—调节螺杆

滑块 1 沿水平方向向中心移动，固定在滑块上的凸模 3、6 与凹模 5 进行冲切。凸模做成 45°的斜角，以切割圆角部分。上模下行后，依靠卸料爪 7 将工件卸下。

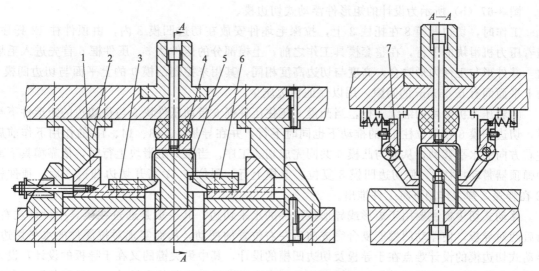

图 3-66　第二工序的分段切边模
1—滑块；2—斜楔；3,6—凸模；4—压料板；5—凹模；7—卸料爪

3.8.3　浮动式切边模

图 3-67（a）所示为矩形盒的结构，采用料厚 0.8mm 的 08F 钢板制成，中等批量生产。

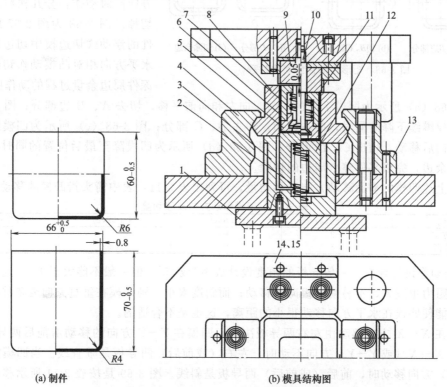

(a) 制件　　　　　　　(b) 模具结构图

图 3-67　矩形件及其浮动式切边模
1—托板；2,7—弹簧；3—托柱；4—左导板；5—压件块；6—压件框；8—切边凹模；
9—凸模；10—吊杆；11—限位柱；12—顶件柱；13—右导板；14—前导板；15—后导板

零件经拉深后，由于拉深模的间隙不均匀、拉深材料的各向异性等因素的影响，拉深后的零件壁部不整齐，须将其不平的毛边切去。

图 3-67（b）所示为设计的矩形件浮动式切边模。

工作时，切边凹模 8 在托柱 3 上，拉深毛坯件安放在切边凹模 8 内，由顶件柱 12 托住。随着压力机滑块的下行，在整套模具工作之前，上模部分的压件块 5、压件框 6 首先进入毛坯内，其外形与工件内形吻合，高度与切边高度相同，其用来控制凸模 9 的上平面与切边凹模 8 的上平面间有 0.05mm 的间隙，用以保证切边质量。

随着压力机滑块的继续下行，当凸模 9 压住压件框 6 带动压件块 5 与待切边的矩形件下行时，切边凹模 8 在限位柱 11 的推动下也同时下行，并在导板 4、13、14、15 的作用下作前后左右方向的水平移动，从而与凸模 9 共同完成切边工序。当压力机滑块上行时，依靠模具下部的弹顶器带动托柱 3，使切边凹模 8 复位。上模上行，限位柱 11 离开切边凹模 8 后，顶件柱 12 在弹簧 2 弹力作用下将工件推出。

浮动式切边模主要用于矩形或异形拉深件的水平切边。其一般是通过在模具中设计左右、前后两对导板，使浮动凹模能复合完成前后左右位置的摆动，从而实现对拉深件的水平切边。浮动式切边模的设计难点在于导板及切边凹模的设计，其中最关键的又在于导板的设计，设计导板应先决定切边凹模的动作，再按动作的要求来设计导板的形状和尺寸，而导板的形状和尺寸确定后，则可对切边凹模进行设计，总的设计步骤如下。

① 确定凹模平面的移动方向及移动量。一般拉深件切边模只需作平面切齐，凹模可在 XY 两水平方向同时动作，分几次将工件的边切掉。图 3-68 为图 3-67 所示矩形件的浮动式切边模中切边凹模 8 在水平方向相对凸模动作切除矩形拉深件周边余量过程的动作图。

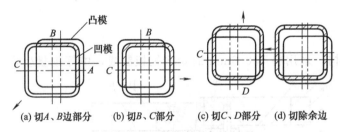

(a) 切 A、B 边部分　(b) 切 B、C 部分　(c) 切 C、D 部分　(d) 切除余边

图 3-68　矩形拉深件的切边过程

图 3-68（a）所示为凹模下降的同时，向左和向前平移，切去 A、B 边部分；图 3-68（b）所示为凹模继续下降的同时，向右移动，切去 B、C 部分；图 3-68（c）所示为凹模继续下降的同时，向后移动，切出 C、D 部分；图 3-68（d）所示为凹模降至最后位置的同时，向左移动，切去余边，完成零件整个周边的切除。

根据上述凹模的平面移动方向及移动量，可列出表 3-11，表中箭头指凹模的移动方向。

表 3-11　凹模移动方向及移动量

图例	图 3-68(a)	图 3-68(b)	图 3-68(c)	图 3-68(d)
X 方向	←3	→6	0	←5
Y 方向	↓3	0	↑6	0

② 按动作设计导板。一般导板的角度设计成 30° 或 45°。但一般不能大于 45°，这是因为斜面越大，阻力也越大，不易使凹模向下移动；而斜度太小，则凹模在垂直方向需要移动很大的距离，才能使凹模在水平方向移动很小的距离，这也是不合适的。

凹模在 $X-X$ 方向移动由左右两导板决定，凹模在 $Y-Y$ 方向的移动由前后两导板决定。当凹模在 $X-X$（或 $Y-Y$）方向不动时，左右（或前后）两导板是垂直线。当凹模在 $X-X$（或 $Y-Y$）方向移动时，前后（或前后）两导板是斜线。图 3-69 是按表 3-11 所示移动要求设计的导板示意图。

图 3-69（a）表示开始时，凹模处于最高位置 a、b、e、f 面，各面和左、右、前后导板接触；图 3-69（b）表示凹模在左右方向上（$X-X$）左移 3mm，前后方向（$Y-Y$）前移

3mm，凹模 a、d 面应与左右导板接触，e、h 面应与前后导板接触；图 3-69（c）表示凹模向右移 6mm，前后方向不移动，凹模 b、c 面应与左右导板接触，前后导板是垂直线，垂直行程应按左右导板决定；图 3-69（d）表示凹模左右方向不移动，前后方向向后移 6mm，因此左右导板是垂直线。凹模 g、f 面应与前后导板接触，左右导板垂直线长短按前后导板决定；图 3-69（e）表示凹模在左右方向上左移 6mm，前后方向不移动。因此 a、d 面应与左右导板接触，前后导板是垂直线，垂直线长短按左右导板决定。

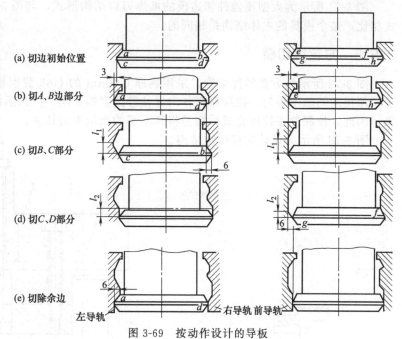

图 3-69 按动作设计的导板

③ 设计切边凹模。切边凹模侧面的运动斜度与导板角度应一致，由于凹模的斜面部分和导板的斜面部分相配合，因此，切边凹模的设计应同时考虑到凹模在左右、前后方向的共同移动。

切边凹模的内侧尺寸按切边工件的外形尺寸制造，每边比工件外形尺寸大 0.1mm。

3.8.4 大型覆盖件切边模

用于汽车、拖拉机等的大型覆盖件切边模，其基本形式与凸缘切边是相同的。

图 3-70 为大批量生产的某大型覆盖件切边模的结构图，该切边模具有以下特点：整个模具主体结构采用铸件形式，刃口部分采用了镶块结构，如凸模镶块 9、凹模镶块 3 和废料切刀 2；上、下模采用导柱 7 导向，顶出器 5 与凹模间用导板 4 导向。切边废料可沿废料滑槽 1 滑出。

大型覆盖件的切边面一般都不是平面，形状较复杂，为此，常将切边凹模刃口沿工件周边

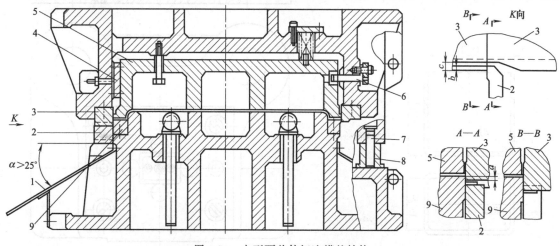

图 3-70 大型覆盖件切边模的结构

1—废料滑槽；2—废料切刀；3—凹模镶块；4—导板；5—顶出器；6—限位销；7—导柱；8—行程限制器；9—凸模镶块

轮廓作成阶梯形，切除的废料还需利用废料切刀将其切断，如图 3-70 的 K 向视图即为阶梯凸台侧面与废料切刀切断废料示意图。

凸模镶块 9 和凹模镶块 3 可选用火焰淬火模具钢 7GrSiMnMoV，火焰淬火硬度可达56～60HRC。

图 3-71 所示为大型覆盖件切边模的堆焊刃口结构形式，与图 3-70 所示的镶块刃口结构形式相比，整个模具的主体结构是相同的。

3.8.5 方盒挤切模

图 3-72 所示为方盒零件结构，采用料厚 0.3mm 的 H68 黄铜板制成，中等生产批量。由于拉深模的间隙不均匀、拉深材料各向异性等因素的影响，拉深后的零件口部将出现不整齐现象，因此，拉深件在拉深完成后均需将其不平的顶端毛边切去。

图 3-73 所示为设计的挤切模结构。

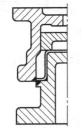

图 3-71 大型覆
盖件切边模的
堆焊刃口结构

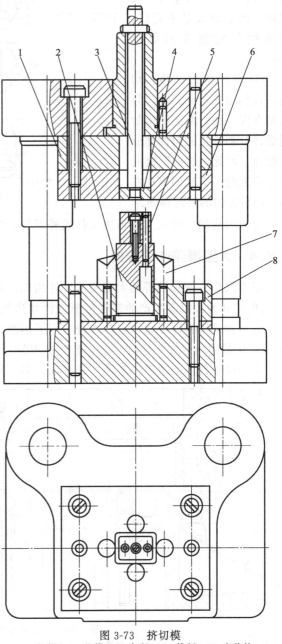

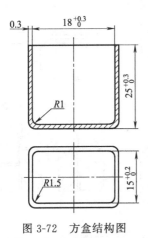

图 3-72 方盒结构图

图 3-73 挤切模
1—垫板；2—凸模；3—打杆；4—推板；5—定位块；
6—凹模；7—废料切刀；8—固定板

　　模具工作时，将拉深好零件外形的半成品套入安放在凸模 2 头部的定位块 5 中定位，当上模下降时，凹模 6 与凸模 2 共同作用将拉深件的口部挤切成符合图示尺寸的要求，挤切下的废料被下模安放的四把废料切刀 7 切成四段。

　　该模具具有以下特点：

　　① 整套模具采用倒装式结构，口部经过切边的工件由推板 4 推出凹模型腔。

　　② 为便于清除废料切边，一般在模具中安放废料切刀将其切断。

　　③ 凸模 2 及凹模 6 是整个模具挤切的关键工作零件。其挤切工作关系如图 3-74 所示。考虑到日后维护及制造的便利，凸模 2 及其头部的定位块 5 采用镶拼结构，挤切凹模 6 刃口修磨成不大的圆角 R，为防止锋利刃口对拉深零件造成的拉伤，并保持凹模 6 有较好的切断作用，凹模 6 的圆角部分与直壁部分不相切，而是在图3-74 中所示的 A 点与直壁相交。

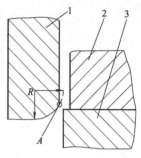

图 3-74　挤切工作关系
1—凹模；2—定位块；3—凸模

　　本模具的切边属于挤边，既可用于矩形拉深件的口部切边，也可用于旋转圆形拉深件的口部切边。应该注意的是：采用挤边模挤边时，其挤切口端面的切边质量稍差，挤切的料厚小部分范围内出现变薄现象，但在不影响制件使用的情况下，采用该类模具能使结构得以大大简化，因此，生产中应用广泛，多用于料厚较薄（$t \leqslant 3\text{mm}$）拉深件的修边。

3.9　其他常见冲裁模的结构

3.9.1　柱头冲槽模

　　图 3-75（a）所示为零件柱头的结构，采用外径为 12mm 的冷拉 20 圆钢制成，中等批量生产。考虑到冲压制孔、切槽、冲口要比切削加工效率高、质量好、一致性强、互换性好。因此，可设计图 3-75（b）所示的冲槽模来加工图示两处缺口。

　　模具采用滑动导向中间导柱标准模架。用两把刃口宽等于切槽宽度的小倾角矩形断面刃口切刀，由下向上，一次切出柱头两个对称小槽。因柱头切槽部位是圆柱，故采用 V 形槽定位板 6（亦称卸料板），当凸模 9 下行压住坯件后，借弹顶器通过卸料螺钉 5，在开始切槽前逐步压紧，随着凸模 9 的继续下行，开始对槽进行冲切，而 V 形槽定位板 6 也随之将零件越压越紧，切槽完成后，上模回程上升，自动卸下工件。

　　单面冲裁间隙取 0.18～0.25mm。

3.9.2　切舌模

　　图 3-76（a）所示为零件座板的结构，采用料厚 1mm 的 10 钢板制成，小批量生产。零件经落料后，需加工出图示的舌形结构，为此，设计了图 3-76（b）所示的切舌模来加工。

　　切舌是材料逐渐分离和弯曲的过程，工件和模具都承受着水平推力，因此设计的定位部位和凹模做成一体，并且采用弹簧卸料板压住工件。

　　由于压弯部位角度大于 90°，为简化模具的结构设计，采用冲裁坯料倾斜放置进行压弯的施力方式，考虑切口由冲裁及弯曲两部分组成，因此，冲裁部位的单边间隙取 0.03～0.05mm，切口压弯直边部位单边间隙取 1.0～1.05mm。

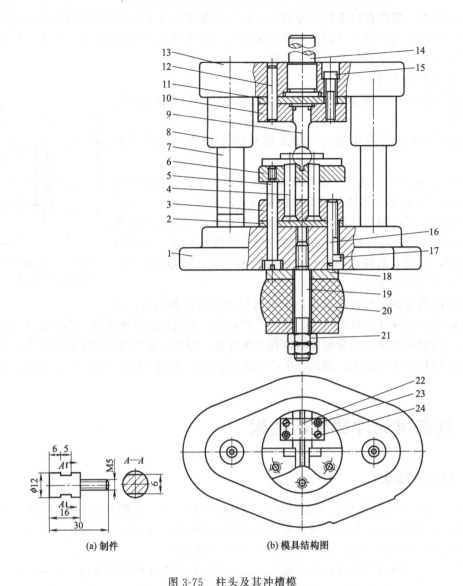

图 3-75　柱头及其冲槽模

1—下模座；2—下垫板；3—切刀固定板；4—切刀；5—卸料螺钉；6—卸料板；7—导柱；8—导套；

9—凸模；10—固定板；11—上垫板；12,16,23—销钉；13—上模座；14—模柄；

15,17,24—螺钉；18—托板；19—拉杆；20—橡胶；21—螺母；22—挡板

　　为了防止模具错移，也可设计成采用导柱模架进行导向的结构形式，对于无导柱模架导向的模具结构，在生产时要注意防止模具的错移。

3.9.3　壳体冲槽模

　　图 3-77（a）所示为零件壳体的结构，采用料厚 0.6mm 的锡磷青铜制成，中等生产批量。零件经拉深、切边后，需加工出图示的多条槽，为此，设计了图 3-77（b）所示的冲槽模来加工。该模具结构适用于圆筒件上的冲槽加工。

　　冲压前，手压扳手 5，抽出定位销 8，将毛坯套在成形凹模 3 上，用一端的 R2 槽定位。由冲槽凸模 10 和成形凹模 3 冲切第一个槽口。以后工作时，均用定位销 8 插入以冲切出的槽口定位，依次冲切下一个槽口。

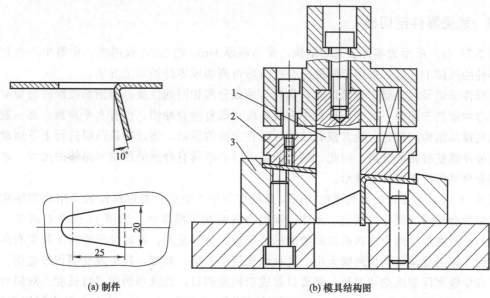

(a) 制件　　**(b) 模具结构图**

图 3-76　座板及其切舌模

1—凸模；2—卸料板；3—凹模

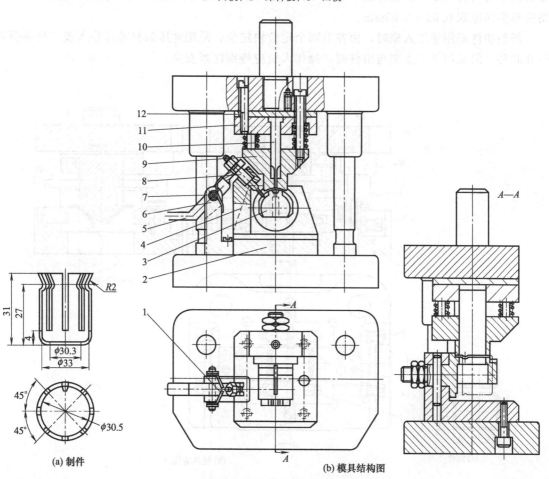

(a) 制件　　**(b) 模具结构图**

图 3-77　壳体及其冲槽模

1—扭簧；2—凹模座；3—成形凹模；4—定位支架；5—扳手；6—支架；7—销；
8—定位销；9—压料板；10—冲槽凸模；11—固定板；12—垫板

3.9.4　表壳零件剖切模

图 3-78（a）所示为零件表壳的结构，采用料厚 1mm 的 08Al 板制成，中等生产批量。考虑到零件的拉深工艺性，采用了两件组合拉深后再剖切成零件的加工方法。

拉深件剖切虽然也属于分离作业，具有与冲裁分离相同的性质，但剖切拉深件时要对其底部与两边侧壁共三面在一次冲压行程中完成分离，既有垂直冲切，也有水平冲裁。而一般冲裁模考虑到模具结构的简化，通常模具仅进行垂直方向的运动，通过冲裁凸模进行上下运动实现零件底部及侧壁材料的分离，因此，剖切凸模刃口必须具有合适的形状与足够的尺寸，才能一次剖切分离并保持剖切件不变形。

图 3-78（b）为设计的剖切模结构图，是剖切方形、矩形盒类拉深件的实用典型结构。该冲模采用滑动导向后侧导柱模架，分体凹模组合嵌装在下模座中。凹模 17 分左右两半，用厚度等于凸模厚度加上两个剖切刃口间隙的标准隔板 1 分开紧固，并通过凹模座沉孔左右两边的调节螺钉 4 按需要调整剖切间隙大小。这种结构便于刃磨、调整，甚至改变剖切缝宽度。凸模剖切时按切缝宽度制成剖切刀片，其刃口做成双斜度刃口，以减小剖切刃口长度。双斜刃倾角 α 刃口是冲切拉深件垂直侧壁刃口，一般取斜刃倾角 $\alpha = 15° \sim 30°$。α 的大小影响剖切质量。α 太大，不宜切料，工件侧壁易变形；α 太小，切料容易，但刃口加长，需要较大冲压行程。剖切的单边间隙取 $0.03 \sim 0.05$mm。

待剖切件采用手工入模时，由左右两个定位块定位，采用弹压卸料板压住入模工件确保到位并卸件。但采用手工上料与出件时，操作人员应特别注意安全。

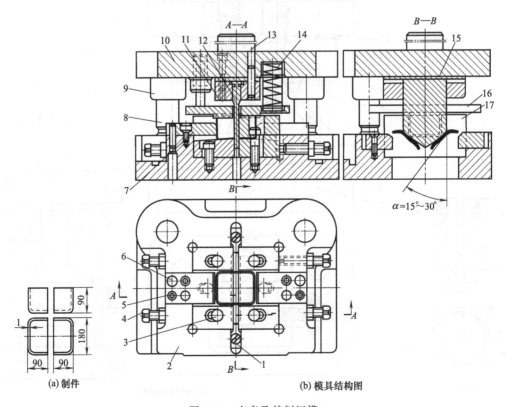

(a) 制件　　　　　　　　　　**(b) 模具结构图**

图 3-78　表壳及其剖切模

1—隔板；2—下模座；3,6—螺钉；4—调节螺钉；5—圆柱销；7—定位块；8—导柱；9—导套；10—上模座；
11—凸模固定板；12—凸模；13—模柄；14—弹簧；15—垫板；16—卸料板；17—凹模（左右）

3.9.5 非金属材料冲裁模

图 3-79 为冲裁非金属材料冲裁模的结构简图，该类冲裁模的结构与带导柱的冲裁金属材料的冲裁模类似，主要用于酚醛纸胶板、酚醛布胶板、环氧酚醛玻璃布胶板等非金属材料的冲裁加工。由于这些材料都具有一定的硬度与脆性，为减少断面裂纹、脱层等缺陷，模具结构设计时应适当增大压边力与反顶力，减小模具间隙，搭边值也比一般金属材料大些。对于料厚大于 1.5mm 而形状又较复杂的各种纸胶板和布胶板制成的零件，在冲裁前还需将毛坯预热到一定温度后再进行冲裁。

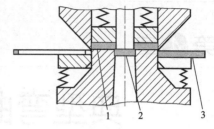

图 3-79 非金属脆性材料冲裁模结构图
1—条料；2—工件；3—废料

对于冲裁如：皮革、毛毡、纸板、纤维布、石棉布、橡胶以及各种热塑性塑料薄膜等纤维性及弹性材料时，则可采用如图 3-80 所示尖刃凸模结构进行冲裁。

其中：图 3-80（a）所示结构为落料用凸模；图 3-80（b）所示结构为冲孔用凸模；图 3-80（c）所示结构为裁切硫化硬橡胶板时，在加热状态下，为保证裁切的边缘垂直而使用的两面斜刃凸模。图 3-80（d）所示为毛毡密封圈复合模结构。尖刃凸模的斜角 α 取值可参见表 3-12。

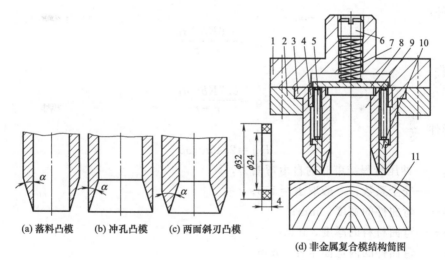

(a) 落料凸模 　(b) 冲孔凸模 　(c) 两面斜刃凸模

(d) 非金属复合模结构简图

图 3-80 尖刃冲裁模
1—上模；2—固定板；3—落料凹模；4—冲孔凸模；5—推杆；6—螺塞；
7—弹簧；8—推板；9—卸料杆；10—推件器；11—硬木垫

表 3-12 尖刃凸模斜角 α 的取值

材料名称	$\alpha/(°)$	材料名称	$\alpha/(°)$
烘热的硬橡胶	8~12	石棉	20~25
皮、毛毡、棉布纺织品	10~15	纤维板	25~30
纸、纸板、马粪纸	15~20	红纸板、纸胶板、布胶板	30~40

设计时，其尖刃的斜面方向应对着废料。冲裁时，在板料下面垫一块硬木、层板、聚氨酯橡胶板、有色金属板等，以防止刃口受损或崩裂，不必再使用凹模；可安装在小吨位压力机上或直接用手工加工。

第 4 章

典型弯曲模结构设计实例

4.1 弯曲力计算

弯曲力是指工件完成预定弯曲时需要压力机所施加的压力，弯曲力是设计弯曲模和选择压力机吨位的重要依据。计算时，先分清弯曲类型，分别运用经验公式。

(1) 自由弯曲时的弯曲力 $F_自$

V 形件：

$$F_自 = \frac{0.6Kbt^2\sigma_b}{r+t}$$

U 形件：

$$F_自 = \frac{0.7Kbt^2\sigma_b}{r+t}$$

⌐形件：

$$F_自 = 2.4bt\sigma_b\alpha\beta$$

式中　$F_自$——冲压行程结束时的自由弯曲力，N；

　　　K——安全系数，一般取 $K=1.3$；

　　　b——弯曲件的宽度，mm；

　　　t——弯曲材料的厚度，mm；

　　　r——弯曲件的内弯曲半径，mm；

　　　σ_b——材料的强度极限，MPa；

　　　α——伸长率，其值见表 4-1、表 4-2；

　　　β——系数，其值见表 4-3。

表 4-1　伸长率 α 值

r/t	伸长率/%						
	20	25	30	35	40	45	50
10	0.416	0.379	0.337	0.302	0.265	0.233	0.204
8	0.434	0.398	0.361	0.326	0.288	0.257	0.227
6	0.459	0.426	0.392	0.358	0.321	0.290	0.259
4	0.502	0.467	0.437	0.407	0.371	0.341	0.312
2	0.555	0.552	0.520	0.507	0.470	0.445	0.417
1	0.619	0.615	0.607	0.680	0.576	0.560	0.540
0.5	0.690	0.688	0.684	0.680	0.678	0.673	0.662
0.25	0.704	0.732	0.746	0.760	0.769	0.764	0.764

表 4-2　各种金属板料的伸长率

材料	伸长率/%	材料	伸长率/%
Q195(A1)	0.20～0.30	Q295(A6)	0.10～0.15
Q215(A2)	0.20～0.28	Q315(A7)	0.08～0.15
Q235(A3)	0.18～0.25	紫铜板	0.30～0.40
Q255(A4)	0.15～0.20	黄铜	0.35～0.40
Q275(A5)	0.13～0.18	锌	0.05～0.08

表 4-3　系数 β 值

Z/t	r/t						
	10	8	6	4	2	1	0.5
1.20	0.130	0.151	0.181	0.245	0.388	0.570	0.765
1.15	0.145	0.161	0.185	0.262	0.420	0.605	0.822
1.10	0.162	0.184	0.214	0.290	0.460	0.675	0.830
1.08	0.170	0.200	0.230	0.300	0.490	0.710	0.960
1.06	0.180	0.207	0.250	0.322	0.520	0.755	1.120
1.04	0.190	0.222	0.277	0.360	0.560	0.835	1.130
1.02	0.208	0.250	0.353	0.410	0.760	0.990	1.380

注：Z/t 称为间隙系数（Z 为凸、凹模间隙），一般有色金属的间隙系数为 1.0～1.1，黑色金属的间隙系数为 1.05～1.15。

(2) 校正弯曲时的弯曲力 $F_{校}$

由于校正弯曲时的校正弯曲力比压弯力大得多，而且两个力先后作用，因此，只需计算校正力。V 形件和 U 形件的校正力均按下式计算：

$$F_{校}=Ap$$

式中　$F_{校}$——校正弯曲时的弯曲力，N；

　　A——校正部分的垂直投影面积，mm^2；

　　p——单位面积上的校正力，MPa，按表 4-4 选取。

表 4-4　单位面积上的校正力 p　　　　　　　　　　MPa

材料	料厚 t/mm		材料	料厚 t/mm	
	≤3	>3～10		≤3	>3～10
铝	30～40	50～60	25～35 钢	100～120	120～150
黄铜	60～80	80～100	钛合金 TA2	160～180	180～210
10～20 钢	80～100	100～120	钛合金 TA3	160～200	200～260

(3) 顶件力和卸料力 F_Q

不论采用何种形式的弯曲，在压弯时均需顶件力和卸料力，顶件力和卸料力 F_Q 可近似取自由弯曲力的 30%～80%，即：

$$F_Q=(0.3～0.8)F_{自}$$

(4) 压力机吨位 $F_{压}$

自由弯曲时，考虑到压弯过程中的顶件力和卸料力的影响，压力机吨位为：

$$F_{压}\geqslant F_{自}+F_Q=(1.3～1.8)F_{自}$$

校正弯曲时，校正力比顶件力和卸料力大许多，F_Q 的分量已无足轻重，因此压力机吨位为：

$$F_{压}\geqslant F_{校}$$

4.2　弯曲凸、凹模尺寸计算

弯曲模工作部分的设计主要是确定凸、凹模圆角半径，及凸、凹模的尺寸与制造公差等。

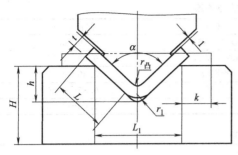

图 4-1　弯曲 V 形件模具结构示意图

凸模圆角半径一般取略小于弯曲件内圆角半径的数值，凹模进口圆角半径不能太小，否则会擦伤材料表面。凹模深度要适当，过小则工件两端的自由部分太多，弯曲件回弹大，不平直，影响零件质量；过大则多消耗模具钢材，且需较长的压力机行程。

（1）V 形件弯曲的模具结构

对 V 形件弯曲，其模具的结构见图 4-1，凹模厚度 H 及槽深 h 尺寸的确定见表 4-5。

表 4-5　弯曲 V 形件尺寸 H 及 h 的确定　　　　　　　　　　　　　mm

材料厚度	<1	1~2	2~3	3~4	4~5	5~6	6~7	7~8
h	3.5	7	11	15.5	18	21.5	25	28.5
H	20	30	40	45	55	65	70	80

注：1. 当弯曲角为 85°~95° 时，$L_1 = 8t$，$r_凸 = r_1 = t$。

2. 当 k（小端）$\geqslant 2t$ 时，h 值按 $h = L_1/2 - 0.4t$ 公式计算。

（2）V 形与 U 形弯曲的圆角半径 $r_凹$、深度 L_0 的确定

V 形与 U 形弯曲的圆角半径 $r_凹$、深度 L_0 的确定见图 4-2 及表 4-6。

表 4-6　弯曲模的圆角半径 $r_凹$、深度 L_0 及计算间隙公式中的系数 c　　　　　　　mm

弯边长度 L	材料厚度 t											
	<0.5			0.5~2			2~4			4~7		
	L_0	$r_凹$	c	L_0	$r_凹$	c	L_0	$r_凹$	c	L_0	$r_凹$	c
10	6	3	0.1	10	3	0.1	10	4	0.08			
20	8	3	0.1	12	4	0.1	15	5	0.08	20	8	0.06
35	12	4	0.15	15	5	0.1	20	6	0.08	25	8	0.06
50	15	5	0.2	20	6	0.15	25	8	0.1	30	10	0.08
75	20	6	0.2	25	8	0.15	30	10	0.1	35	12	0.1
100	25	6	0.2	30	10	0.15	35	12	0.1	40	15	0.1
150	30	6	0.2	35	12	0.2	40	15	0.15	50	20	0.1
200	40	6	0.2	45	15	0.2	55	20	0.15	65	25	0.15

当采用图 4-3 所示校正弯曲（$l \geqslant r + 3t$）时，其 m 值按表 4-7 选取。

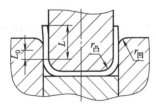

图 4-2　弯曲模结构尺寸　　　　　　　　　　　　　　　　　　图 4-3　校正弯曲

表 4-7　校正弯曲时的 m 值　　　　　　　　　　　mm

材料厚度 t	≤1	>1~2	>2~3	>3~4	>4~5	>5~6	>6~7	>7~8	>8~10
m	3	4	5	6	8	10	15	20	25

当弯曲线为曲线，并采用如图 4-4 所示模具结构时，工件进入凹模的深度见图 4-4。其中图 4-4（b）中所示 h 数值选用为：当 $1.6\text{mm} < t < 3.2\text{mm}$ 时，$h = 10\text{mm}$；$t > 3.2\text{mm}$ 时，$h = 14\text{mm}$。

（3）弯曲凸模、凹模宽度尺寸计算

一般原则：当工件要保证外形尺寸时，则模具以凹模为基准（即凹模做成名义尺寸），间

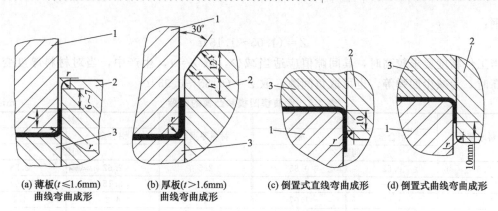

(a) 薄板($t\leqslant1.6$mm)　　(b) 厚板($t>1.6$mm)　　(c) 倒置式直线弯曲成形　　(d) 倒置式曲线弯曲成形
曲线弯曲成形　　　　曲线弯曲成形

图 4-4　工件进入凹模的深度
1—凸模；2—凹模；3—顶件器

隙取在凸模上；若工件标注内形尺寸，则模具以凸模为基准（即凸模做成名义尺寸），间隙取在凹模上。

当工件要保证外形尺寸时，其凹模宽度尺寸 $L_凹$、凸模宽度尺寸 $L_凸$ 分别按以下公式计算：

$$L_凹=(L_{\max}-0.75\Delta)^{+\delta_凹}_0$$

$$L_凸=(L_凹-2Z)^0_{-\delta_凸}$$

当工件要保证内形尺寸时，其凸模宽度尺寸 $L_凸$、凹模宽度尺寸 $L_凹$ 分别按以下公式计算：

$$L_凸=(L_{\min}+0.75\Delta)^0_{-\delta_凸}$$

$$L_凹=(L_凸+2Z)^{+\delta_凹}_0$$

式中　$L_{\max}$——弯曲件宽度的最大尺寸，mm；

　　　　$L_{\min}$——弯曲件宽度的最小尺寸，mm；

　　　　$L_凸$——凸模宽度，mm；

　　　　$L_凹$——凹模宽度，mm；

　　　　Z——凸模与凹模单边的间隙，mm；

　　　　Δ——弯曲件宽度的尺寸公差，mm；

$\delta_凸$，$\delta_凹$——凸模和凹模的制造偏差，mm，一般按 IT9 级选用。

当弯曲非 90°弯曲角时，弯曲凸模和凹模的尺寸单面差值 x 为（图 4-5）：

$$x=t\tan\frac{90°-\alpha}{2}$$

式中　t——弯曲材料的料厚。

（4）弯曲凸模、凹模间的间隙

弯曲 V 形工件时，凸、凹模间隙是靠调整压力机闭合高度来控制的，不需要在模具结构上确定间隙。对 U 形类工件（生产中习惯称为双角弯曲）则必须选择适当的间隙，间隙的大小对于工件质量和弯曲力有很大的关系，若间隙过大，则回弹量大，降低零件的精度，间隙愈小，所需的弯曲力愈大，同时零件受压部分变薄愈甚；若间隙过小，则可能发生划伤或断裂，降低模具寿命，甚至造成模具损坏。

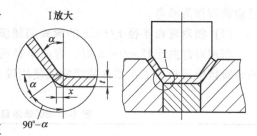

图 4-5　非 90°弯曲时的凸模和凹模

对于一般弯曲件的间隙可由表 4-8 查得，也可由下列近似计算公式直接求得。

有色金属（紫铜、黄铜）：

$$Z=(1\sim1.1)t$$

钢：

$$Z=(1.05～1.15)t$$

当工件精度要求较高时，其间隙值应适当减少，取 $Z=t$，生产中，当对材料厚度变薄要求不高时，为减少回弹等，也可取负间隙，取 $Z=(0.85～0.95)t$。

表 4-8　弯曲模凹模和凸模的间隙　　　　　　　　　　　　　　　mm

材料厚度 t	材料		材料厚度 t	材料	
	铝合金	钢		铝合金	钢
	间隙 Z			间隙 Z	
0.5	0.52	0.55	2.5	2.62	2.58
0.8	0.84	0.86	3	3.15	3.07
1	1.05	1.07	4	4.2	4.1
1.2	1.26	1.27	5	5.25	5.75
1.5	1.57	1.58	6	6.3	6.7
2	2.1	2.08			

在双角弯曲时，间隙与材料的种类、厚度、厚度公差以及弯边长度 L 都有关系，间隙值按下式确定：

$$Z=t_{max}+ct=t+\Delta+ct$$

式中　Z——凸模与凹模单边的间隙，mm；

　　t_{max}——材料厚度的上限值，mm；

　　　t——材料的公称厚度，mm；

　　　c——弯曲模的间隙系数，见表 4-6；

　　Δ——材料厚度的上偏值，mm。

4.3　弯曲回弹值的确定

压弯过程并不完全是材料的塑性变形过程，其弯曲部位还存在着弹性变形，所以工件在材料弯曲变形结束后，由于弹性恢复，将使弯曲件的角度、弯曲半径与模具的形状尺寸不一致，即出现回弹。材料的回弹数值受材料的力学性能、模具间隙、相对弯曲半径等因素的影响，由于影响因素多，而且各因素又相互影响，因此，计算回弹比较复杂，也不准确。生产中一般按经验数表作为参考。

(1) 相对弯曲半径 $r/t<5$ 的弯曲回弹值的确定

当相对弯曲半径 $r/t<5$ 时，弯曲半径的回弹值不大，因此只考虑角度的回弹。角度回弹的经验数值可根据加工零件的结构及使用模具的结构按表 4-9～表 4-12 查取。

表 4-9　90°单角自由弯曲的角度回弹值 $\Delta\alpha$

材料	r/t	材料厚度 t/mm		
		<0.8	0.8～2	>2
软钢 $\sigma_b=350MPa$ 软黄铜 $\sigma_b\leqslant350MPa$ 铝、锌	<1	4°	2°	0°
	1～5	5°	3°	1°
	>5	6°	4°	2°
中硬钢 $\sigma_b=400～500MPa$ 硬黄铜 $\sigma_b=350～400MPa$ 硬青铜	<1	5°	2°	0°
	1～5	6°	3°	1°
	>5	8°	5°	3°
硬钢 $\sigma_b>550MPa$	<1	7°	4°	2°
	1～5	9°	5°	3°
	>5	12°	7°	6°

续表

材料	r/t	材料厚度 t/mm		
		<0.8	0.8~2	>2
硬铝 2A12(LY12)	<2	2°	3°	5.5°
	2~5	4°	6°	8.5°
	>5	6.5°	10°	14°
超硬铝 7A04(LC4)	<2	2.5°	5°	8°
	2~5	4°	8°	11.5°
	>5	7°	12°	19°

表 4-10　90°单角校正弯曲时的角度回弹值 Δα

材料	r/t		
	≤1	>1~2	>2~3
Q235	−1°~1.5°	0°~2°	1.5°~2.5°
纯铜、铝、黄铜	0°~1.5°	0°~3°	2°~4°

表 4-11　V形校正弯曲时的回弹角

材料	r/t	弯曲角度 α						
		150°	135°	120°	105°	90°	60°	30°
		回弹角 Δα						
2A12(硬) LY12Y	2	2°	2°30′	3°30′	4°	4°30	6°	7°30′
	3	3°	3°30′	4°	5°	6°	7°30′	9°
	4	3°30′	4°30′	5°	6°	7°30′	9°	10°30′
	5	4°30′	5°30′	6°30′	7°30′	8°30′	10°	11°30′
	6	5°30′	6°30′	7°30′	8°30′	9°30′	11°30′	13°30′
2A12(软) LY12M	2	0°30′	1°	1°30′	2°	2°	2°30′	3°
	3	1°	1°30′	2°	2°30′	2°30′	3°	4°30′
	4	1°30′	1°30′	2°	2°30′	3°	4°30′	5°
	5	1°30′	2°	2°30′	3°	4°	5°	6°
	6	2°30′	3°	3°30′	4°	4°30′	5°30′	6°30′
7A04(硬) LC4Y	3	5°	6°	7°	8°	8°30′	9°	11°30′
	4	6°	7°30′	8°	8°30′	9°	12°	14°
	5	7°	8°	8°30′	10°	11°30′	13°30′	16°
	6	7°30′	8°30′	10°	12°	13°30′	15°30′	18°
7A04(软) LC4M	2	1°	1°30′	1°30′	2°	2°30′	3°	3°30′
	3	1°30′	2°	2°	2°30′	3°	3°30′	4°
	4	2°	2°30′	3°	3°	3°30′	4°	4°30′
	5	2°30′	3°	3°30′	3°30′	4°	5°	6°
	6	3°	3°30′	4°	4°	5°	6°	7°
20 (已退火)	1	0°30′	1°	1°	1°30′	1°30′	2°	2°30′
	2	0°30′	1°	1°30′	2°	2°	3°	3°30′
	3	1°	1°30′	2°	2°	2°30′	3°30′	4°
	4	1°	1°30′	2°	2°30′	3°	4°	5°
	5	1°30′	2°	2°30′	3°	3°30′	4°30′	5°30′
	6	1°30′	2°	2°30′	3°	4°	5°	6°
30CrSiA (已退火)	1	0°30′	1°	1°	1°30′	2°	2°30′	3°
	2	0°30′	1°30′	1°30′	2°	2°30′	3°30′	4°30′
	3	1°	1°30′	2°	2°30′	3°	4°	5°30′
	4	1°30′	2°	3°	3°30′	4°	5°	6°30′
	5	2°	2°30′	3°	4°	4°30′	5°30′	7°
	6	2°30′	3°	4°	4°30′	5°30′	6°30′	8°
1Cr17Ni8 (1Cr18Ni9Ti)	0.5	0°	0°	0°30′	0°30′	1°	1°30′	2°
	1	0°30′	0°30′	1°	1°	1°30′	2°	2°30′
	2	0°30′	1°	1°30′	1°30′	2°	2°30′	3°
	3	1°	1°	2°	2°	2°30′	2°30′	4°
	4	1°	1°30′	2°30′	3°	3°30′	4°	4°30′
	5	1°30′	2°	3°	3°30′	4°	4°30′	5°30′
	6	2°	3°	3°30′	4°	4°30′	5°30′	6°30′

表 4-12　U形件弯曲时的角度回弹值 △α

材料的牌号和状态	r/t	凸模和凹模的单边间隙						
		0.8t	0.9t	t	1.1t	1.2t	1.3t	1.4t
		回弹角 △α						
2A12(硬) (LY21Y)	2	−2°	0°	2.5°	5°	7.5°	10°	12°
	3	−1°	1.5°	4°	6.5°	9.5°	12°	14°
	4	0°	3°	5.5°	8.5°	11.5°	14°	16.5°
	5	1°	4°	7°	10°	12.5°	15°	18°
	6	2°	5°	8°	11°	13.5°	16.5°	19.5°
2A12(软) (LY21M)	2	−1.5°	0°	1.5°	3°	5°	7°	8.5°
	3	−1.5°	0.5°	2.5°	4°	6°	8°	9.5°
	4	−1°	1°	3°	5.5°	6.5°	9°	10.5°
	5	−1°	1°	3°	5°	7°	9.5°	11°
	6	−0.5°	1.5°	3.5°	6°	8°	10°	12°
7A04(硬) (LC4Y)	3	3°	7°	10°	12.5°	14°	16°	17°
	4	4°	8°	11°	13.5°	15°	17°	18°
	5	5°	9°	12°	14°	16°	18°	20°
	6	6°	10°	13°	15°	17°	20°	23°
	8	8°	13.5°	16°	19°	21°	23°	26°
7A04(软) (LC4M)	2	−3°	−2°	0°	3°	5°	6.5°	8°
	3	−2°	−1.5°	2°	3.5°	6.5°	8°	9°
	4	−1.5°	−1°	2.5°	5.5°	7°	8.5°	10°
	5	−1°	−1°	3°	5.5°	8°	9°	11°
	6	0°	−0.5°	3.5°	6.5°	8.5°	10°	12°
20(已退火)	1	−2.5°	−1°	0.5°	1.5°	3°	4°	5°
	2	−2°	−0.5°	1°	2°	3.5°	5°	6°
	3	−1.5°	0°	1.5°	3°	5.5°	6°	7.5°
	4	−1°	−0.5°	2.5°	4°	5.5°	7°	9°
	5	−0.5°	1.5°	3°	5°	6.5°	8°	10°
	6	−0.5°	2°	4°	6°	7.5°	9°	11°

(2) 相对弯曲半径 r/t≥10 的弯曲回弹值的确定

当相对弯曲半径 r/t≥10 时，因相对弯曲半径较大，此时，工件不仅角度有回弹，弯曲半径也有较大的回弹。一般先近似计算好凸模的弯曲角度及弯曲圆角半径，然后试验验证修正。角度及弯曲半径可利用下式进行近似计算，参见图 4-6 弯曲凸模计算简图。

① 板料弯曲。

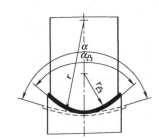

图 4-6　弯曲凸模计算图

$$r_凸 = \frac{r}{1+3\dfrac{\sigma_s r}{Et}} = \frac{1}{\dfrac{1}{r}+3\dfrac{\sigma_s}{Et}}$$

$$\alpha_凸 = \alpha - (180° - \alpha)\left(\frac{r}{r_凸} - 1\right) = 180° - \frac{r}{r_凸}(180° - \alpha)$$

式中　r——工件的圆角半径，mm；

　　　$r_凸$——凸模的圆角半径，mm；

　　　α——弯曲件的角度，(°)；

　　　$\alpha_凸$——弯曲凸模角度，(°)；

　　　t——毛坯的厚度，mm；

　　　E——弯曲材料的弹性模量，MPa；

　　　σ_s——弯曲材料的屈服点，MPa。

② 棒料弯曲。

$$r_凸 = \frac{r}{1+3.4\dfrac{\sigma_s r}{Ed}}$$

$$\alpha_凸 = \alpha - (180° - \alpha)\left(\frac{r}{r_凸} - 1\right) = 180° - \frac{r}{r_凸}(180° - \alpha)$$

式中 d ——棒料直径，mm。

(3) 角度及曲率回弹值的图表确定

角度及曲率回弹值除可按上述进行计算外，还可查阅图 4-7～图 4-11 所示的相关图表确定。其中图 4-7～图4-10所示为碳素钢 V 形弯曲回弹值。U 形弯曲的弹复还与凹模和凸模的间隙 c 成正比，20 钢 U 形弯曲时的回弹角数值见图 4-11。

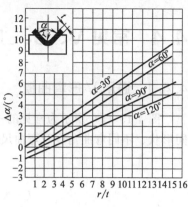

图 4-7　08、10 钢 V 形弯曲的回弹角

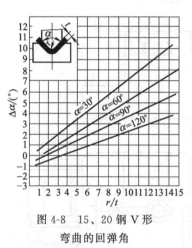

图 4-8　15、20 钢 V 形弯曲的回弹角

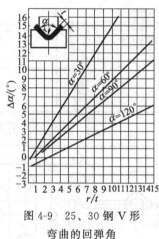

图 4-9　25、30 钢 V 形弯曲的回弹角

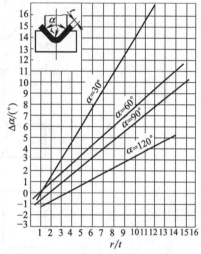

图 4-10　35 钢 V 形弯曲的回弹角

此外，当 $r/t \geqslant 10$ 时，此时角度及弯曲半径均有较大回弹。在设计弯曲凸模时，弯曲凸模圆角半径也可近似取 $r' = r/H$，凸模中心角 $\alpha' = \alpha/H$。式中，r、α 分别为弯曲件图样上的半径及弯曲角；H 为回弹系数，它取决于材料性质和相对弯曲半径，常用材料的 H 值可由图4-12查得。

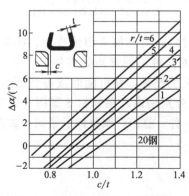

图 4-11　20 钢 U 形弯曲的回弹角

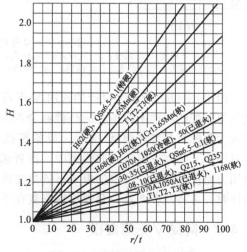

图 4-12　回弹系数 H 的取值

4.4 常见 V、U、⊓、Z 形弯曲模的结构

4.4.1 通用 V 形弯曲模

图 4-13（a）所示为常见的一种 V 形弯曲件，采用料厚 3mm 的 Q235A 钢板制成，生产中同形状、不同弯曲角度及弯曲尺寸的不同厚度零件较多，且生产批量不大。

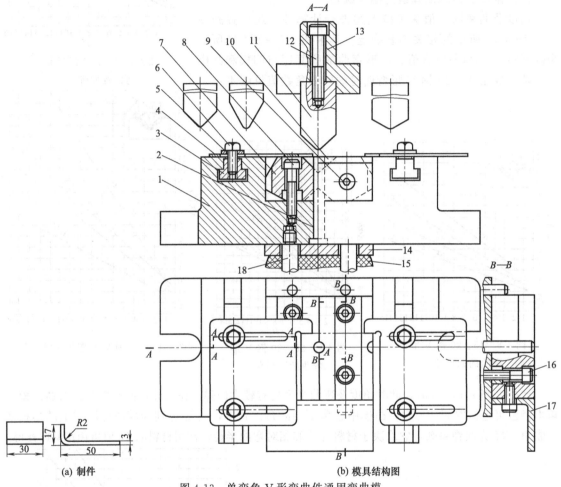

(a) 制件　　　　　　　　　　　**(b) 模具结构图**

图 4-13　单弯角 V 形弯曲件通用弯曲模

1—下模座；2—顶杆；3—夹块；4—定位板；5—垫圈；6—六角螺钉；7—凹模；8,12—内六角螺钉；
9—六角螺钉；10—挡板；11—凸模；13—模柄；14—托盘；15—橡胶块；16—螺钉；17—承料板；18—拉杆

图 4-13（b）所示为设计的通用 V 形弯曲模。该模具通过由一对凹模 7 组成直角、钝角、锐角与匹配的四种不同角度的凸模组合配对，便可弯制设定的四种不同弯角的零件。凸模 11 用内六角螺钉吊装在模柄 13 上，以紧螺纹连接结构用力矩扳手拧紧，并可随时按需更换，一对凹模 7 装在下模座 1 的凹槽中，两者采用 H7/h6 配合，分别用内六角螺钉 8 紧固，也应使用用力矩扳手拧紧。两定位板 4 可依弯曲件展开毛坯尺寸左、右、前、后调整好后紧固。如需顶件时，可将顶杆 2 及一套弹顶器安装在下模座 1 下面。

4.4.2 简易 V 形弯曲模

图 4-14（a）所示为常见的一种 V 形弯曲件，其精度要求不高，中等生产批量。该类 V 形

弯曲件除可采用图 4-13（b）所示的通用弯曲模加工外，还可采用图 4-14（b）所示的简易 V 形弯曲模加工。

该类模具主要零件有凸模、凹模和顶杆。凹模兼有左右方向定位作用；顶杆和弹簧为弯曲过程中防止坯料偏移所采用的一种简单压料装置。如果弯曲件的精度要求不高，压料装置可不用。

这种模具结构简单，在压力机上安装和调整都很方便，对材料厚度公差要求不严。制件在冲压下死点时，可以得到校正，制件平整度较好，回弹较小，应用较广。

4.4.3 简易 U 形弯曲模

图 4-15（a）所示为常见的一种 U 形弯曲件，其精度要求不高，中等生产批量。该类 U 形弯曲件通常可设计图 4-15（b）所示的简易 U 形弯曲模来加工。

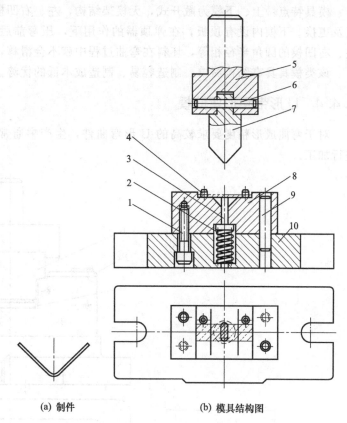

(a) 制件　　　　(b) 模具结构图

图 4-14　简易 V 形弯曲模

1—螺钉；2—弹簧；3—顶杆；4—挡料销；5—模柄；
6,9—圆柱销；7—凸模；8—凹模；10—下模座

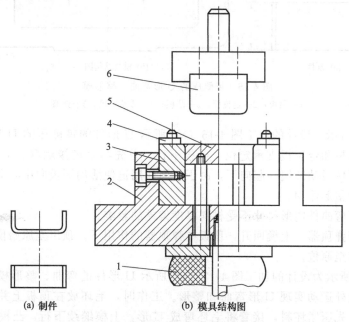

(a) 制件　　　　(b) 模具结构图

图 4-15　简易 U 形弯曲模

1—弹顶器；2—下模座；3—凹模；4—定位板；5—顶板；6—凸模

模具特点：上、下模为敞开式，无模架结构，左、右凹模设计成镶块的结构形式，便于加工及更换。下模内设有顶板，在弹顶器的作用下，压弯前后，坯料始终处于压紧状态，只要左、右凹模的圆角半径相等，坯料在弯曲过程中就不会滑移，故制造的制件质量较高。

该类模具具有结构简单、制造容易、制造成本低的优势。

4.4.4　U形带整形弯曲模

对于弯曲成形精度要求较高的 U 形弯曲件，生产中通常可设计采用带整形功能的弯曲模进行加工。

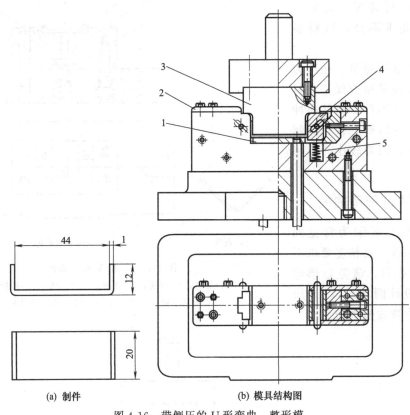

(a) 制件　　　　　(b) 模具结构图

图 4-16　带侧压的 U 形弯曲、整形模

1—顶板；2—定位板；3—凸模；4—活动凹模；5—弹簧

图 4-16（b）所示为设计的加工图 4-16（a）所示 U 形件的带侧压的 U 形弯曲、整形模。工作时，毛坯由顶板和定位板支承定位，凸模下行，首先与毛坯接触弯成 U 形，凸模继续下行，利用其肩部压住活动凹模一起向下，由于斜面作用迫使活动凹模向中心滑动，对弯件两侧施压，起到校正和整形作用。

该结构可保证弯曲件内形尺寸不受材料厚度偏差的影响。

下模采用通用弹顶器。上模回升，顶板在弹顶器的作用下，顶出至原始位置。活动凹模在弹簧 5 的作用下移至原位。

图 4-17（b）所示为设计的加工图 4-17（a）所示 U 形件的弯曲、整形模，该结构利用斜楔迫使活动凸模向外运动实现 U 形弯曲和整形。工作时，毛坯放在顶板上并由两边的定位板定位，凸模下行，先压紧坯料，接着将毛坯弯成 U 形，上模继续下行，凸模 5 受斜楔 7 的作用被挤向外滑移，U 形件的外形被校正、整形达到理想的形状与尺寸。因此带校正、整形的弯曲模能使制件外形尺寸达到较高的精度要求。

压力机滑块回程时，上模上行，制件被顶板 3 顶出，凸模 5 在弹簧 9 的作用下移至原位。

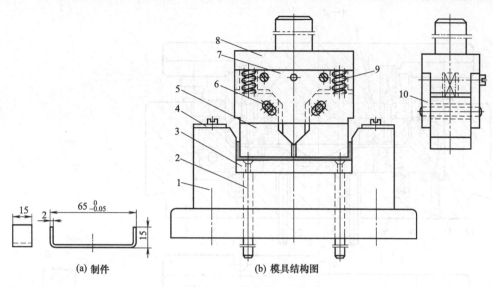

(a) 制件　　　　　　　　(b) 模具结构图

图 4-17　U 形弯曲、整形模

1—凹模；2—顶杆；3—顶板；4—定位板；5—活动凸模；6—圆柱销；7—斜楔；8—上模座；9—弹簧；10—导板

4.4.5　可转动凹模的 U 形弯曲模

U 形件压弯时，往往因为回弹而影响制件质量。对弯曲精度要求较高弯曲件的弯曲，为了消除回弹，还可采用转动凹模的弯曲模结构。

图 4-18（b）所示为设计的加工图 4-18（a）所示 U 形件的可转动凹模的弯曲模结构。该模具工作原理为：

当压力机滑块在上死点时，顶杆 7 将压料板兼顶板 8 与凹模 4 顶平，此时可将带弯曲坯料用定位销 6 定位并放置好。压力机滑块下行时，靠凹模 4 将坯件预弯。当凸模 1 与转动凹模 5 接触时，转动凹模 5 以轴 11 为轴心转动。压力机滑块至下死点时，制件压制完毕，当压力机滑块上行时，在顶杆 7 的作用下，压料板兼顶板 8 将制件顶起。制件靠回弹回到 90°直角。顶杆 2 在弹簧 3 的作用下将制件顶出，使制件留在下模上，同时转动凹模 5 在弹簧 9 和顶销 10 的作用下旋转一个回弹角，即复位到图示的双点画线位置。模具中的垫块 12 起限位和承受侧压作用。

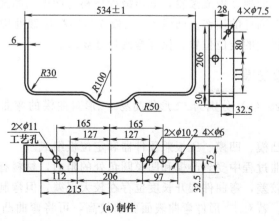

(a) 制件

图 4-18

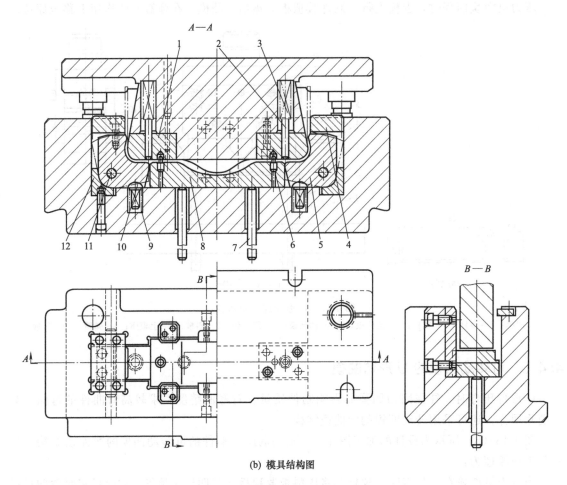

(b) 模具结构图

图 4-18 可转动凹模的 U 形弯曲模

1—凸模；2,7—顶杆；3,9—弹簧；4—凹模；5—转动凹模；

6—定位销；8—压料板兼顶板；10—顶销；11—轴；12—垫块

4.4.6 圆杆件 U 形弯曲模

图 4-19（b）所示为设计的加工图 4-19（a）所示圆杆 U 形件的 U 形弯曲模结构。

该模具工作原理为：凹模 3 做成滚轮，既可减少坯料与凹模的摩擦力，便于弯曲成形，又有利于减少弯制过程中对圆杆的损伤。凸模 4、顶板 5 与坯料接触处均做成半圆弧状，以使圆杆在压弯过程中能保持正确的定位位置，保证弯制尺寸要求。

4.4.7 简易 ⌐⌐ 形弯曲模

图 4-20（a）、图 4-20（b）分别为 ⌐⌐ 形件简易 ⌐⌐ 形弯曲模的弯曲工作初始状态及弯曲完成时的模具的结构图。

该模具结构主要由凸模、凹模、压板兼顶件器和定位板组成。

工作时，毛坯在弯曲过程中受到凸模和凹模圆角处的阻力，材料有拉长现象，弯制零件的表面易受损且表面质量较差，弯曲件展开长度也存在较大误差，但弯制件的弯曲成形角度较好（成形角度明显、挺括）。若对 ⌐⌐ 形件弯曲表面要求较高，可将弯曲凸模下面的两个角改成如图 4-20（c）所示的形状，则材料拉长现象有所改善，⌐⌐ 形件的两边也较为容易成形。

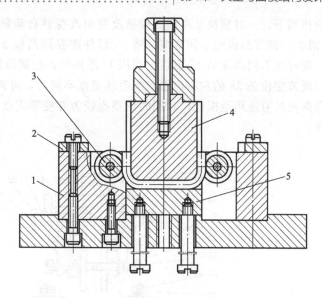

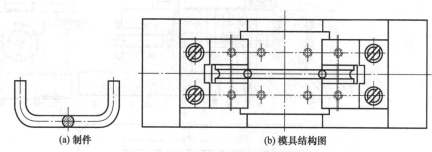

(a) 制件　　　　　　　　(b) 模具结构图

图 4-19　圆杆件 U 形弯曲模

1—凹模座；2—定位板；3—滚轮；4—凸模；5—顶板

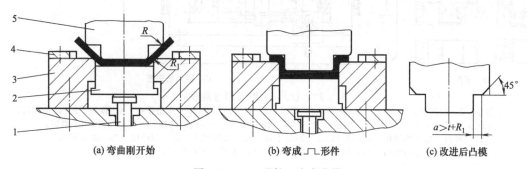

(a) 弯曲刚开始　　　　　(b) 弯成 ⌐⌐ 形件　　　　　(c) 改进后凸模

图 4-20　⌐⌐ 形件一次弯曲模

1—顶杆（接弹顶器）；2—板兼顶件器；3—凹模；4—定位板；5—凸模

4.4.8　⌐⌐ 形及 U 形通用弯曲模

与采用 V 形通用弯曲模加工 V 形件一样，对于常见的 ⌐⌐ 形及 U 形弯曲件，生产中也通常采用 ⌐⌐ 形及 U 形通用弯曲模进行弯曲加工，以提高加工的通用性，同时降低生产加工成本。

图 4-21（b）所示为设计的加工图 4-21（a）所示 ⌐⌐ 形及 U 形弯曲件的 ⌐⌐ 形、U 形通用弯曲模。

该模具中一对活动凹模 3 装在凹模框 2 内，调节螺栓 10 可得到不同宽度的弯曲凹模槽；

在弹簧 4 的作用下，一对顶块 8 可随凹模槽改变而改变并自动贴紧凹模壁。主凸模 30 在专用模柄 26 内滑动，调节凸模的不同宽度；弯┌┐形件需要副凸模 24，调节楔顶块 20，可改变副凸模高低，能弯制不同高度的┌┐形件。当压 U 形件时，把副凸模调到最高位置。当毛坯长度不同时，可调节定位条 38 的左右位置；当毛坯宽度不同时，可调节定位块的前后位置。

该类弯曲模具有适用范围较广，同时调整也较为方便等优点，可适用于料厚 0.1～2.5mm 板料的弯曲。

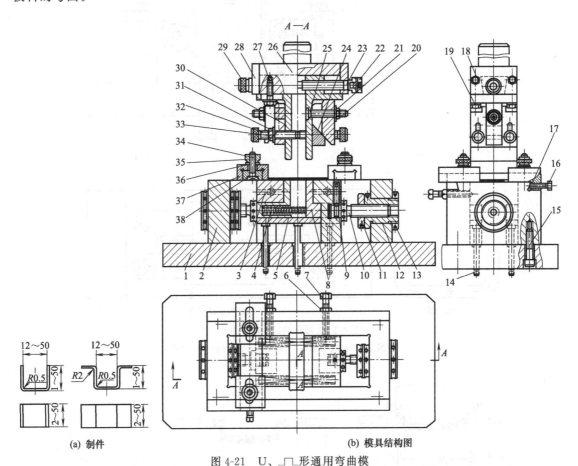

(a) 制件   (b) 模具结构图

图 4-21 U、┌┐形通用弯曲模

1—下模座；2—凹模框；3—凹模；4—弹簧；5—垫板；6—螺母；7,18,19—六角螺钉；8—顶块；9—定位螺钉；
10—调节螺栓；11,13,21,31—螺母；12—衬套；14—顶杆；15—内六角螺钉；16,27,32,34—螺钉；
17—衬板；20—楔顶块；22,29,33,35—调正手柄；23—调节螺钉；24—副凸模；25—调正螺钉；
26—专用模柄；28—护板；30—主凸模；36—垫圈；37—定位块；38—定位条

4.4.9 ┌┐形摆块式弯曲模

图 4-22（b）所示为设计的加工图 4-22（a）所示┌┐形弯曲件的摆块式弯曲模。该类弯曲模的弯曲凹模是由两个活动摆动块组合而成的活动凹模。模具具有以下特点：

① 模具采用无导向装置的敞开式结构。弯曲成形坯料由冲孔、落料复合模提供。

② 弯曲坯料通过定位板 4、导正销 12 构成的定位系统进行毛坯定位，弯曲成形前，通过弯曲凸模 11 顶端的导正销 12 利用坯料上的 $\phi10$mm 中心孔对坯料进行导正、校准后再弯曲成形。弯曲凸模 11 与匹配的摆动块 2 进行刚性镦压弯曲，对弯曲件有很好的校形作用。

③ 由于该弯曲件展开平毛坯是一个对称的工字形，用固定板定位效果良好。弯曲件的形状尤其是高度不大的凸起与宽大的平凸缘，非常适合采用摆动块活动凹模进行弯曲成形。

　　由于结构上的原因，该弯曲模使用时应注意以下几点：

　　① 由于无导向装置，首次使用时，安装在压力机上及调校时较费事，而且从试模至弯出合格零件需专业调整工进行，以避免发生撞模、压手事故并减少试模的材料耗费。后续模具安装可通过在模具型腔内安放一件已加工好的制件可克服上述使用不便，但应切记：模具调校完成后，需将安放在模具型腔内的制件取出才可进行后续的制件弯曲作业。

　　② 手工上料与卸件，效率低。必须选用合适的手持工具上料、卸件，不准赤手拿工件。

　　③ 有操作安全风险，应细心作业。避免两人作业，宜单人操作。

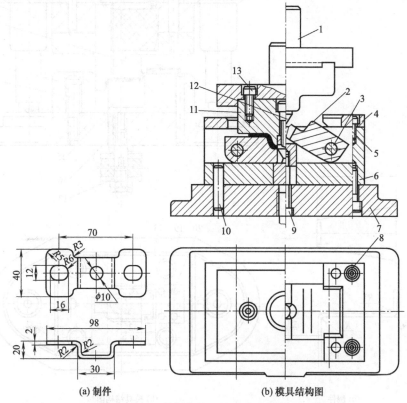

(a) 制件　　　　　　　　　　(b) 模具结构图

图 4-22　⊓形弯曲件用摆动块凹模的弯曲模

1—模柄；2—摆动块；3—转轴；4—定位板；5,13—内六角螺钉；6—凹模框；7—下模座；
8—螺钉；9—顶杆；10—圆柱销；11—弯曲凸模；12—导正销

4.4.10　Z形简单弯曲模

　　图 4-23（b）为设计的加工图 4-23（a）所示 Z形弯曲件的 Z形件简单弯曲模的结构简图。该模具主要零件为凸模、凹模和定位板。上、下模可以是敞开式或采用带模架的结构。一次操作即可制成 Z形双角制件。生产效率高，但只适合两弯边不太长的场合。

　　该类弯曲模设计的关键点在于：模具结构设计和使用中，应保证凸模的两凸出

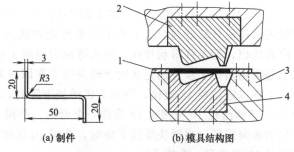

(a) 制件　　　　　　　(b) 模具结构图

图 4-23　Z形件简单弯曲模

1—定位板；2—凸模；3—凹模固定座；4—凹模

部位和毛坯料同时接触，保证弯曲件两端同时受力，以避免压弯时材料的不正常滑移。

4.4.11 Z形双向弯曲模

图 4-24（a）所示 Z 形板料弯曲件有弯曲方向相反的两个弯角。欲一模同时弯出两个弯角，在其弯曲模结构设计上，首先要考虑每个弯角弯曲时横向力的平衡问题。

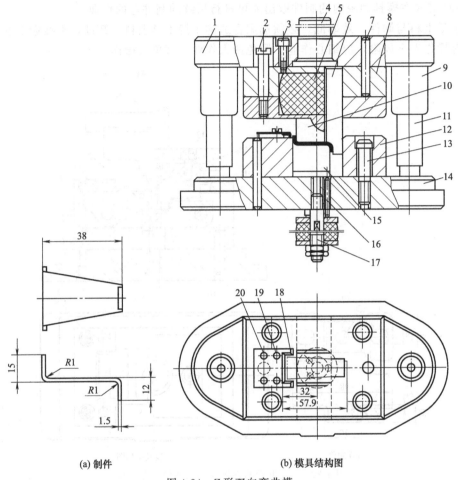

(a) 制件　　　　　　　　　　(b) 模具结构图

图 4-24　Z形双向弯曲模

1—上模座；2—卸料螺钉；3,13—内六角螺钉；4—模柄；5—橡胶体；6,10—凸模；
7,20—圆柱销；8—凸模固定板；9—导套；11—导柱；12—凹模；14—下模座；
15—顶件器；16—顶杆；17—标准弹顶器；18—定位板；19—圆柱头螺钉

图 4-24（b）所示为设计的加工图 4-24（a）所示 Z 形弯曲件的 Z 形件双向弯曲模。该弯曲模的结构设计较好地解决了两个弯角弯曲时横向力的平衡问题。尽管该冲模为 Z 形支架单工序弯曲模，但零件形状特殊，两头弯曲力相差 1 倍，故用强力压料后弯形。该弯件的弯制实际上是采用两个工步分别完成的，弯曲模工作原理为：

毛坯以定位板 18 定位，当压力机滑块下降时，凸模 10 先把毛坯压紧，而凸模 6 已进入凹模 12，随即凸模 10 与凹模 12 弯曲一个弯角。凸模 6 则靠紧凹模 12 侧壁，从而平衡单角弯曲产生的横向偏载。当滑块继续下降时，凸模 10 压缩橡胶体 5，凸模 6 进入凹模 12 内，然后与顶件器 15 弯曲另一个弯角。

4.4.12　回转式 Z 形弯曲模

图 4-25（a）、（b）所示分别为带回转凹模的 Z 形件弯曲模弯曲前及弯曲后的模具结构，

该模具适合弯较厚的料。毛坯由凹模 5 定位，凸模下行接触毛坯的同时使凹模向顺时针方向转动，压弯逐渐完成。凸模上升时，凹模靠配重 1 反转复位。凹模下部装有圆销 6，在凹模座 2 的槽中滑动，凹模转动时，靠圆销 6 导正。

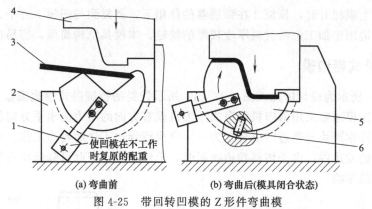

(a) 弯曲前　　　　　　　　(b) 弯曲后(模具闭合状态)

图 4-25　带回转凹模的 Z 形件弯曲模

1—配重；2—凹模座；3—制件；4—凸模；5—回转凹模；6—圆销

4.5　铰链卷边模的结构

4.5.1　铰链立式卷边模

图 4-26（a）为常见的一对铰链的结构图，图 4-26（b）为该类铰链的预弯件结构图，图 4-26（c）所示为设计的加工该铰链的铰链立式卷边模。

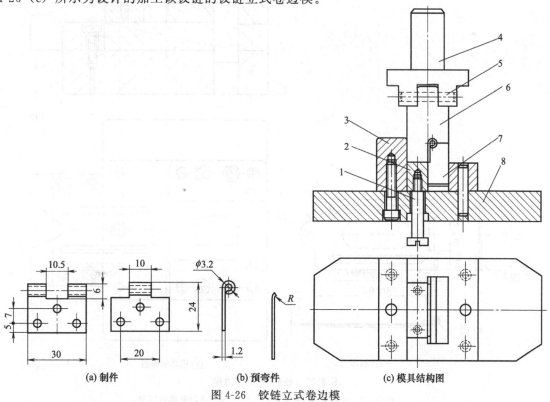

(a) 制件　　　　　　　　(b) 预弯件　　　　　　　　(c) 模具结构图

图 4-26　铰链立式卷边模

1—螺钉；2—顶板；3—凹模固定板兼导板；4—模柄；5—圆柱销；6—凸模；7—凹模；8—下模座

工作时，将预弯件放入凹模 7 与顶板 2 之间的槽内定位，上模下行时，凸模 6 的左边在凹模固定板兼导板的左边高出部分导向下与凹模 7 作用，将预弯坯件端头卷圆成形。顶板 2 随凸模 6 向下移动，弹顶器（安装于压力机工作台面的底部，参见本书第 1 章相关内容，本图中未画出）受压缩。上模回升时，顶板 2 在弹顶器的作用下，回复到与凹模 7 齐平。

立式卷边模适用于加工短而材料厚度较厚的铰链。本模具结构简单，容易成形。

4.5.2 铰链卧式卷边模

图 4-27（b）所示为设计的加工图 4-27（a）所示铰链的铰链卧式卷边模。

铰链卧式卷边模通常采用斜楔机构完成压力机垂直方向的压力向水平方向的变换，由滑块推动卷边凹模（通常滑块与卷边凹模合二为一）完成待卷边工件的卷边工作。该类卷边模主要用于制件比较长的卷边件，由于坯料卷边成形时，毛坯平放，因此可降低模具的高度，且不受压力机闭合高度的影响。

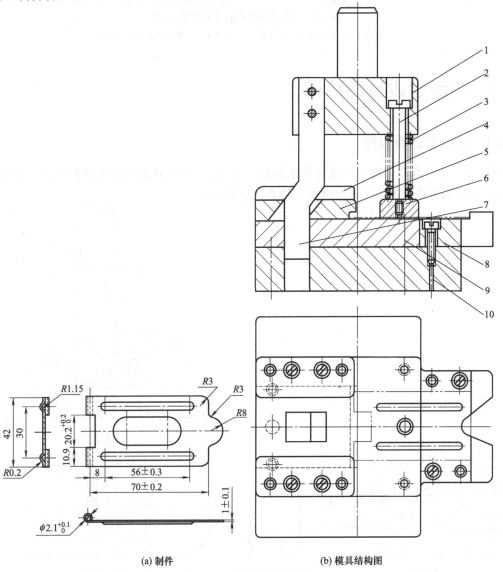

(a) 制件   (b) 模具结构图

图 4-27　铰链卧式卷边模

1—上模座；2—螺钉；3—弹簧；4—导板；5—滑块兼卷边凹模；

6—压板；7—斜楔；8—定位板；9—下模；10—下模座

该模具的工作原理为：工作时，首先将毛坯放入下模板与定位板上，随着上模的下行，压板 6 先将坯件压紧，之后斜楔 7 推动滑块兼卷边凹模 5 卷曲制件成形。

4.6 常见多角度、多部位弯曲模的结构

4.6.1 矩形件摇板夹弯模

图 4-28（a）为矩形类弯曲件的结构图，图 4-28（b）为该弯曲件的预弯件结构图，图 4-28（c）所示为设计的加工该矩形弯曲件的摇板夹弯模。

该弯曲模的工作原理为：首先将预弯件放入支架 10 凹槽内，中间放上芯棒 11。当上模下行时，凸模 3 压两边的摇板 4 的端部，使其向下旋转成水平，将工件压弯成形。上模回升时，摇板 4 在拉簧 9 的作用下复位，取出芯棒 11，卸下工件。

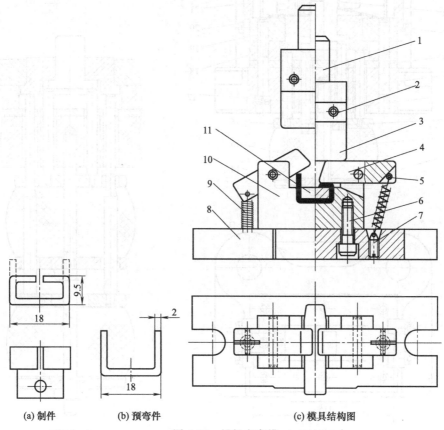

(a) 制件   (b) 预弯件   (c) 模具结构图

图 4-28 摇板夹弯模

1—模柄；2—销钉；3—凸模；4—摇板；5—弹簧轴；6—螺钉；7—弹簧挂钉；
8—下模板；9—拉簧；10—支架；11—芯棒

4.6.2 多角度弯曲模

图 4-29（a）所示为带六个 90°角的弯曲件，该零件的弯曲在工艺与模具结构设计上都有难度，尤其是一模弯曲成形，采用接触校正弯曲，模具的结构设计难度较大。

图 4-29（b）为设计的加工该弯曲件的一次弯曲成形复合模，是在一次压力机滑块行程

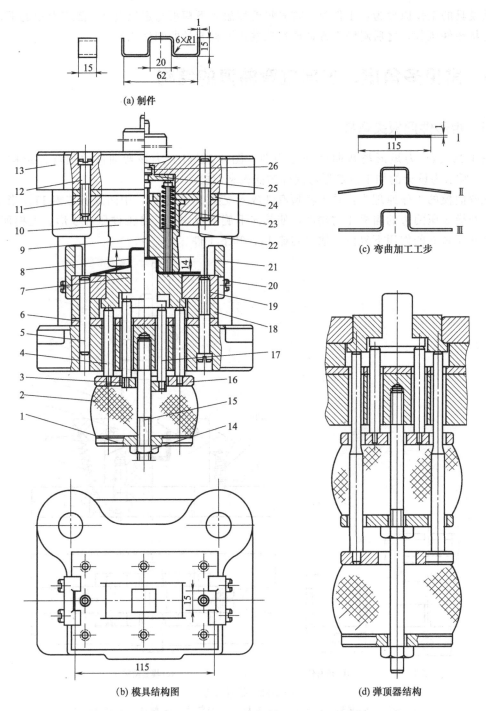

(a) 制件

(c) 弯曲加工工步

(b) 模具结构图

(d) 弹顶器结构

图 4-29　六个 90°弯角一模弯曲成形的复合弯曲模

1—托盘；2—橡胶；3,17—内顶杆；4—外顶杆；5—圆柱销；6—垫板；7—顶件器；8—凸模；9—卸料杆；10—弯曲上模；11—固定板；12,20—螺钉；13—上模座；14—螺母；15—拉杆；16—推盘；18—空心垫板；19—凹模；21—定位块；22—卸件杆；23—弹簧；24—垫板；25—推板；26—打料杆

中，由里到外，用 3 工步弯曲成形，如图 4-29（c）所示。模具采用滑动导向后侧导柱模架下弹顶弹压校正。弯曲成形的工件如卡在凸模上，则凸模上装的内置卸件器会在打料杆驱动下将工件卸下。

该模具结构主要具有以下特点：

① 先弯曲的中间 U 形，进行弹压校形，不考虑回弹。

② 最后一次弯出双边 U 形，考虑到零件的弯曲回弹，因此在弯曲凸模上应制出相应的回弹角，保证凸模弯曲角小于 90°。

③ 下模座下的弹顶器分两级反顶弹压，能确保各次校正弯曲的实现，其结构如图 4-29 (d) 所示。

4.6.3 摆动夹式圆筒弯曲模

对于薄板弯曲而成的有缝圆筒形零件，当圆筒直径 $D=5\sim50$mm 时，若零件圆度及精度要求不高，则一般都采用一次弯曲成形所取代。只有在零件圆度及精度要求较高时，才考虑采用二次弯圆工艺的加工方法。

图 4-30 (b) 所示为设计的加工图 4-30 (a) 所示圆形弯曲件的摆动夹式一次弯曲成形模。该模具属无导向敞开式单工序模，落料后的平毛坯用该弯曲模可一模成形，弯出圆形弯曲零件。

该冲模采用目前常用的弯曲圆筒形工件弯曲模的通用结构形式。冲制时，坯件放在凹模 6 上，由其上面的台阶定位。凸模 18 下降时，先将坯件弯成 U 形，当继续下降时，使两块凹模 6 绕轴 8 相向旋转，最后形成一个圆筒包住凸模 18，即完成弯形工作。凸模上升时，两摆动夹构成的凹模 6 回转复位，最后侧面与螺钉 3 接触，下面由顶块 2 顶住。当凸模离开凹模后，用手向外拉支持板 19，从凸模上取下工件。

由于卸料是依靠手工从弯曲凸模 18 即弯芯上把弯曲成形并紧包住凸模的工件拉出的，因此，操作时应注意安全，且劳动强度较大。

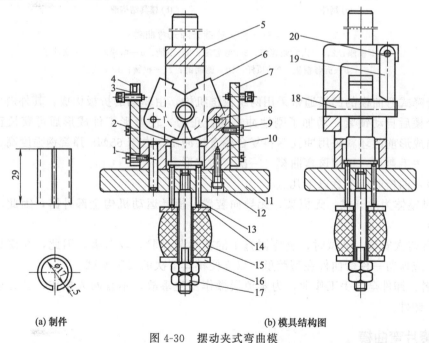

(a) 制件　　　　　　　　　　　　　　(b) 模具结构图

图 4-30　摆动夹式弯曲模

1—圆柱销；2—顶块；3,9—螺钉；4—紧定螺钉；5—上模；6—摆动夹（凹模）；7—侧板；8—小轴；
10—支座；11—下模座；12—内六角螺钉；13—顶杆；14—托盘；15—橡胶；16—底盘；
17—螺母；18—弯芯（凸模）；19—支持板；20—小轴

4.6.4 簧夹铰链升降式弯曲模

图 4-31 (a) 所示为需要进行侧面弯曲成形的多部位弯曲件，采用 1.2mm 厚的 65Mn 弹簧

钢制成，由于两侧面需对称侧弯成形，故其弯曲工艺及模具结构设计上都有难度，若采用普通有导向装置用楔传动横向冲弯结构的弯曲模，往往使结构趋于复杂。图 4-31（b）所示为设计的铰链升降式一次弯曲成形模，此类模具具有结构简单、成形原理新颖等特点，尤其适用于需要两侧弯曲或两侧对称弯曲的封闭及半封闭弯曲零件。

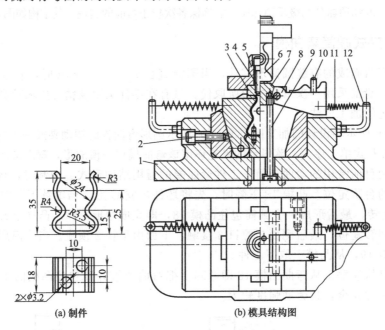

(a) 制件　　　　　　　　(b) 模具结构图

图 4-31　簧夹铰链升降式弯曲模

1—下模座；2,4—内六角螺钉；3—弯芯座；5—模柄；6—弯模芯；7—顶件器；
8—折弯模板；9—顶杆；10—侧挡销；11—拉簧；12—支柱

铰链升降式弯曲模的凹模通常采用两组铰链机构，由驱动的折板构成，其外斜面与模框吻合，弯形合模后自动锁紧，增加了刚性冲击的校正力，使弯形工件成形后可获校正，减少回弹。其弯曲成形前的坯料采用冲孔落料复合模直接冲出，由于 65Mn 弹簧钢强度高，因此，还要经校平、去毛刺后，再用该弯曲模，一次弯曲成形。

使用该弯曲模时应注意以下几点：

① 模具整体为敞开式，无模架，无导向装置，模具运动机构全部外露，因此，操作时更应注意安全。

② 模具初次安装、调试时，全凭调整工的技术与经验，较费事，因此，在模具第一次弯曲结束后，应保留一件弯曲件在型腔里，以方便模具下次的安装调试。

③ 上料、卸件全部手工作业，为避免误操作发生事故，不宜两人操作，且必须使用手持工具上料、卸件。

4.6.5　簧片弯曲模

图 4-32（a）所示为零件簧片的结构，采用料厚 0.3mm 的高强度弹簧钢 65Mn 制成，该弯曲件的主体是由不同直径的圆弧，沿径向圆滑连接的 S 形挂钩状封闭式弯曲件。零件形状的特殊性不仅使弯曲形状成形难度大，而且由于其材质是高强度弹簧钢 65Mn，成形性能差，回弹严重。所以，冲弯成形必须采用接触镦压校形弯曲，才能达到要求的尺寸与形位精度。

图 4-32（b）所示为设计的簧片一次弯曲成形模，该模具在结构设计上充分考虑了弯曲件

的形状特点，采用两向施压、一次性弯曲的方法成形，模具具有以下结构特点。

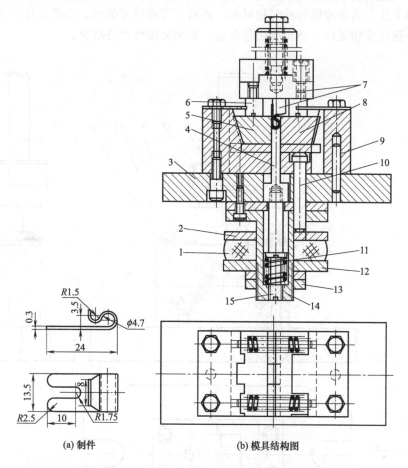

(a) 制件   (b) 模具结构图

图 4-32 簧片一次弯曲成形模

1—橡胶体；2—推板；3—下模座；4—顶件器；5—左凹模楔块；6—限位柱；7—上模；8—右凹模楔块；
9—模框；10—顶杆；11—弹簧；12—托盘；13—螺母；14—套管；15—螺塞

① 采用方形截锥外形拼块组合凹模 5、8，底部用顶件器 4 端面构成圆弧成形模腔。

② 凹模组合的锥体拼块，靠模座下的弹顶系统可顶出模，并可依靠装在拼块间的弹簧，将拼块沿横向分开，以方便凸模从凹模中退出，并顺利地从凸模上取下弯好的零件。

③ 顶件器弹簧 11，套装在弹顶凹模体的橡胶体 1 的中心套管中，互不干扰。

④ 厚实的模框 9 的内侧，制出与凹模外斜度吻合的斜面，可使其沿斜面顺畅上下而不偏斜。

⑤ 装在模框 9 表面的定位板，可限制活动凹模 5、8 不会冲出模框。

⑥ 限位柱 6，控制上模下行高度。

该模具的上料和卸料都由手工完成。由于无导向装置，模具的安装与调校应由模具专业调试人员调整完成。该模具虽然效率低，但弯曲工件质量好。

4.6.6 滚轴式弯曲模

图 4-33 (a) 所示零件，采用料厚 0.5mm 的高强度弹簧钢 65Mn 制成，该弯曲件形状较为复杂，呈半封闭状态。图 4-33 (b) 所示为设计的加工该零件的滚轴式弯曲模。

坯料的弯曲成形主要由工作零件凸模 12、凹模 6 完成，其中凹模 6 中有一圆孔，与滚轴 5 成转动配合。滚轴上有一拉簧 15 使之以顺时针方向拉紧。凹模前面固定一挡板 4，用以防止滚轴外出。

　　模具的工作原理为：工作时，毛坯以两定位板 14 定位，凸模 12 下行，将毛坯先压成 U 形，凸模继续下压，迫使滚轴作反时针转动，将制件弯成所需形状。凸模上行，与此同时滚轴在弹簧作用下迅速反转复位，凸模将制件带走，需用夹钳将弯件取出。

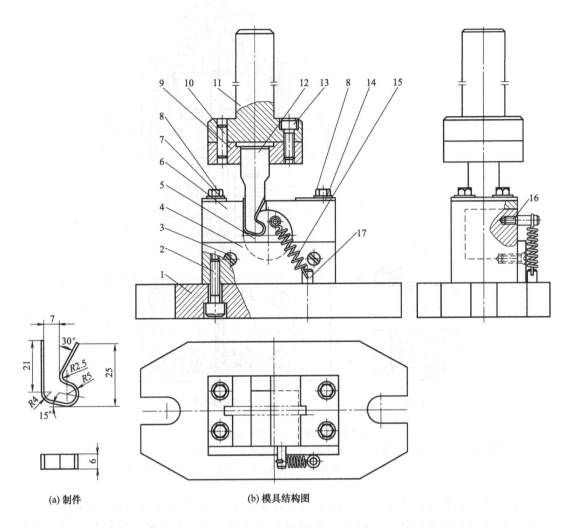

(a) 制件　　　　　　　　　　(b) 模具结构图

图 4-33　滚轴式弯曲模

1—下模座；2,3,8,13—螺钉；4—挡板；5—滚轴；6—凹模；7—垫圈；9—固定板；10—圆柱销；
11—上模座；12—凸模；14—定位板；15—拉簧；16,17—拉簧销

4.6.7　弯钩类零件斜楔式弯曲模

　　图 4-34 (b) 所示为设计的加工图 4-34 (a) 所示弯钩类零件的斜楔式弯曲模。弯曲加工的坯料由冲孔、落料复合模制成。模具工作时，利用坯料中部的圆孔及外形定位，弯曲时，在凸模 7 压力作用下，板料先在两个活动凹模 9 中弯成 U 形，凹模继续下降的同时，两边斜楔 6 接触活动凹模 9，径向分力把它向中心推，它下方的 45°倒角与凸模 7 上方的相应角度完成小钩的上口内弯。

4.6.8　圆锥式滑块弯曲模

　　图 4-35 (a) 所示多部位弯曲件采用 0.35mm 厚的锡磷青铜制成，图 4-35 (b) 所示为设

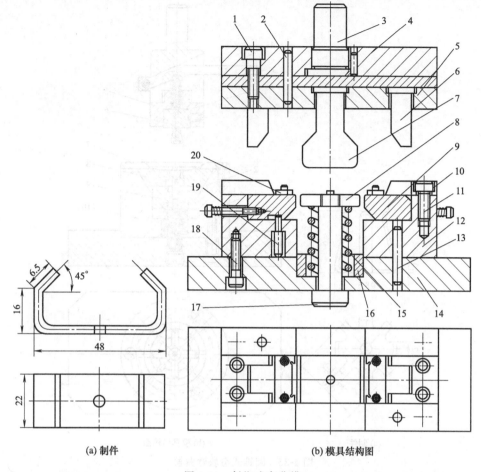

(a) 制件　　　　　(b) 模具结构图

图 4-34　斜楔式弯曲模

1,11,18—螺钉；2,13—圆柱销；3—模柄；4—上模板；5—上固定板；6—斜楔；
7—凸模；8—顶件板；9—活动凹模；10—盖板；12—支承板；14—下模板；
15—弹簧；16—弹簧管；17—顶杆；19—限位销；20—定位板

计的加工该零件的圆锥式滑块弯曲模。

该类模具主要用于弯制接触夹类小弯曲件。

模具工作时，毛坯用定位连接杆 2 和圆锥滑块 8 上的定位槽定位。上模下行时，凸模 6 和圆锥滑块 8 先将毛坯压成 U 形，然后固定套 5 压圆锥滑块 8 向下运动，并沿导向锥套 10 的锥面向中心收缩，使工件挤弯成形。上模回升后，工件留在凸模 6 上，向下压打料杠杆 4 使工件卸下。

4.6.9　滑轮弯曲模

图 4-36（a）所示弯曲件采用 0.5mm 厚的 Q235A 钢板制成，图 4-36（b）所示为设计的加工该零件的滑轮弯曲模。

模具工作时，先将毛坯件放在凹模 2 上，用活动定位销 7 定位。上模下行时，压板 3 将毛坯件压紧，上模继续下行，压板 3 压缩上模中的弹簧，滑轮 6 压毛坯料并沿凹模 2 的斜槽面运动，将工件弯曲成形。上模回升后，工件留在凹模 2 中，拉出手柄 9、推板 10，使活动定位销 7 下降，从纵向取出工件。

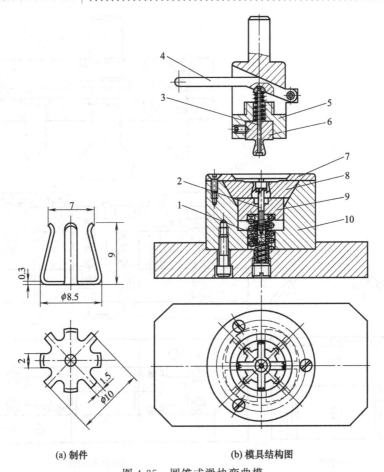

(a) 制件   (b) 模具结构图

图 4-35　圆锥式滑块弯曲模

1—顶杆；2—定位连接杆；3—打料杆；4—打料杠杆；5—固定套；6—凸模；
7—压板；8—圆锥滑块；9—顶板；10—导向锥套

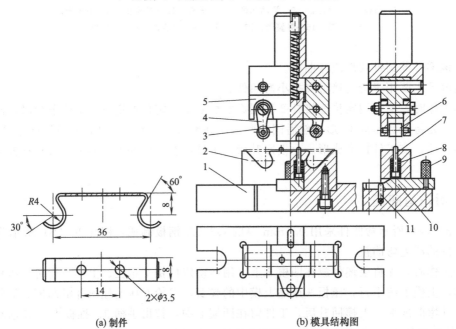

(a) 制件   (b) 模具结构图

图 4-36　滑轮弯曲模

1—底座；2—凹模；3—压板；4—连接片；5—凸模支架；6—滑轮；
7—活动定位销；8—弹簧；9—手柄；10—推板；11—限位钉

4.7 常见其他弯曲模的结构

4.7.1 扭弯模

图 4-37 (a) 所示弯曲件，采用 1mm 厚的 08 钢板制成，其两端需压弯成 U 形，中间部分扭曲成 90°，图 4-37 (b) 所示为设计的加工该零件的扭弯模。

模具工作时，坯件放在成形下模 3 上，由定位块 4、成形挡块 12 定位。上模下行时，凸模 11 与成形下模 3 将坯件两端压弯成 U 形，同时可调压杆 10 与成形下模 3 的上平面接触。上模继续下行，凸模 11、可调压杆 10 压住成形下模 3 向下运动，使坯件的中间部分沿着扭弯凸模兼滑块 13 上端斜面扭曲（使之旋转 90°），同时，成形下模 3 的下端斜面挤压扭弯凸模 13 的下斜面，促使件 13 向中心运动，将制件校正、整形，完成扭弯的最后成形。

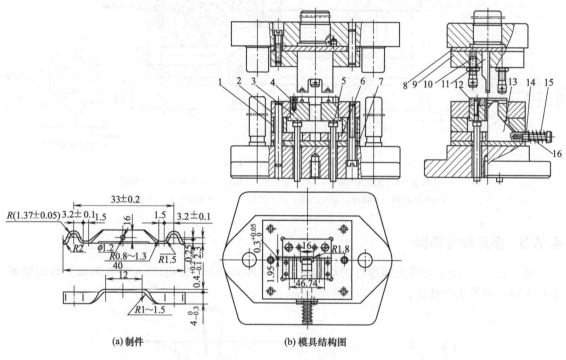

(a) 制件   (b) 模具结构图

图 4-37 扭弯模

1—衬板；2—围框；3—成形下模；4—定位块；5—顶杆；6—导板；7—下垫板；8—上垫板；9—固定板；
10—可调压杆；11—凸模；12—成形挡块；13—扭弯凸模兼滑块；14—挡板；15—螺杆；16—弹簧

4.7.2 圆管弯曲模

图 4-38 (a) 所示弯曲圆管，采用 $\phi58mm \times 2mm$ 的 Q235A 圆管弯成。对于圆管的弯曲，为防止管料的弯曲变形量过大而造成开裂，管料的弯曲圆角半径应大于管料的最小弯曲半径。最小弯曲半径与管料的材质、壁厚、加工工艺方法等多种因素有关。据资料介绍，当管子外径 $D=58mm$，壁厚 $t=2mm$，采用带芯棒的模具进行拉弯加工时，最小弯曲半径 $R_{min}=1.8D$。结合本制件尺寸，最小允许弯曲半径为 $R_{min}=1.8 \times 58=104.4$ （mm），而制件的 $R_{制}=71mm$，由于 $R_{制} < R_{min}$，不利于管子弯曲成形，管子弯曲有困难。必须采取必要措施和采用特殊模具结构才能完成本制件的加工。

图 4-38（b）所示为设计的加工该圆管弯曲的圆管弯曲模，图 4-38（c）所示为该圆管弯曲的夹紧状态。该管料的加工工艺及模具结构设计具有以下特点。

① 将制件成对称性压制，两个制件连在一起，一次弯曲成形。两个制件中间留有切割余量，压弯后再切断分开。

② 模具中零件 6、7、9、11、13 与管子接触处均采用半圆弧槽，可防止管子在弯曲过程中径向变形。

③ 采用滚轮 7 压弯成形，有利于减小摩擦，有利于管子拉伸弯曲。

④ 弯曲时，放入件 13、11 上的管坯，在压力机滑块下行的时候，由于件 4、6 的作用而被夹紧，接着滑块继续下行，管坯在件 11、7、9 的作用下被左右两个滚轮滚弯且略带拉伸弯曲成形，实践证明，效果很好。

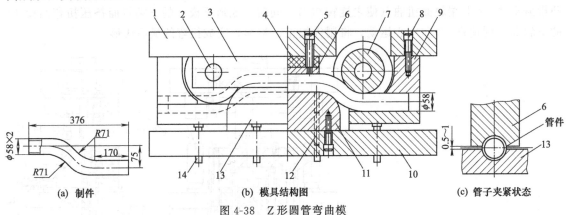

图 4-38　Z 形圆管弯曲模

1—上模座；2—轴；3—轴座；4—胶垫；5,8—螺钉；6—压件板；7—滚轮；
9—压块；10—下模座；11—凸模；12—销钉；13—气垫板；14—气垫杆

4.7.3　弧形件弯曲模

图 4-39（a）所示为零件弧形件的结构，采用料厚 0.8mm 的 Q235A 钢板制成，弯曲精度要求不高，中等生产批量。

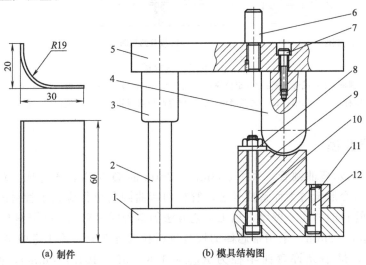

图 4-39　弧形件弯曲模

1—下模板；2—导柱；3—导套；4—上模；5—上模板；6—模柄；7,10,12—内
六角螺钉；8—定位板；9—下模；11—销钉

图 4-39（b）所示为设计的弯曲该件的弯曲模。该模具结构简单，主要用于对零件成形要求较低件的弯曲成形，弯曲时应注意制件的回弹变形。

4.7.4　一模两件对称弯曲模

图 4-40（a）所示为压线卡类弯曲件的结构，采用料厚 1.2mm 的 20 钢板制成，中等生产批量。

尽管该件弯曲精度要求不高，但若采用单件弯曲加工，则工件弯曲过程中，因受力不平衡易造成弯曲件的偏移，影响零件弯曲质量。图 4-40（b）所示为设计的弯曲该件的弯曲模。为使模具在弯曲过程中受力平衡，模具结构中采用了左右各放一件、两件同时弯曲的设计方式。

本结构适用于弯制各种大小尺寸的受力不易平衡的弯曲件。此外，对于该类弯曲件的弯曲成形，有时也可采用两个制件连在一起一次弯曲成形最后再剪开的方法进行加工。

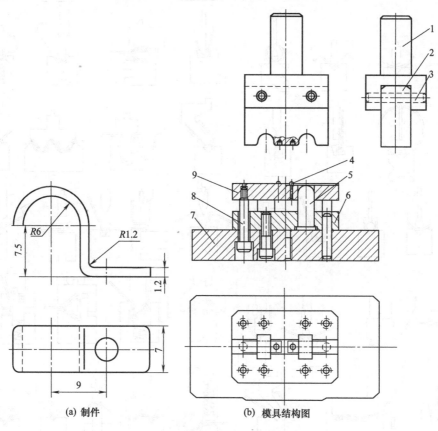

(a) 制件　　　　(b) 模具结构图

图 4-40　一模两件对称弯曲模

1—模柄；2—上模；3—销钉；4—定位钉；5—凸模；

6—凸模固定板；7—下模板；8—顶杆；9—顶板

4.7.5　弯曲机上的弯曲模

图 4-41 所示为在板料折弯压力机上使用的各种不同形式和形状的弯曲模，可压制各种弯曲件，适合于新品试制或中、小批量生产。

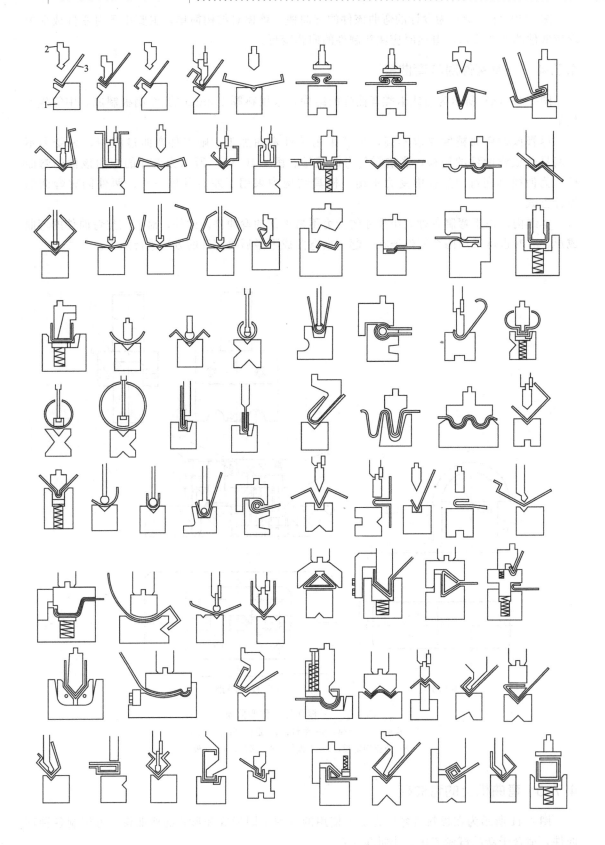

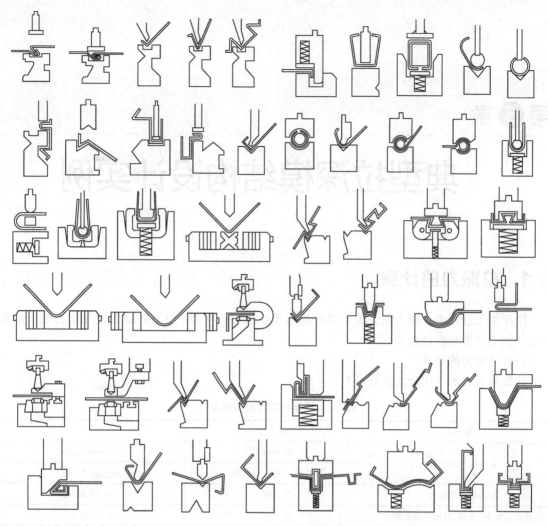

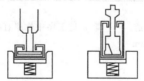

图 4-41 弯曲机上的弯曲模

1—下模；2—上模；3—制件

第 5 章

典型拉深模结构设计实例

5.1 拉深力的计算

拉深加工过程中，压力机主要承受拉深力及压边力的作用。计算拉深力及压边力的目的在于选择加工设备和设计模具。

(1) 拉深力的计算

计算拉深力的实用公式见表 5-1。

表 5-1　计算拉深力的实用公式

拉深形式	拉深工序	公式
无凸缘的筒形件	第一道	$F = \pi d_1 t \sigma_b k_1$
	第二道以及以后各道	$F = \pi d_n t \sigma_b k_2$
带凸缘的筒形件	各工序	$F = \pi d_1 t \sigma_b k_3$
横截面为矩形、方形、椭圆件等拉深件	各工序	$F = L t \sigma_b k$

式中　　　　　F——拉深力，N；

$d_1, d_2, \cdots, d_n$——筒形件的第 1 道、第 2 道、…、第 n 道工序中性层直径，按中性线（$d_1 = d - t$、$d_2 = d_1 - t$、…、$d_n = d_{n-1} - t$）计算，mm；

　　　　　　t——材料厚度，mm；

　　　　　　σ_b——强度极限，MPa；

k_1, k_2, k_3——系数，见表 5-2～表 5-4；

　　　　　　k——修正系数，取 0.5～0.8；

　　　　　　L——横截面周边长度，mm。

表 5-2　筒形件第一次拉深的系数 k_1（08～15 钢）

毛坯的相对厚度$(t/D) \times 100$	毛料的相对直径 D/t	第一次拉深系数 m_1									
		0.45	0.48	0.5	0.52	0.55	0.6	0.65	0.7	0.75	0.8
5	20	0.95	0.85	0.75	0.65	0.6	0.5	0.43	0.35	0.28	0.2
2	50	1.1	1.0	0.9	0.8	0.75	0.6	0.5	0.42	0.35	0.25
1.2	83		1.1	1	0.9	0.8	0.68	0.56	0.47	0.37	0.3
0.8	125			1.1	1	0.9	0.75	0.6	0.5	0.4	0.33
0.5	200				1.1	1	0.82	0.67	0.55	0.45	0.36
0.2	500					1.1	0.9	0.75	0.6	0.5	0.4
0.1	1000						1.1	0.9	0.75	0.6	0.5

注：在小圆角半径的情况下 $r = (4 \sim 8)t$，系数 k_1 取比表中大 5% 的数值。

表 5-3 筒形件第二次拉深的系数 k_2（08～15 钢）

毛料的相对厚度 $(t/D) \times 100$	第1次最大拉深的 相对厚度$(t/d_1) \times 100$	第二次拉深系数 m_2									
		0.7	0.72	0.75	0.78	0.8	0.82	0.85	0.88	0.9	0.92
5	11	0.85	0.7	0.6	0.5	0.42	0.32	0.28	0.2	0.15	0.12
2	4	1.1	0.9	0.75	0.6	0.52	0.42	0.32	0.25	0.2	0.14
1.2	2.5		1.1	0.9	0.75	0.62	0.52	0.42	0.3	0.25	0.16
0.8	1.5			1.0	0.82	0.7	0.57	0.46	0.35	0.27	0.18
0.5	0.9			1.1	0.9	0.76	0.63	0.5	0.4	0.3	0.2
0.2	0.3				1	0.85	0.7	0.56	0.44	0.33	0.23
0.1	0.15				1.1	1	0.82	0.68	0.55	0.4	0.3

注：在小圆角半径的情况下 $r=(4\sim8)t$，系数 k_2 取比表中大 5% 的数值。以后各次拉深（3、4、5次）的系数 k_2，对照查出其相应的 m_n 及 t/D 数值所对应的数值，无中间退火时系数取较大值，有中间退火时系数取较小值。如果第一次拉深小于极限许可值，即以大拉深系数 m_1 拉深，则在相同的 $(t/D) \times 100$ 情况下，相对厚度 $(t/d_1) \times 100$ 将小于表中所列值。

表 5-4 拉深带凸缘的筒形件的系数 k_3 的数值（08～15 钢）[用于 $(t/D) \times 100 = 0.6 \sim 2$]

比值 $d_凸/d$	第一次拉深系数 $m_1 = d_1/D$										
	0.35	0.38	0.4	0.42	0.45	0.5	0.55	0.6	0.65	0.7	0.75
3	1	0.9	0.83	0.75	0.68	0.56	0.45	0.37	0.3	0.23	0.18
2.8	1.1	1	0.9	0.83	0.75	0.62	0.5	0.42	0.34	0.26	0.2
2.5		1.1	1	0.9	0.82	0.7	0.56	0.46	0.37	0.3	0.22
2.2			1.1	1	0.9	0.77	0.64	0.52	0.42	0.33	0.25
2			1.1	1	0.85	0.7	0.58	0.47	0.37	0.28
1.8				1.1	0.95	0.8	0.65	0.53	0.43	0.33
1.5					1.1	0.9	0.75	0.62	0.5	0.4
1.3							1	0.85	0.7	0.56	0.45

注：上述系数也可以用于带凸缘的锥形及球形零件在无拉深筋模具上的拉深。在有拉深筋模具内拉深相同的零件时，系数需增大（10～20）%。

(2) 压边力的计算

1) 采用压边圈的条件

在拉深过程中，常采用压边圈来防止工件凸缘部分起皱。起皱主要决定于：

① 毛坯的相对厚度 $(t/D) \times 100$。相对厚度越小，毛坯抵抗失稳的能力越差，越容易起皱。

② 拉深系数 m。拉深系数越小，变形程度越大，越容易起皱。

③ 凹模工作部分的几何形状。平端面凹模与锥形凹模相比，用前者拉深时易起皱。

是否采用压边圈可按表 5-5 选取。

表 5-5 采用压边圈的范围

拉深方式	第一次拉深		以后各次拉深	
	$(t/D) \times 100$	m_1	$(t/d_{n-1}) \times 100$	m_n
用压边圈	<1.5	<0.6	<1	<0.8
可用	1.5～2	0.6	1～1.5	0.8
不用压边圈	≥2	>0.6	≥1.5	>0.8

也可以用下面公式估算，毛坯不用压边圈的条件是：

用锥性凹模时，首次拉深 $\dfrac{t}{D} \geqslant 0.03(1-m)$；以后各次拉深 $\dfrac{t}{D} \geqslant 0.03\dfrac{1-m}{m}$

用平端面凹模时，首次拉深 $\dfrac{t}{D} \geqslant 0.045(1-m)$；以后各次拉深 $\dfrac{t}{D} \geqslant 0.045\dfrac{1-m}{m}$

如果不符合上述条件时，则拉深中须采用压边装置。

2) 压边力的计算公式

压边力的大小必须合适，过小则不能防止起皱，过大则增加了拉深力，甚至引起拉裂。计算压边力 F_Y 的公式见表 5-6。

表 5-6　压边力的计算公式

拉深情况	公式
拉深任何形状的零件	$F_Y = Ap$
筒形件第一次拉深(用平板毛坯)	$F_Y = \dfrac{\pi}{4}[D^2 - (d_1 + 2r_凹)^2]p$
筒形件以后各次拉深(用筒形毛坯)	$F_Y = \dfrac{\pi}{4}[d_{n-1}^2 - (d_n + 2r_凹)^2]p$

式中　　A——在压边圈下的坯料投影面积，mm^2；

　　　　p——单位压边力，MPa，见表 5-7；

　　$d_1, \cdots, d_n$——第 1 次，$\cdots$，等 n 次的拉深凹模直径，mm；

　　　　$r_凹$——凹模圆角半径，mm；

　　　　D——平毛坯直径，mm。

表 5-7　单位压边力 P　　　　　　　　　　　　　MPa

材料	P	材料	p
软钢($t < 0.5mm$)	2.5～3.0	铝	0.8～1.2
软钢($t > 0.5mm$)	2.0～2.5	20钢、08钢	2.5～3.0
黄铜	1.5～2.0	高合金钢、高锰钢、不锈钢	3.0～4.0
紫铜、杜拉铝(退火)	1.0～1.5	耐热钢(软化状态)	2.8～3.5

压边力计算公式中的单位压边力 p 除可由表 5-7 查出外，也可采用以下经验公式计算：

$$p = 48(z - 1.1)\frac{D}{t}\sigma_b \times 10^{-5}$$

式中　　z——各工序拉深系数的倒数；

　　　　σ_b——毛坯材料的抗拉强度，MPa；

　　　　t——坯料厚度，mm；

　　　　D——毛坯直径，mm。

5.2　拉深设备的选用

用于拉深加工的设备主要有：开式压力机、闭式压力机及冲压液压机等。

拉深加工中，尽管压力机主要受到拉深力 F 及压边力 F_Y，但选择机械压力机时，却不能简单地将两者相加，这是因为压力机的公称压力是指在接近下死点时的压力，所以要注意压力机的压力曲线，如图 5-1 所示。如果不注意压力曲线，就很可能由于过早地出现最大冲压力而使压力机超载而损坏。

这一点，在拉深的行程很大，特别是采用落料-拉深复合模加工时，应特别注意。

(1) 压力机的选用要求

为选用方便，一般可按下式作概略估算。

浅拉深时：

$$F_压 \geqslant (1.25 \sim 1.4)(F + F_Y)$$

深拉深时：

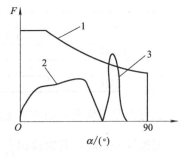

图 5-1　冲压力与压力机的压力曲线
1—压力机的压力曲线；2—拉深力曲线；3—落料力曲线

$$F_压 \geqslant (1.7 \sim 2)(F + F_Y)$$

式中　$F_压$——压力机的公称压力，N；

　　　F——拉深力，N；

　　　F_Y——压边力，N。

(2) 拉深功的计算

由于拉深工作行程较长，消耗功较多，因此对拉深工作还需验算压力机的电动机功率，但拉深力并不是常数，而是随凸模的工作行程改变的，如图5-2所示。为了计算实际的拉深功（即曲线下的面积），不能用最大拉深力 F_{max}，而应该用其平均值 $F_平均$。拉深功 W 的计算按下式进行。

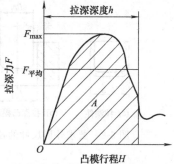

图 5-2　拉深力-凸模行程图

$$W = F_平均 h \times 10^{-3} = c F_{max} h \times 10^{-3}$$

式中　W——拉深功，J；

　　$F_平均$——平均拉深力，N；

　　F_{max}——最大拉深力，N；

　　　h——拉深深度，mm；

　　　c——系数，查表5-8。

表 5-8　系数 c 与拉深系数的关系

拉深系数 m	0.55	0.60	0.65	0.70	0.75	0.80
系数 c	0.8	0.77	0.74	0.70	0.67	0.64

拉深功率 P 按下式计算：

$$P = \frac{Wn}{60 \times 750 \times 1.36}$$

压力机的电动机所需功率 $P_电$ 按下式计算：

$$P_电 = \frac{kWn}{60 \times 750 \times 1.36 \times \eta_1 \times \eta_2}$$

式中　P——拉深功率，kW；

　　$P_电$——压力机的电动机功率，kW；

　　　k——不平衡系数，$k = 1.2 \sim 1.4$；

　　　W——拉深功，J；

　　　η_1——压力机效率，$\eta_1 = 0.6 \sim 0.8$；

　　　η_2——电动机效率，$\eta_2 = 0.9 \sim 0.95$；

　　　n——压力机每分钟的行程次数。

5.3　拉深凸、凹模尺寸计算

(1) 工作部分尺寸的确定

确定拉深凸、凹模工作部分尺寸，应考虑模具的磨损和拉深件的弹复，其尺寸公差只在最后一道工序考虑，对于最后一道工序的拉深模，其凸模和凹模尺寸及其公差应按工件的要求确定。

当工件要求外形尺寸（图5-3）时，以凹模尺寸为基准进行计算，即：

凹模尺寸：

$$L_凹 = (L_{max} - 0.75\Delta)^{+\delta_凹}_0$$

凸模尺寸：

$$L_凸 = (L_{\max} - 0.75\Delta - z)_{0}^{-\delta_凸}$$

当工件要求内形尺寸（图 5-4）时，以凸模尺寸为基准进行计算，即：

凸模尺寸：

$$l_凸 = (l_{\min} + 0.4\Delta)_{-\delta_凸}^{0}$$

凹模尺寸：

$$l_凹 = (l_{\min} + 0.4\Delta + Z)_{0}^{+\delta_凹}$$

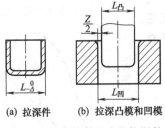

图 5-3　要求外形尺寸的拉深件

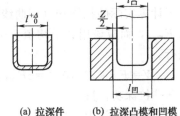

图 5-4　要求内形尺寸的拉深件

中间过渡工序的半成品尺寸，由于没有严格限制的必要，模具尺寸（$D_凸$、$D_凹$）只要等于毛坯过渡尺寸即可。若以凹模为基准时，则：

凹模尺寸：

$$D_凹 = D_{0}^{+\delta_凹}$$

凸模尺寸：

$$D_凸 = (D - Z)_{-\delta_凸}^{0}$$

式中　$L_凹$，$L_凸$，$l_凹$，$l_凸$——凹模和凸模尺寸，mm；

　　　　　D——工件外形基本尺寸，mm；

　　$L_{\max}$，$l_{\min}$——工件最大、最小极限尺寸，mm；

　　　　　Δ——工件的公差，mm；

　　　　　Z——凸、凹模双边间隙，mm；

　　$\delta_凸$，$\delta_凹$——凸、凹模的制造公差，若工件的公差为 IT13 级以上，凸、凹模的制造公差为 IT6～IT8 级；若工件的公差为 IT14 级以下，凸、凹模的制造公差为 IT10 级。

$\delta_凸$、$\delta_凹$ 也可按表 5-9 选取。

表 5-9　圆筒形件拉深凸模和凹模制造公差　　　　　　　　　　mm

材料厚度	拉深件公称直径							
	≤10		>10～50		>50～200		>200～500	
	$\delta_凹$	$\delta_凸$	$\delta_凹$	$\delta_凸$	$\delta_凹$	$\delta_凸$	$\delta_凹$	$\delta_凸$
0.25	0.015	0.01	0.02	0.01	0.03	0.015	0.03	0.015
0.35	0.02	0.01	0.03	0.02	0.04	0.02	0.04	0.025
0.50	0.03	0.015	0.04	0.03	0.05	0.03	0.05	0.035
0.80	0.04	0.025	0.06	0.035	0.06	0.04	0.06	0.04
1.00	0.045	0.03	0.07	0.04	0.08	0.05	0.08	0.06
1.20	0.055	0.04	0.08	0.05	0.09	0.06	0.10	0.07
1.50	0.065	0.05	0.09	0.06	0.10	0.07	0.12	0.08
2.00	0.080	0.055	0.11	0.07	0.12	0.08	0.14	0.09
2.50	0.095	0.06	0.13	0.085	0.15	0.10	0.17	0.12
3.00	—	—	0.15	0.10	0.18	0.12	0.20	0.14

注：1. 表列数值用于未精压的薄钢板。

2. 如用于精压钢板，则取表中数值的 25%。

3. 如用于有色金属，则取表中数值的 50%。

(2) 拉深模的间隙

拉深模单面间隙 $Z/2$ 等于凹模孔径 $D_凹$ 与凸模直径 $D_凸$ 直径之差的一半，即 $Z/2=0.5(D_凹-D_凸)$，是拉深模设计中的重要参数之一，间隙过小增加摩擦力，拉深件容易破裂，且易擦伤表面和降低模具寿命；间隙过大，拉深件又易起皱，且影响零件精度。因此，应根据拉深时是否采用压边圈和工件的尺寸精度合理确定。

① 不用压边圈时，考虑起皱可能性，其间隙取：

$$Z=(1\sim1.1)t_{max}$$

式中　Z——单边间隙，末次拉深或精密拉深取小值，中间拉深取大值，mm；

t_{max}——材料厚度的最大极限尺寸，mm。

② 用压边圈时，间隙值按表 5-10 选取。

表 5-10　有压边圈拉深时单边间隙值 Z mm

拉深工序	拉深件精度等级	
	IT11、IT12	IT13~IT16
第一次拉深	$Z=t_{max}+a$	$Z=t_{max}+(1.5\sim2)a$
中间拉深	$Z=t_{max}+2a$	$Z=t_{max}+(2.5\sim3)a$
最后拉深	$Z=t$	$Z=t+2a$

注：较厚材料取括号中的小值，较薄材料 $[(t/D)\times100=1\sim0.3]$ 取括号中的大值。

式中　Z——凸凹模的单向间隙，mm；

t_{max}——材料厚度最大极限尺寸，mm；

t——材料公称厚度，mm；

a——增大值，mm，见表 5-11。

表 5-11　增大值 a mm

材料厚度	0.2	0.5	0.8	1	1.2	1.5	1.8	2	2.5	3	4	5
增大值 a	0.05	0.1	0.12	0.15	0.17	0.19	0.21	0.22	0.25	0.3	0.35	0.4

在拉深矩形件时，拉深模间隙在矩形件的角部应取比直边部分间隙大 $0.1t$ 的数值，这是由于材料在角落部分会大大变厚的缘故。

当矩形件公差等级达到 IT11~IT13 时，则最后一次拉深工序的单面间隙 Z 按 $(0.95\sim1.05)t$ 取值（黑色金属取 1.05，有色金属取 0.95）；当矩形件公差等级要求不高时，单面间隙 Z 按 $(1.1\sim1.3)t$ 取值，并且考虑到角部金属的变形量最大，在确定最后一次的拉深间隙时，应将角部间隙比直边部

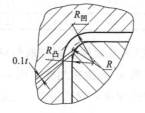
(a) 拉深件要求外形尺寸

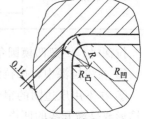
(b) 拉深件要求内形尺寸

图 5-5　矩形件圆角间隙的取法

分的间隙增大 $0.1t$。如果工件要求内径尺寸，则此增大值由修正凹模得到；如果工件要求外径尺寸，则此增大值由修正凸模得到，参见图 5-5。

在拉深锥形件时，锥形模具的间隙选取不宜太大，否则材料厚度增厚，容易起皱；但也不宜选取太小，否则毛坯零件容易拉裂，一般间隙取 $Z=(1\sim1.1)t$，对黑色金属材料一般间隙取 $Z=1.1t$；对有色金属一般间隙取 $Z=1.05t$。

在有硬性压边圈的双动压力机上工作时，对一定厚度的材料规定最小的间隙，既不将毛料压死不动，又不允许发生皱纹，其增大值 a 可按下式决定：$a\approx0.15t$，t 为材料厚度。

生产中，对精度要求较高的拉深零件，也常采用负间隙，即拉深间隙取 $(0.9\sim0.95)t$。

(3) 圆角半径的确定

拉深模工作零件圆角半径的确定主要包括：拉深凹模圆角半径的确定及拉深凸模圆角半径

的确定两部分内容。

1) 拉深凹模圆角半径的确定

拉深凹模的圆角半径对拉深过程有很大的影响。一般说来，凹模圆角半径尽可能大些，大的圆角半径可以降低极限拉深系数，而且还可以提高拉深件质量，但凹模圆角半径太大，会削弱压边圈的作用，且可能引起起皱现象。一般首次拉深的凹模圆角半径 $r_凹$ 可以按经验公式确定：

$$r_凹 = 0.8\sqrt{(D-d)t}$$

式中　D——坯料直径，mm；

　　　d——拉深凹模工作部分直径，mm；

　　　t——材料厚度，mm。

以后各次拉深的凹模圆角半径 $r_{凹n}$ 可逐渐缩小，一般可取 $r_{凹n} = (0.6 \sim 0.8)r_{凹n-1}$，但不应小于 $2t$。

当选取正常拉深系数时，带压边圈的首次拉深的凹模圆角半径 $r_凹$ 按表 5-12 选取。

表 5-12　带压边圈的首次拉深凹模圆角半径 $r_凹$

拉深方式	毛料相对厚度$(t/D)\times100$		
	$2\sim1$	$1\sim0.3$	$0.3\sim0.1$
无凸缘	$(6\sim8)t$	$(8\sim10)t$	$(10\sim15)t$
带凸缘	$(10\sim15)t$	$(15\sim20)t$	$(20\sim30)t$
有拉深筋	$(4\sim6)t$	$(6\sim8)t$	$(8\sim10)t$

当选取正常拉深系数时，无压边圈的首次拉深的凹模圆角半径 $r_凹$ 按表 5-13 选取。

表 5-13　无压边圈的首次拉深凹模半径 $r_凹$　　　　　　　　　mm

材料	厚度 t	$r_凹$	
		第一次拉深	以后的拉深
钢、黄铜、紫铜、铝	$4\sim6$	$(3\sim4)t$	$(2\sim3)t$
	$6\sim10$	$(1.8\sim2.5)t$	$(1.5\sim2.5)t$
	$10\sim15$	$(1.6\sim1.8)t$	$(1.2\sim1.5)t$
	$15\sim20$	$(1.3\sim1.5)t$	$(1\sim1.2)t$

拉深时，一般凹模圆角半径的选取按上表查取便可，但选取需注意以下几点：

① 在浅拉深中，如拉深系数 m 的值相当大，则 $r_凹$ 应取较小的数值。

② 在不用压边圈的很浅的拉深中，对大件其 $r_凹$ 应取介于 $(2\sim4)t$ 之间的数值，对小件用呈锥形或呈渐开线的凹模。

③ 当在一道工序内拉深出带凸缘的零件时，凹模的 $r_凹$ 即等于图纸上的凸缘处的半径尺寸。

④ 在后续的各次拉深中，$r_凹$ 逐渐减小，后一工序的 $r_凹$ 宜取前一工序数值的 0.6～0.8 倍，在最初几次工序中，其减小量可大些。

⑤ 对于矩形件的拉深，考虑到角部的变形量较大，为便于金属流动，角部的拉深凹模圆角半径可略大于直边部分的半径。

2) 凸模圆角半径 $r_凸$ 的确定

凸模圆角半径 $r_凸$ 对拉深的影响不像凹模圆角半径 $r_凹$ 那样显著，但过小的 $r_凸$ 会降低筒壁传力区危险断面的有效抗拉强度，使危险断面处严重变薄；若过大，则会使在拉深初始阶段不与模具表面接触的毛坯宽度加大，因而这部分毛坯容易起皱。凸模圆角半径 $r_凸$ 的选取一般按如下原则：

① 第一次拉深，若 $\dfrac{t}{D}\times100>0.6$，则取 $r_凸 = r_凹$。

② 若 $\frac{t}{D}\times100=(0.3\sim0.6)$，则取 $r_{凸}=1.5r_{凹}$。

③ 若 $\frac{t}{D}\times100<0.3$，则取 $r_{凸}=2r_{凹}$。

④ 中间各次压延，可取 $r_{凸}=\dfrac{d_{n-1}-d_n-2t}{2}$，也可取和凹模圆角半径 $r_{凹}$ 相等或略小一些的数值，即取 $r_{凸}=(0.7\sim1.0)r_{凹}$。在最后一次拉深中，应取 $r_{凸}$ 为等于零件半径的数值。

⑤ 对于矩形件，为便于最后一道工序的成形，在过渡工序中，凸模底部具有与零件相似的矩形，然后用45°斜角向壁部过渡。凸、凹模圆角半径应采用小的允许值。

⑥ 对多次拉深的深锥形件的凸模圆角半径 $r_{凸}$ 应取大于或等于 $8t$，而在倒数第二道工序的圆角半径应等于工件相应的圆角半径。

5.4 常见拉深模的结构

5.4.1 敞开式拉深模

对于旋转体拉深件，尤其是圆筒形拉深件，需要多次拉深成形和不用压边圈能一次拉深成形的拉深件，采用结构简单的无导向敞开式拉深模较多。此外，高圆筒拉深件的首次拉深、变薄拉深件的杯形坯件等也可采用此类模具结构。

图5-6（a）所示为常见的一种圆筒拉深件，采用料厚1.2mm的08Al钢板制成，其精度要求不高，中等生产批量。

图5-6（b）所示为设计的加工该圆筒拉深件的无导向敞开式不用压边圈首次拉深的拉深模结构。

该类拉深模具有使用广泛、制造简便、成本低等特点，只有凸模7和凹模2的工件表面粗糙度 Ra 要求较小，一般 $Ra<0.1\mu m$，制模时必须经过研磨抛光。

这种拉深模缺点是安装调校要求高，因为无导向装置，其拉深间隙的控制全凭调整工的肉眼和技术，从试模到冲出合格品，往往要反复多次，浪费材料。

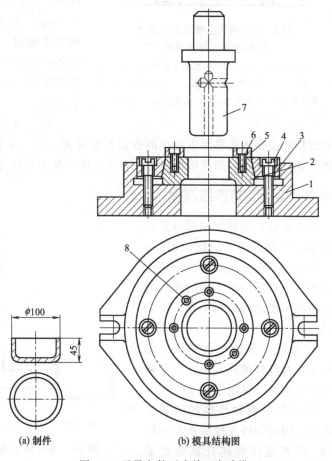

(a) 制件   (b) 模具结构图

图5-6 无导向敞开式单工序冲模

1—通用模座；2—模芯凹模；3—压圈；4,6—螺钉；

5—定位板；7—凸模；8—圆柱销

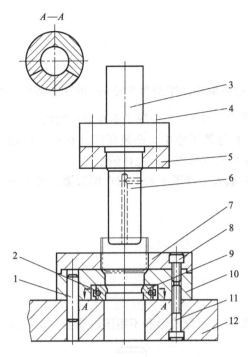

图 5-7　不用压边圈首次后各次
拉深用单工序拉深模

1—圆柱销；2—弹簧；3—带模柄上模座；4,11—内
六角螺钉；5—固定板；6—凸模；7—定位板；8—内
六角螺钉；9—卸料环；10—凹模；12—下模座

5.4.2　不用压边圈首次后各次拉深模

不用压边圈拉深的拉深件，各次拉深系数都较大，拉深变形量都限定在一定范围内，其拉深模结构都比较简单。图 5-7 所示为不用压边圈首次后各次单工序拉深模，从第二次后到末次拉深前各次，其基本结构都一样，但各次拉深模的细部有如下差别：

① 多次拉深成形的圆筒形拉深件，是靠逐次缩小直径增加高度的，故其拉深凸模与凹模直径即图中件 6 和件 10 的工作部分直径各次拉深都不同，且依次缩小。

② 拉深间隙 C 不同，一般为 $C=(1\sim1.1)t$，末次拉深 $C=t$，越接近末次拉深，C 值应越接近 t。

③ 拉深凹模 10 的圆角半径 $r_凹$ 可按以下公式计算，$r_凹=0.8\sqrt{(d_{n-1}-d_n)t}$，$r_凸=(0.6\sim0.1)r_凹$，但末次拉深模的圆角半径则必须按零件要求确定。因为第 n 次拉深的工件直径 d_n 和 n 次拉深前一次的工件直径 d_{n-1} 都是工艺事先计算敲定值，故在拉深模设计时按上述两式计算十分方便。

除上述三点差别之外，其共同点是，拉深凸模和凹模的工作表面都要求很小的表面粗糙度 Ra 值，通常 $Ra<0.1\mu m$。故制模时都要进行研磨、抛光。此外，卸件机构也各不相同，图中所示卸件方法适用于直径不大的零件。

5.4.3　用模架首次拉深模

图 5-8（a）为首次拉深后需再次拉深的拉深件的结构图。图 5-8（b）所示为不用压边圈首次后各次拉深用拉深模通用的典型结构。所有这类拉深模结构大同小异，主要不同点是：

① 卸件部分的机构不同。此图所示为弹性伸缩式刮板，贴紧凸模卸下拉深件，见图中件 2。

② 拉深凹模和凸模的圆角半径不同，因拉深件及拉深次序不同而异，但都是用相同计算公式求得，即 $r_凹=0.8\sqrt{(d_{n-1}-d_n)t}$，$r_凸=(0.6\sim0.1)r_凹$。末次拉深则

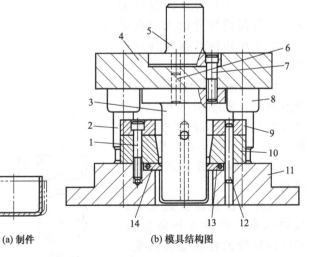

坯件

(a) 制件　　　　　(b) 模具结构图

图 5-8　不用压边圈首次后各次拉深用单工序拉深模

1—空心垫板；2—卸件器；3,5,12—内六角螺钉；4—带
模柄上模座；6—固定板；7—凸模；8—定位板；
9—凹模；10—圆柱销；11—弹簧；13—下模座；14—卸料环

必须按拉深零件要求，确定 $r_凹$ 与 $r_凸$ 值。

③ 各次拉深模的拉深间隙不同。一般为 $C=(1.0\sim1.1)t$，接近末次拉深，其拉深间隙 $C=t$，一般都大于料厚 t。

④ 不变薄拉深圆筒形件凡多次拉深成形的，都是靠缩径增高的，第 n 次拉深用第 $(n-1)$ 次拉深坯，其拉深直径变小，拉深凸模圆角半径 $r_凸$ 与拉深凹模圆角半径 $r_凹$ 都跟着变小，至末次达到成品尺寸要求，故同一拉深件各次拉深模都有变化。

⑤ 拉深模工作零件即拉深凸模和拉深凹模材料会因拉深件的材料种类、料厚 t 以及拉深件尺寸的不同，生产批量大小而有所变化。对于一般 08F、10 钢圆筒形拉深件，当成批生产时，可选用 T10A；$t\geqslant2mm$ 时可选用 Cr12；如果大量生产则可用 Cr12MoV。其工作硬度为：凸模 58～62HRC，凹模 60～64HRC。只有常年大量生产时，才选用 YC10 或 YC15 硬质合金。

5.4.4 敞开式有压边拉深模

图 5-9（b）所示为设计的加工图 5-9（a）所示圆筒拉深件的敞开式带压边圈的正向首次拉深模。

模具工作时，毛坯放在定位板 3 中定位。上模下行，毛坯被压边圈 4 压紧，同时被凸模 5 向下拉深成形，从而可避免拉深起皱缺陷。

拉深后的制件从凹模 2 下面的出件口被卡住落下。

由于弹性元件（弹簧或橡皮）的压缩大小与弹性元件自由长度有关，弹性元件自由长度不能太长，太长了凸模也随之增长。因此，该结构只适用于拉深高度较小的拉深件。

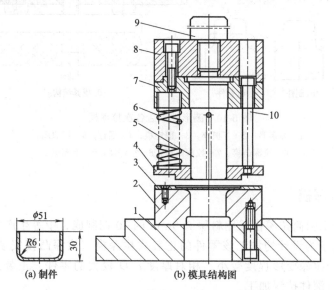

(a) 制件　**(b) 模具结构图**

图 5-9　带压边圈的正向首次拉深模

1—下模座；2—凹模；3—定位板；4—压边圈；5—凸模；6—弹簧；
7—凸模固定板；8—上模座；9—模柄；10—卸料螺钉

5.4.5 有压边圈以后各次拉深模

图 5-10（d）为圆形件有压边圈以后各次拉深模的模具的结构图。该结构拉深后的制件可以是直筒形、阶梯形、带凸缘形，如图 5-10（a）～（c）所示，此外，也适用于矩形件等不同形状件的拉深。

该模具具有以下方面的特点：压边圈 5 兼有定位作用。压边力由弹顶器 1 得到。工作时，将前次拉深后的坯件套在压边圈 5 上定位，然后上模下行，坯件在凸模 6、压边圈 5 和凹模 7 的共同作用下拉深成形。上模回升时，制件由推件器 8 推出。下模的凸模与凸模固定板固定后用螺钉、销钉固定到下模座上。

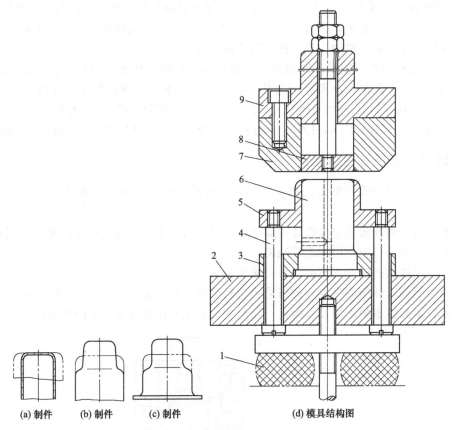

(a) 制件   **(b) 制件**   **(c) 制件**   **(d) 模具结构图**

图 5-10   圆形件以后各次拉深模

1—弹顶器；2—下模座；3—固定板；4—螺钉；5—压边圈；
6—拉深凸模；7—拉深凹模；8—推件器；9—上模座

5.4.6   正装式拉深模

图 5-11（a）所示圆筒拉深件采用料厚 2.5mm 的 10 钢制成，中等生产批量。

图 5-11（b）所示为设计的加工该零件的正装式拉深模（拉深凸模安装在上模），该模具未采用压边圈，用于拉深变形程度较小、相对厚度 t/D 较大的零件。正装式拉深模主要适用于拉深高度不大的拉深件拉深加工。

模具具有以下特点：凹模 2 采用硬质合金制作，压套在凹模套圈 6 中，并用锥形压套 1 固定在下模座 8 中。装模定位圈 3（图中用双点画线表示）用于装模时保证上下模间隙均匀，冲压前拿走。

拉深后，工件口部弹性回复而张开，凸模上行，工件被凹模下端面刮落。

5.4.7   倒装式拉深模

图 5-12（a）、（b）分别为带凸缘筒形拉深件首次拉深和首次以后的倒装式（拉深凸模安装在下模）拉深模的结构图。由于零件结构及拉深加工的需要，带凸缘拉深件的模具一般都可利用压力机上的气缸进行压边，既保证了拉深变形的需要，同时又保证了零件凸缘的平整性，

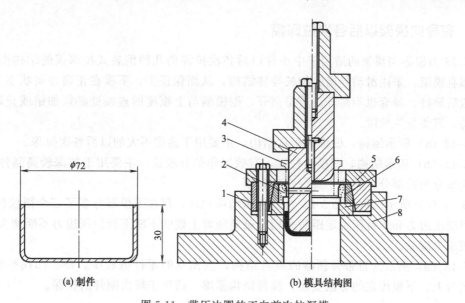

(a) 制件　　　　(b) 模具结构图

图 5-11　带压边圈的正向首次拉深模

1—锥形压套；2—凹模；3—装模定位圈；4—凸模；5—定位板；6—凹模套圈；7—垫板；8—下模座

使零件凸缘在工作终位能得到校平。

图 5-12（a）所示结构用于首次拉深，模具工作时，将落料好的坯料置于压边圈 14 的可伸缩式挡料销 3 边定位，随着上模的下行，由凸模 5 及凹模 13、压边圈 14 共同作用将坯料拉深出来；图 5-12（b）所示结构用于以后各次拉深，模具工作时，将第一次拉深好的坯料套入定位套 2，随着上模的下行，由凸模 1 及凹模 10、定位套 2 共同作用将半成品拉深成零件，上模上行时，拉深完的零件被定位套 2、卸件器 9 通过各自的顶杆和打棒推出模具型腔。

为避免凸、凹模间的密闭空气形成的真空影响到拉深件的质量，在其拉深凸模均须设置排气孔。

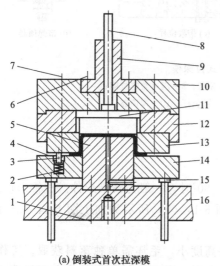

(a) 倒装式首次拉深模

1,6,7—螺钉；2—弹簧；3—可伸缩式挡料销；
4—螺塞；5—凸模；8—打料杆；9—模柄；10—上
模座；11—卸件器；12—空心垫环；13—凹模；
14—压边圈；15—顶杆；16—下模座

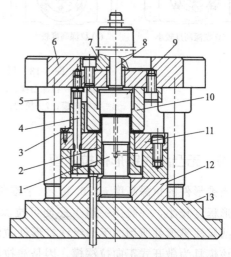

(b) 倒装式以后各次拉深模

1—凸模；2—定位套；3—定距套；4—顶杆；
5—导套；6—上模座；7—模柄；8—打棒；
9—卸件器；10—凹模；11—压平圈；
12—凸模固定板；13—下模座

图 5-12　倒装式拉深模

5.4.8 有导向模架以后各次拉深模

图 5-13 为带导向模架的适用于中小件以后各次拉深的几种倒装式拉深模的结构图。这几副模具都有模架，采用滑动导向、加长导柱结构，从而保证上、下模在正确导向状态下工作，模具开启后导柱、导套也不离开。若是离开，则模柄与上模座的连接处必须加销或止动螺钉，以防转动，避免发生危险。

图 5-13 (a) 所示结构，凹模为板状结构，主要用于高度不大的以后各次拉深。

图 5-13 (b) 所示结构，凹模为柱形，有效工作部分较长，主要用于拉深较高制件。把凹模和固定板分为两部分，有利于资源合理利用。

图 5-13 (c) 所示结构与图 5-13 (a) 所示结构比较，仅在下模部分多了三个限位杆 9。主要为了控制压边力和保持压边定距时采用，避免随着上模的不断下行使压边力不断增大，而使制件拉破成为废品。

图 5-13 (d) 所示为自带弹顶器的模具结构，该模具的零件数较少，凸、凹模外形较大，采取直接与上、下模固定的方法安装，模具结构紧凑，适用于较大制件的拉深。

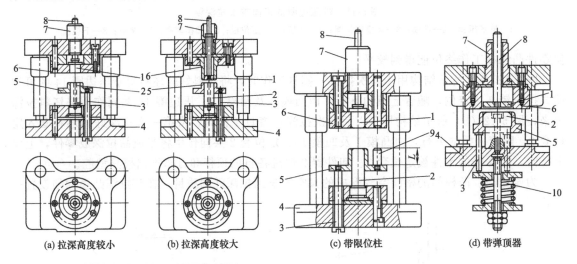

(a) 拉深高度较小　　(b) 拉深高度较大　　(c) 带限位柱　　(d) 带弹顶器

图 5-13　以后各次倒装式拉深模

1—推件器；2—拉深凸模；3—顶杆；4—模架；5—压边兼定位圈；
6—拉深凹模；7—模柄；8—打杆；9—限位杆；10—弹顶器

5.4.9 无凸缘浅锥形件拉深模

当锥形件的拉深高度 $h \leqslant 0.3d_2$，半锥角 $\alpha = 50° \sim 80°$ 时，一般为浅锥形件。浅锥形件的坯料变形程度较小，一般用一道工序便可拉深成形。图 5-14 (b) 所示为加工图 5-14 (a) 所示的无凸缘浅锥形件所用的无凸缘浅锥形件拉深模。

该模具为敞开式正向拉深模。因是浅拉深，制件高度小，毛坯需单独落料获取。工作时，毛坯由定位环 5 定位，顶料板 3 与凸模镶环 6 将毛坯压紧，随后坯料在压紧状态下拉深成形。制件的锥形面靠成形效果较好的锥形凸模与锥形凹模压合而成。凸模采用镶嵌结构。凹模上口直径略小于毛坯直径，可使坯料一开始就被折弯进入凹模，弱化了拉深起皱倾向。

模具闭合时，上、下模之间呈压死状态，使制件得到整形，有利于提高锥形件质量，如图 5-14 (c) 所示。

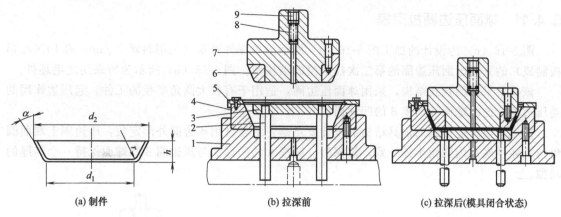

(a) 制件   (b) 拉深前   (c) 拉深后(模具闭合状态)

图 5-14 无凸缘浅锥形件拉深模

1—凹模固定板；2—顶杆；3—顶料板；4—凹模；5—定位环；6—凸模镶环；7—推料杆；8—弹簧；9—螺塞

5.4.10 锥形压边圈拉深模

图 5-15 (b) 为设计的加工图 5-15 (a) 所示的拉深高度较大的圆筒拉深件（采用料厚 1mm 的 08 钢制成）的采用锥形压边圈压边的拉深模的结构图。

该模具采用锥形压边圈拉深，使毛坯变形区具有更强的抗失稳能力，减小了起皱的趋向，改善了拉深变形条件，可采用较小的拉深系数。锥形压边圈的锥角一般取 10°~16°。

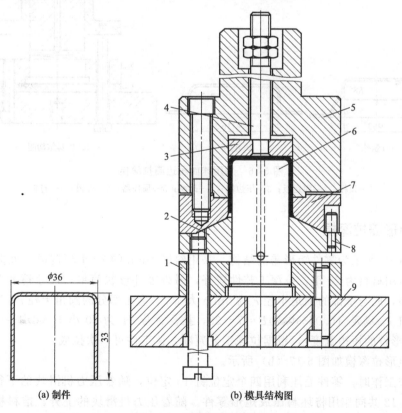

(a) 制件   (b) 模具结构图

图 5-15 锥形压边拉深模

1—固定板；2—压边圈；3—推件块；4—打杆；5—上模体；
6—凸模；7—凹模；8—挡料销；9—下模板

5.4.11　球面压边圈拉深模

图 5-16（c）为设计的加工图 5-16（a）所示的拉深件外罩（采用料厚 0.5mm 的 1070A 铝板制成）的采用球面压边圈的第二次拉深模的结构图。图 5-16（b）所示为所采用的毛坯件。

该模具采用倒装式结构，采用球面压边圈，适用于有较大圆角半径的工件，起压边作用的是压边圈 3 的凸球面和凹模 6 的凹球面。

采用该类压边形式的模具结构的设计要点是：毛坯件用压边圈外形定位，压边圈上端面圆角与毛坯件底部内圆角半径一致，拉深时，凹模 6 的凹球面与压边圈 3 凸球面保持一个料厚的间隙。

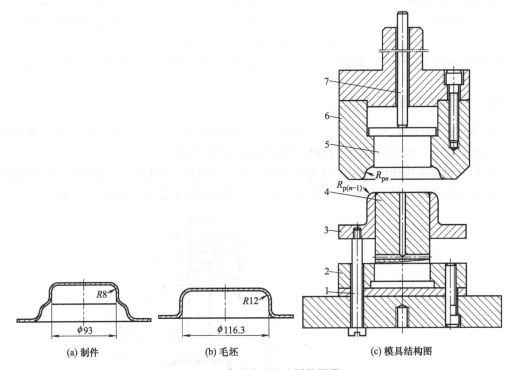

(a) 制件　　　　　(b) 毛坯　　　　　(c) 模具结构图

图 5-16　采用球面压边圈拉深模

1—顶杆；2—固定板；3—压边圈；4—凸模；5—顶件器；6—凹模；7—打杆

5.4.12　矩形盖拉深模

图 5-17（a）所示为零件矩形盖的结构，采用料厚 1mm 的 20 钢板制成，大批量生产。

该零件所用材料为 20 钢，拉深工艺性较好，另外零件形状简单，尺寸精度及冲裁断面质量要求均不高，底与壁部的圆角半径 r 为 5mm 大于 t，盒角部分的圆角半径 $r_角$ 为 15mm 大于 $3t = 3$mm，且 $r_角$ 满足 $(0.05 \sim 0.2)B = 7 \sim 28$，拉深深度 H 为 20 小于 $(0.3 \sim 0.8)B = 42 \sim 112$（$B$ 为矩形件的短边宽度），根据拉深工艺判断，该工件可一次拉成。

设计的矩形拉深模如图 5-17（b）所示。

模具工作工作时，零件毛坯利用四个定位钉 15 定位，随着压力机滑块的下行，镶拼凸模 5 与镶拼凹模 12 共同作用将坯料压成矩形零件。随着压力机滑块的上升，推料板 8 将零件顶出凹模型腔。该模具结构具有以下特点：

采用了正装式（即凹模安装在下模）的结构形式，为节省模具钢材，凸、凹模采用了镶拼结构。尽管矩形件拉深模的结构与旋转体拉深模结构相类似，但两者间隙的取值有所不同，一

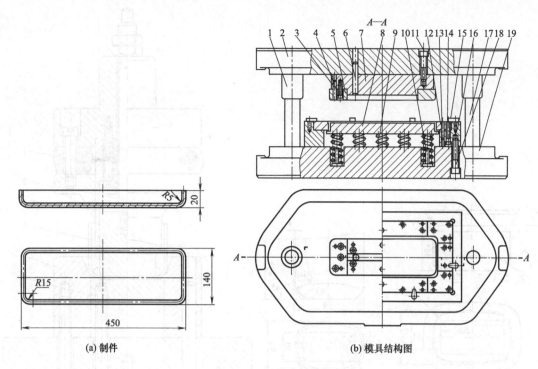

图 5-17 矩形盖拉深模

1—导套；2—上模座；3,6,13—圆柱销；4,11,14,18—螺钉；
5—镶拼凸模；7—凸模固定板；8—推料板；9—弹簧；10—托簧圈；
12—镶拼凹模；15—定位钉；16—凹模固定板；17—导柱；19—下模座

般矩形件拉深模间隙的取值按以下原则进行：

当矩形件公差等级较高时，拉深模的单面间隙 Z 按 $(0.9\sim1.05)t$ 取值；当矩形件公差等级要求不高时，单面间隙 Z 按 $(1.1\sim1.3)t$ 取值。

考虑到角部金属的变形量最大，在确定最后一次的拉深间隙时，应使角部间隙比直边部分的间隙增大 $0.1t$。如果工件要求内径尺寸，则此增大值由修正凹模得到；如果工件要求外径尺寸，则此增大值由修正凸模得到。

本矩形拉深模直边部分的拉深模单边间隙取 $1.05t$，圆角部分的单边间隙比直边部分大 $0.1t$，即为 $1.15t$。拉深凹模圆角半径按 $(4\sim10)t$ 选取。

本矩形拉深模可用于无凸缘矩形件的拉深，在该模具上增加压料机构又可实现带凸缘矩形件的拉深。

5.4.13 矩形罩第二次拉深模

图 5-18 (c) 为设计的加工图 5-18 (a) 所示的矩形罩（采用料厚 1.2mm 的 08 钢板制成）的矩形罩第二次拉深模的结构图。图 5-18 (b) 所示为所采用的毛坯件。图 5-18 (a) 及图 5-18 (b) 中带 * 号尺寸，表示需经过试模后修正。

该模具为正装式结构，利用毛坯底面的 45°斜面，在顶板 6 上定位。当上模下降到下极点时，锥度凸模 3 与凹模 5 成形出 60°锥度形状达到二次拉深工序要求。

5.4.14 矩形罩第三次拉深模

图 5-19 (b) 为设计的加工图 5-19 (a) 所示的矩形罩（采用料厚 1.2mm 的 08 钢板制成）

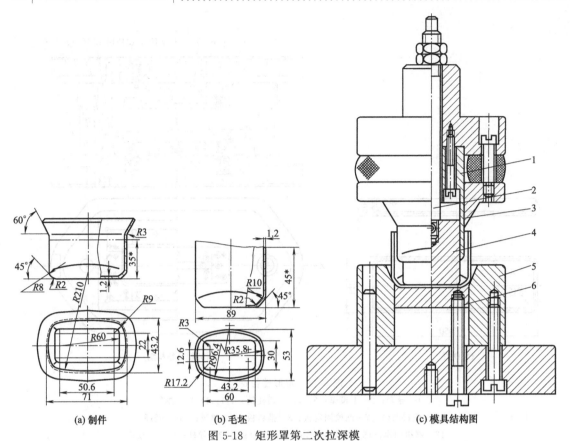

(a) 制件　　　　(b) 毛坯　　　　(c) 模具结构图

图 5-18　矩形罩第二次拉深模

1—凸模；2—打杆；3—锥度凸模；4—打板；5—凹模；6—顶板

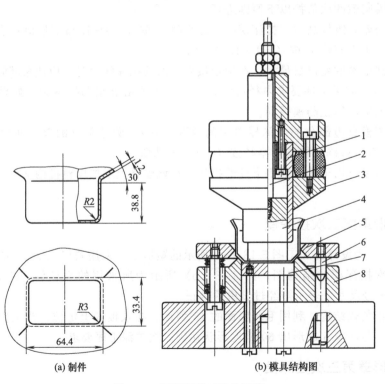

(a) 制件　　　　(b) 模具结构图

图 5-19　矩形罩第三次拉深模

1—凸模；2—打杆；3—锥度凸模；4—打板；5—定位板；6—小导柱；7—顶板；8—凹模

的矩形罩第三次拉深模的结构图。图 5-18（a）所示为所采用的毛坯件。图 5-18（a）中带 * 号尺寸，表示需经过试模后修正。

该模具为正装式结构，用二次拉深件外轮廓形状在定位板 5 中定位。压力机下行至拉深终了时，工件口部 30°锥角由凸模 1、凹模 8 成形。

5.5 常见反拉深模的结构

5.5.1 引出环反拉深模

反拉深指拉深方向与前一次拉深的方向相反，即将第一次拉深后的半成品倒放在第二次的拉深凹模上拉深，从而使得毛坯材料翻转，将第一次拉深时所得半成品的外表面变成反拉深以后零件的里层。由于反拉深时毛坯与凹模圆角的接触角 α 较大，$\alpha \approx 180°$，而一般拉深 $\alpha \approx 90°$，所以材料沿凹模流动的摩擦阻力引起的径向拉应力要比用普通拉深方法的大得多。这样不仅减小了引起起皱的现象的切向压应力，而且也因拉应力的作用使板料紧靠在凸模的表面上，使其更好地按凸模的形状成形。反拉深的拉深系数一般要比普通拉深方法的小 10%～15%。

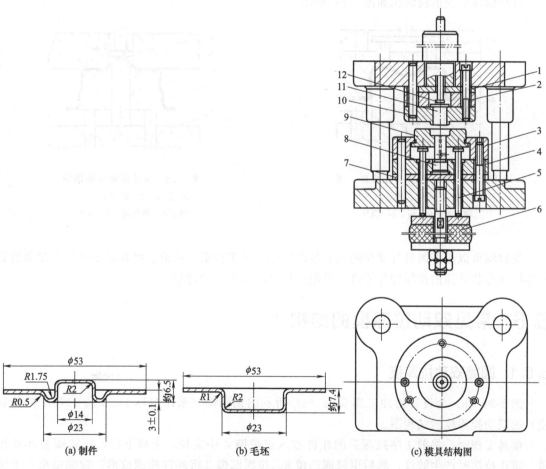

(a) 制件   (b) 毛坯   (c) 模具结构图

图 5-20　引出环反拉深模

1,2,7—垫板；3,4—固定板；5—顶杆；6—弹簧器；

8—凸模；9—凹模；10—凸凹模；11—顶板；12—打杆

在反拉深过程中，由于把原来应力大的内层翻转到了外层，毛坯侧壁反复弯曲的次数减小，引起材料硬化的程度比正拉深时的降低。这时的残余应力要比一般的拉深方法有所减小。由此可使冲件的形状更为准确，表面粗糙度和零件的尺寸精度则有所提高。

图 5-20（c）为设计的加工图 5-20（a）所示的引出环（采用料厚 0.5mm 的 08Al 钢板制成）的反拉深模的结构图。图 5-20（b）所示为所采用的半成品毛坯件。

该模具工作时，毛坯件用凹模 9 的外形定位，冲压时，凸凹模 10 与凹模 9 压住毛坯件，凸模 8 进入凸凹模 10 的孔中，将工件反向拉深成形，工件由顶板 11 推出。

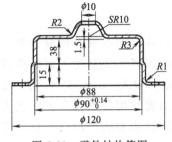

图 5-21　零件结构简图

5.5.2　电机盖球头反向拉深模

图 5-21 所示为某电机盖零件结构，采用 1.5mm 厚的 08F 冷轧钢板制成。由于零件使用的需要，需成形 $SR10mm$ 的小鼓包，所有表面要求平滑，不得有影响外观质量的划伤、擦痕等缺陷。

根据塑性变形理论，球头部分不能直接成形。只能先预成形一个较大的球头，再收缩成一个小的球头。图 5-22 所示为拉深（球头预成形）模结构。

反拉深球头成形模结构如图 5-23 所示。

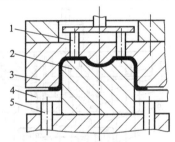

图 5-22　拉深（球头预成形）模
1—推板；2—凸模；3—凹模；4—压料板；5—顶杆

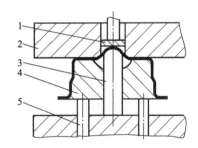

图 5-23　反拉深球头成形模
1—推板；2—凹模；3—凸模；4—顶件器；5—顶杆

反拉深可以用于圆筒件零件的以后各次拉深。对于锥形、球形、抛物线形等较为复杂的旋转体以及形状特殊的拉深件等零件，采用反拉深的效果更为理想。

5.6　常见双动拉深模的结构

5.6.1　圆筒双动拉深模

图 5-24（b）为设计的加工图 5-24（a）所示的铝圆筒（采用料厚 1mm 的 1070A 铝板制成）的双动拉深模的结构图。

模具工作时，将前工序拉深后的坯件放入定位圈 4 中定位。上模下行，压边圈将坯件压紧，防止拉深时产生皱纹，然后由拉深凸模 8、拉深凹模 3 将坯件拉深成形。拉深结束，上模上行，制件由刮板 11 在弹簧 10 的作用下卸落，从下模座孔中落下。凸模 8 上设有出气孔，有利于制件从凸模上卸下。

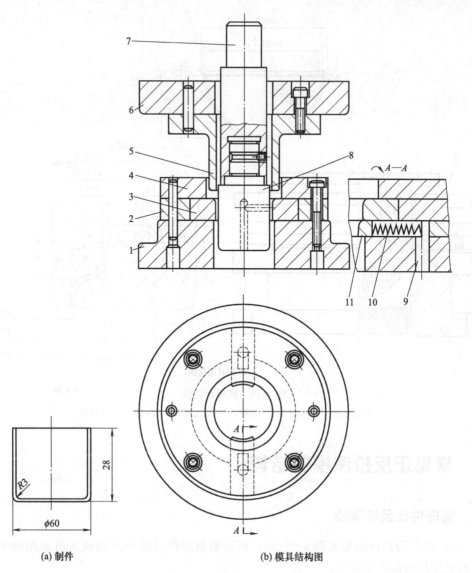

(a) 制件　　　　　　　　　　　　(b) 模具结构图

图 5-24　铝圆筒双动拉深模

1—下模座；2—固定座；3—凹模；4—定位圈；5—压边圈；6—上模座；

7—模柄；8—凸模；9—挡销；10—弹簧；11—卸料刮板

5.6.2　炒锅双动拉深模

图 5-25（a）所示为炒锅的结构，采用料厚 1mm 的 1Cr18Ni9Ti 不锈钢板制成，小批量生产。图 5-25（b）为设计的加工炒锅的双动拉深模的结构图。

该模具置于 Y28-450 双动薄板压力机上工作，上模 1 固定在双动压力机的拉深滑块上，压边圈座 2 固定在压边滑块上，而凹模 5 则固定在工作台上，开始工作时，工作台先带动凹模 5 上升，将坯料压紧并停留在此位置，同时固定在拉深滑块上的上模 1 开始对坯料进行拉深，至拉深滑块下降到拉深结束位置后，拉深滑块先上升，随后工作台下降至合适位置，压力机气缸通过顶件板 6 将零件顶出。

双动拉深模单边间隙选取（1.0～1.2）t，模具在凸模上都开设了排气孔，以便在成形时不形成封闭的型腔，使坯件压平整，从凸模上脱下且不发生变形。

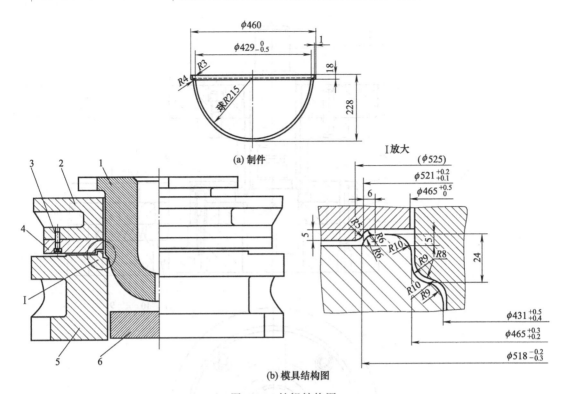

图 5-25　炒锅结构图

1—上模；2—压边圈座；3—螺钉；4—压边圈；5—凹模；6—顶件板

5.7　常见正反拉深模的结构

5.7.1　筒形件正反拉深模

图 5-26（b）为设计的加工图 5-26（a）所示的筒形件（图中点划线为所采用的半成品毛坯件）的正反拉深模的结构图。

该模具工作时，坯料放在凹模 7 中定位；上模下行，压料板 3 首先将毛坯压住，然后借助推板兼压边圈 8 的作用，凸凹模 6 将毛坯正向拉深进凹模 7 内，并开始接触到反拉深凸模 2 上面；随后上模不断下行，由于反向凸模与凸凹模内孔的作用，使制件正向拉深后的外表面被反向拉深凸模 2 不断翻转，拉深变成内表面，最后拉成筒形件。

5.7.2　球壳正反拉深模

图 5-27（a）为球壳的结构图，该零件采用料厚 1mm 的优质低碳 08 钢板制成，小批量生产。

该零件为带有球形边缘的球形体结构，外形尺寸不大，精度要求不高。有利于成形。但球形结构的曲面零件在拉深开始时，由于凸模与毛坯中间部分仅在顶点附近接触，接触处要承受全部拉深力，将使凸模顶点附近的材料发生较严重的变薄现象，考虑到零件球形边缘成形方向与 $SR50mm$ 半球形成形方向相反，可设计正反拉深模，在拉深过程中能显著地改善成形性能。

图 5-27（b）为所设计的正反拉深模的结构图。

该模具工作时，可先将切割好的坯料置于凹模 2 平面适当位置，随着压力机滑块的下行，压边圈 3 在聚氨酯块 4 的弹力作用下将毛坯压紧，随后，凸凹模 5 首先与卸料块 9 接触，开始对坯料进行反向拉深，在边缘反向拉深的同时，凸凹模 5 与凸模 6、卸料块 9 也开始共同作用对坯料进行拉深，逐渐成形出 $SR50mm$ 半球体，直至卸料块 9 与下模板 1 上端面接触，完成整个零件的正反拉深。

为消除拉深过程中空气压力可能对零件的拉深成形质量造成的影响，在凸模 6 上开设了排气孔。

为保证正反拉深过程中，金属坯料能有序、平稳、通畅地从反拉深的边缘凸缘向 $SR50mm$ 半球体正拉深部位流动，凸凹模 5 和凹模 2 反拉深的单侧间隙取 1.2～1.4mm，凸凹模 5 和凸模 6 正拉深的单侧间隙取 1.1～1.2mm；为保证拉深时压边力足够，聚氨酯块 4 选用邵氏硬度为 75A 的聚氨酯制造。

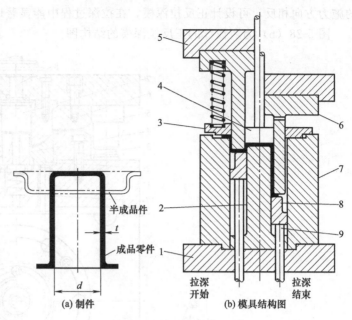

(a) 制件

(b) 模具结构图

图 5-26 筒形件正反拉深模

1—下模座；2—反拉深凸模；3—压料板；4—推件器；5—上模座；
6—凸凹模；7—凹模；8—推板兼压边圈；9—顶杆

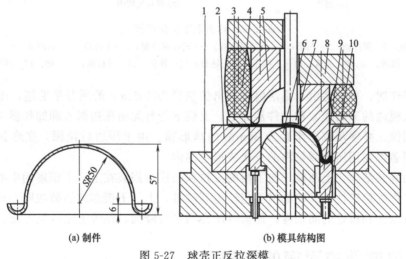

(a) 制件

(b) 模具结构图

图 5-27 球壳正反拉深模

1—下模板；2—凹模；3—压边圈；4—聚氨酯块；5—凸凹模；
6—凸模；7—顶杆；8—上模板；9—卸料块；10—下顶杆

正反拉深模适用于拉深时易产生顶部变薄破裂和中间部分起皱等工艺缺陷的球形、抛物线形或锥形等拉深件的拉深。

5.7.3 球头盖用压板圈正、反拉深模

图 5-28 (a) 为球头盖的结构图，该零件采用料厚 0.8mm 的 08A1F 钢板制成，小批量生产。

该零件为带凸缘（法兰）的球头盖零件，形状较复杂。其顶部为一个直径为 40mm、深 25mm 的浅圆筒与一个带法兰盘的半径为 86mm 的球形盖的反向连接。考虑到两者拉深成形

的施力方向相反，可设计正反拉深模，在拉深过程中能显著地改善成形性能。

图 5-28（b）为所设计的正反拉深模的结构图。

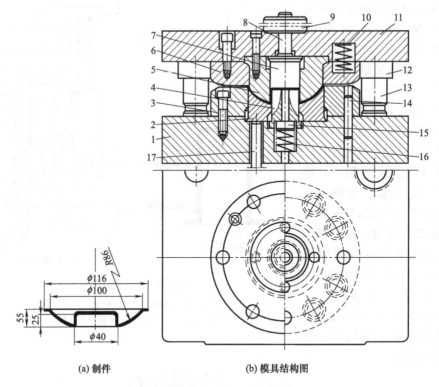

(a) 制件　　　　　　　　　　(b) 模具结构图

图 5-28　球头盖正反拉深模

1—下模座；2—顶件器；3—凹模；4—反拉深凸模；5—正拉深凸模；6—压边圈；7—卸件器；8—打料杆；
9—模柄；10,16—弹簧；11—上模座；12—导套；13—导柱；14—圆柱销；15—垫；17—顶杆

该模具工作时，可先将由专用落料模冲出的直径为 135mm 的展开平毛坯，由手持夹钳或上料吸盘放入模内的下凸模 4 和顶件器 2 上，上模下行首先由压边圈 6 和卸件器 7 压紧坯件后反拉深中心圆筒，并逐步成形半径为 86mm 的球形顶。由于压边后拉深，变形程度不大，中心圆筒、球顶盖都在用压边圈拉深的一次成形范围内。

模具采用顺装结构，上凸模 5 与下模的反拉深凸模均嵌装在上、下模座的中心沉孔中，既提高了模具工作的稳定性，又使制模工艺性得到改善，上、下模芯均嵌装在同一模架的模座中心沉孔中，可以达到很好的同轴度，而模具闭合高度可降低，使模上出件更方便。

5.8　常见变薄拉深模的结构

5.8.1　圆筒体变薄拉深模

图 5-29（a）所示为一弹壳的首次变薄拉深模。

该模具工作时，毛坯放入定位板 3 内定位。定位板 3 与凹模口之间只有 3mm 平台部分。凹模 4 用硬质合金加工而成，并与凹模套 2 固定成一体。凹模模口斜度为 15°，过渡圆角半径可取板料厚度的 2.25 倍。凸模除采用优质钢经热处理淬硬外，表面还可镀铬或其他处理，进一步提高耐磨性。为便于卸料，凸模上的气孔不可缺少。必要时通高压油帮助卸料。

整套模具的毛坯经凸模 5、凹模 4〔具体结构分别参见图 5-29（b）、（c）〕拉深后，制件由卸料板 1 卸下。通过首次变薄拉深后的内径即达到弹壳的成品内径，以后各次只改变壁厚尺寸。

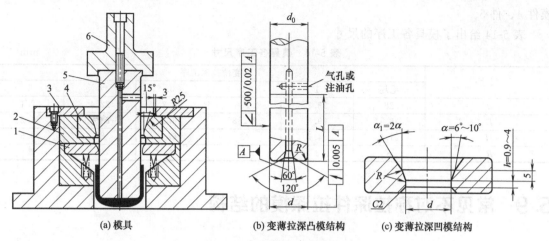

(a) 模具　　　　(b) 变薄拉深凸模结构　　　　(c) 变薄拉深凹模结构

图 5-29　弹壳首次变薄拉深模

1—卸料板；2—凹模套；3—定位板；4—凹模；5—凸模；6—模柄

5.8.2　圆筒体双层凹模变薄拉深模

图 5-30（b）为设计的加工图 5-30（a）所示的筒形体的变薄拉深模的结构图。

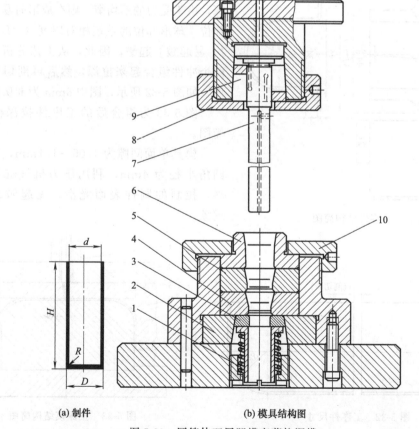

(a) 制件　　　　　　　　　　(b) 模具结构图

图 5-30　圆筒体双层凹模变薄拉深模

1—导料筒；2—锥孔压块；3—卸料板；4—下凹模；5—上凹模；6—定位圈；7—凸模；8—螺纹压套；9—锥形夹套；10—下螺纹压圈

该模具上、下模均采用通用模座，并采用螺纹压套紧固，可快速更换凹模与凸模。在紧固凸模部分，有一带六条槽形的锥形夹套，使凸模紧固牢靠和定位准确。凹模采用阶梯式双层凹模件4、件5。

表5-14给出了模具各工序的尺寸。

表 5-14　模具各工序尺寸　　　　　　　　　　　　　　　　mm

尺寸	变薄拉深工序					
	毛坯	1	2	3	4	5
d	28	23.3	23	22.7	22.4	22.1
D	36.4	29.8	27.88	26.1	24.8	24.2
H	21.5	34.7	43	62	87	79.6
R	6	3	3	3	3	3

5.9　常见不对称拉深件拉深模的结构

5.9.1　防尘罩拉深模

图5-31所示为零件防尘罩的结构，采用1mm厚的08F料制成。

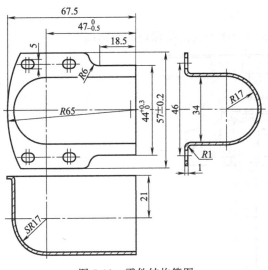

图 5-31　零件结构简图

该零件形状较复杂，由球形及弯曲件组成，它既不属于圆筒形或矩形件的拉深，也不属于球形件的拉深。由于拉深形状不对称，若直接拉深，由于受力的不均衡，则在成形时易使该球形部位［球形部位的毛坯相对厚度 $(t/D) \times 100 \approx 1$，易起皱］起皱，因此，从工艺分析考虑，将两个冲件组合起来拉深，然后再剖切成两个零件，如图5-32所示，图中6mm为剖切量。

图5-33为组合后的工序件拉深模的结构简图。

模具单面间隙为1.05～1.1mm，拉深凹模圆角半径为4mm，利用压力机气缸压料、卸料，拉制的制件表面光滑，无起皱、拉毛等现象。

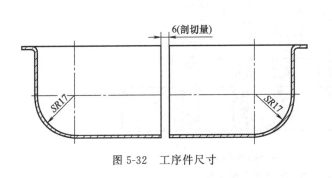

图 5-32　工序件尺寸

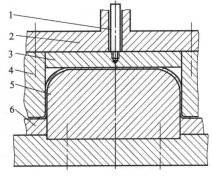

图 5-33　拉深模结构简图

1—打料杆；2—上模座；3—卸料块；4—凹模；

5—凸模；6—压料圈

对不封闭的拉深件，通过构建对称性的拉深然后剖切，能显著改善成形性能，是克服拉深成形缺陷的好办法。

5.9.2 底壳拉深模

图 5-34 所示为零件底壳的结构，采用料厚 0.8mm 的 LF21 防锈铝板制成，小批量生产。

该零件呈不封闭非对称结构，且毛坯相对厚度较小，在拉深过程中，零件的底部基本不变形，形成筒壁的凸缘部分材料又存在着"多余三角材料"，这部分材料在拉深力的作用下，在径向产生拉应力 σ_1，切向产生压应力 σ_3，在 σ_1 与 σ_3 的共同作用下，发生塑性变形而将"多余三角材料"转移到筒壁上来。由于零件的不对称、

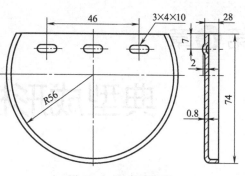

图 5-34 底壳结构图

半封闭、敞开式结构造成压应力 σ_3 的分布不对称，同时使拉深过程中压应力 σ_3 呈现由中心向两边逐渐减小的分布，造成"多余材料"的流动不匀，使"多余材料"向应力小的方向流动；又由于料较薄，毛坯相对厚度不大，抵抗失稳的能力不足，在较大的压应力 σ_3 及朝开口流动压力的复合作用下，整个筒壁在起拱弯曲后易形成朝筒壁开口处的波浪式皱折。

为避免上述缺陷的产生，零件应组合成对称的封闭结构进行拉深，然后再剖切成两个零件，如图 5-35 所示。

设计的拉深模如图 5-36 所示。

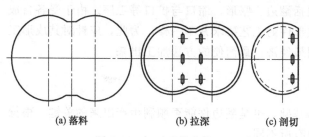

| (a) 落料 | (b) 拉深 | (c) 剖切 |

图 5-35 加工工艺方案

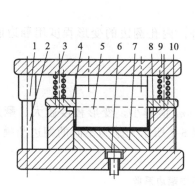

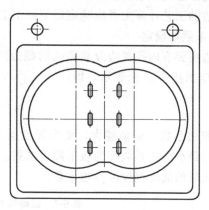

图 5-36 拉深模

1—导套；2—导柱；3—弹簧；4—压料板；5—凸模；6—顶杆；7—卸料器；8—凹模；9—上模板；10—下模板

模具工作时，将冲切好的坯料放于凹模 8 中定位，随着压力机滑块的下行，压料板 4 首先将落料好的坯料压紧并实施压边，在凸模 5 与卸料器 7 将三个鼓包成形出来后，凸模 5、凹模 8 及卸料板 7 才共同作用将零件拉深出来。

一般来说，对于不对称、不封闭的拉深件的加工都需通过构建对称性的零件进行拉深，以显著改善零件拉深成形性能，克服不对称、不封闭薄料拉深成形可能产生的拉深筒壁皱折、歪斜等缺陷，零件拉深完后，再通过剖切模将其分割。

第 6 章

典型成形模结构设计实例

6.1 常见成形加工的工艺计算

成形加工具有较多的工艺方法，主要包括翻边、胀形、缩口与扩口等工序。由于受各自成形工艺性能的影响，各种加工工序对各自成形件的工艺要求并不一样，为此，应针对其成形工序进行相应的工艺计算，以便能将该零件用最经济、最简便的方法加工出来。

6.1.1 翻边的工艺计算

正确的工艺计算是翻边模设计的前提和基础，也是翻边件能否顺利生产出来的关键。根据翻边种类性质的不同，其工艺计算的内容也有所不同。

(1) 内孔翻边的工艺计算

内孔翻边的工艺计算主要应确定以下加工工艺参数。

1）翻边系数的确定

内孔翻边主要有内孔翻边及非圆孔的翻边两种。内孔翻边的变形程度用翻边前孔径 d 与翻边后孔径 D 的比值 m 来表示，即：

$$m = \frac{d}{D}$$

m 称为翻边系数。m 值越大，变形程度越小，m 值越小，变形程度越大。翻边时孔不破裂所能达到的最小翻边系数称为极限翻边系数。表 6-1 所示为采用不同的翻边凸模、不同的预制孔加工方法时的低碳钢极限翻边系数。

表 6-1 低碳钢的极限翻边系数

翻边凸模形状	孔的加工方法	材料相对厚度 d/t										
		100	50	35	20	15	10	8	6.5	5	3	1
球形凸模	钻后去毛刺	0.70	0.60	0.52	0.45	0.40	0.36	0.33	0.31	0.30	0.25	0.20
	冲孔模冲孔	0.75	0.65	0.57	0.52	0.48	0.45	0.44	0.43	0.42	0.42	—
圆柱形凸模	钻后去毛刺	0.80	0.70	0.60	0.50	0.45	0.42	0.40	0.37	0.35	0.30	0.25
	冲孔模冲孔	0.85	0.75	0.65	0.60	0.55	0.52	0.50	0.50	0.48	0.47	—

注：按表中翻边系数翻孔后口部边缘会出现微裂，若工件不允许，则翻边系数须加大 $10\%\sim15\%$。

表 6-2 所示为圆孔翻边时各种材料的翻边系数，其中 $m_{\min}$ 为当翻边壁上允许有不大的裂痕时，可以达到的最小翻边系数。

表 6-2　各种材料的翻边系数

经退火的毛坯材料	翻 边 系 数	
	m	m_{min}
镀锌钢板(白铁皮)	0.70	0.65
软钢　$t=0.25\sim2.0mm$	0.72	0.68
$t=3.0\sim6.0mm$	0.78	0.75
黄铜 H62　$t=0.5\sim6.0mm$	0.68	0.62
软铝　$t=0.5\sim5.0mm$	0.70	0.64
硬铝合金	0.89	0.80
钛合金　TA1(冷态)	$0.64\sim0.68$	0.55
TA1(加热 300$\sim$400℃)	$0.40\sim0.50$	0.40
TA5(冷态)	$0.85\sim0.90$	0.75
TA5(加热 500$\sim$600℃)	$0.70\sim0.75$	0.65
不锈钢、高温合金	$0.69\sim0.65$	$0.61\sim0.57$

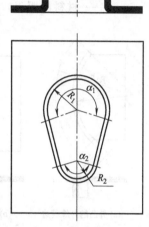

图 6-1　非圆孔的翻边

对非圆孔的翻边，如图 6-1 所示。需对各圆弧或直线段组成部分分别进行划分，根据其变形情况，确定变形性质。对圆孔翻边的变形性质，当其圆心角 α 大于 180°时，其极限翻边系数与圆孔极限翻边系数相差不大，可直接按圆孔翻边计算；当圆心角 α 小于 180°时，其极限翻边系数较圆孔极限翻边系数要小些，按 $m'=\dfrac{\alpha}{180°}m$ 近似计算，图中的直线段部分按弯曲变形计算。

2) 翻边高度的确定

当在平板毛坯上翻边时，对其预制孔进行翻边工艺计算时，应根据零件翻边后的尺寸 D 计算出预制孔直径 d，并核算其翻边高度 H，当采用平板毛坯不能直接翻边出所要求的高度时，则应预先拉深，然后在拉深件底部冲孔再翻边或采用直接切筒底等工艺方案达到要求。

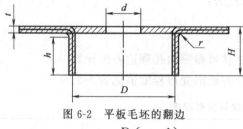

图 6-2　平板毛坯的翻边

① 平板毛坯上翻边。如图 6-2 所示，在平板毛坯上翻边时，其预冲孔直径 d 的计算公式为：

$$d=D-2(H-0.43r-0.72t)$$

翻边高度 H 的计算公式为：

$$H=\frac{(D-d)}{2}+0.43r+0.72t$$

或

$$H=\frac{D}{2}\left(1-\frac{d}{D}\right)+0.43r+0.72t=\frac{D}{2}(1-m)+0.43r+0.72t$$

由于极限翻边系数为 m_{min}，因此，许用最大翻边高度 H_{max} 的计算公式为：

$$H_{max}=\frac{D}{2}(1-m_{min})+0.43r+0.72t$$

② 预拉深后翻边。当工件的高度 H 大于 H_{max} 时，则需先拉深后，在其底部预冲孔，再翻边，如图 6-3 所示。这时，先要决定翻边所能达到的最大高度 h_{max}，然后根据翻边高度来确定拉深高度 h_1。此时，翻边高度 h 的计算公式为：

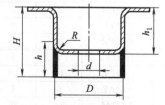

图 6-3　拉深件底部冲孔翻边

$$h=\frac{D-d}{2}+0.57r$$

许用最大翻边高度 h_{max} 的计算公式为：

$$h_{\max} = \frac{D}{2}(1 - m_{\min}) + 0.57r$$

拉深高度 h_1 的计算公式为：

$$h_1 = H - h_{\max} + r + t$$

预冲孔直径 d 的计算公式为：

$$d = D + 1.14r - 2h$$

或

$$d = m_{\min}D$$

3）翻边力的计算

翻边力 F 的近似计算公式为：

$$F = 1.1\pi(D - d)t\sigma_s$$

式中　D——翻边后直径，mm；

　　　d——预冲孔直径，mm；

　　　σ_s——材料屈服点，MPa。

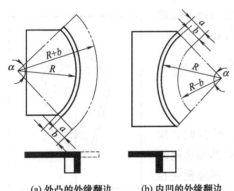

(a) 外凸的外缘翻边　　(b) 内凹的外缘翻边

图 6-4　外缘翻边

(2) 外缘翻边的工艺计算

外缘翻边有外凸和内凹两种情况，如图 6-4 所示。工艺参数的确定需根据其翻边特性的不同分别确定。

① 外缘翻边变形程度的确定　图 6-4 (a) 所示的外凸外缘翻边变形程度 $E_凸$ 的计算公式为：

$$E_凸 = \frac{b}{R + b}$$

其极限变形程度主要受变形区材料失稳的限制，毛坯形状可参照浅拉深的方法计算。

图 6-4 (b) 所示的内凹外缘翻边变形程度 $E_凹$ 的计算公式为：

$$E_凹 = \frac{b}{R - b}$$

其极限变形程度主要受边缘拉裂的限制，毛坯形状可参照内孔翻边方法计算。

不同材料采用不同的成形方法，其外缘翻边允许的极限变形程度值见表 6-3。

表 6-3　外缘翻边允许的极限变形程度

材料名称及牌号		$E_凸$		$E_凹$		材料名称及牌号		$E_凸$		$E_凹$	
		橡胶成形	模具成形	橡胶成形	模具成形			橡胶成形	模具成形	橡胶成形	模具成形
铝合金	1035M	25	30	6	40	黄铜	H62 软	30	40	8	45
	1035Y1	5	8	3	12		H62 半硬	10	14	4	16
	3A21M	23	30	6	40		H68 软	35	45	8	55
	3A21Y	5	8	3	12		H68 半硬	10	14	4	16
	5A02M	20	25	6	35	钢	10	—	38	—	10
	3A03Y1	5	8	3	12		20	—	22	—	10
	2A12M	14	20	6	30		1Cr18Ni9 软	—	15	—	10
	2A12Y	6	8	0.5	9		1Cr18Ni9 硬	—	40	—	10
	2A11M	14	20	4	30		2Cr18Ni9	—	40	—	10
	2A11Y	5	6	0	0		—				

当翻边变形程度小于极限变形程度时，可一次翻边成形。

② 翻边力的计算　外缘翻边力 F 可近似按带压料的单面弯曲力计算：

$$F = KLt\sigma_b$$

式中　K——系数，可取 $0.5\sim0.8$；

　　　L——弯曲线长度，mm；

　　　t——材料厚度，mm；

　　　σ_b——材料抗拉强度，MPa。

(3) 变薄翻边的工艺计算

当零件翻边高度很高时，可以采用减少模具凸、凹模之间的间隙强迫材料变薄的方法（即变薄翻边），以便提高生产效率和节约原材料。

变薄翻边时，在凸模压力作用下，变形区材料先受到拉深变形使孔径逐步扩大，而后材料又在小于板料厚度的凸模、凹模间隙中受到挤压变形，使材料厚度显著变薄。

变薄翻边的变形程度不仅仅决定于翻边系数，而且取决于壁部的变薄程度。变薄翻边的变薄程度用变薄系数 K 表示：

$$K = \frac{t_1}{t}$$

式中　t_1——变薄翻边后零件竖边的厚度，mm；

　　　t——毛坯厚度，mm。

一次变薄翻边的变薄系数 K 可取 $0.4\sim0.5$。若变薄程度超过变薄系数，则应采用多次变薄翻边加工工艺或应用直径逐渐增大的阶梯环形凸模在冲床一次行程中将其厚度逐渐减小。图 6-5（a）所示翻边凸模用于直径较小孔的翻边，图 6-5（b）所示翻边凸模用于直径较大孔的翻边。

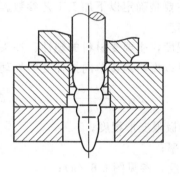

(a) 变薄翻边

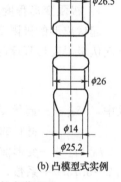

(b) 凸模型式实例

图 6-5　采用阶梯环形凸模的变薄翻边

阶梯形凸模的阶梯数按下式进行计算：

$$n = \frac{\lg t - \lg t_1}{\lg \dfrac{100}{100-E}}$$

式中　t——材料厚度；

　　　t_1——变薄后材料的厚度；

　　　E——变形程度，见表 6-4。

表 6-4　变薄翻边时材料的平均变形程度 E

材料	第一次变形	继续变形
软钢	$55\sim60$	$30\sim45$
黄铜	$60\sim77$	$50\sim60$
铝	$60\sim65$	$40\sim50$

变薄翻边属于体积成形，因此变薄后竖边高度按变薄翻边前后体积不变的原则进行计算。变薄翻边力比普通翻边力大得多，力的大小与变形量成正比。

6.1.2　胀形的工艺计算

与翻边加工一样，胀形加工的正确工艺计算也是胀形模及胀形模设计的前提、基础和关键。根据胀形种类性质的不同，其工艺计算的内容也有所不同。

胀形加工是属于伸长类的成形加工方法。根据所用坯件种类的不同，分为凸肚类的空心毛坯胀形（俗称凸肚）及平板毛坯局部胀形（俗称起伏成形），如图 6-6 所示。凸肚类的空心毛坯胀形主要用于空心工序件或管状坯料的向外扩张，从而胀出所需的凸起曲面；平板毛坯局部胀形则主要用于平板毛坯的局部成形，主要用于压制加强筋、凸包、凹坑、花纹图案等。各类胀形加工的变形特点是不同的，因此，胀形加工时，应根据其特性，先进行工艺计算后，再设计相应合理的模具结构。

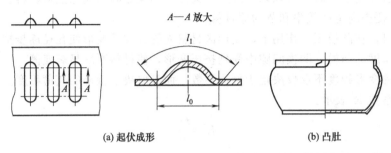

A—A 放大

(a) 起伏成形　　　　(b) 凸肚

图 6-6　胀形加工的类型

(1) 起伏成形的工艺计算

起伏成形的工艺计算主要是确定以下加工工艺参数。

1) 极限变形程度的确定

起伏成形的极限变形程度，主要受材料的塑性、冲头的几何形状和润滑等因素影响。在计算起伏极限变形程度时，可以概略地按单向拉伸变形处理，即：

$$\delta_{极} = \frac{l_1 - l_0}{l_0} < (0.7 \sim 0.75)\delta$$

式中　　$\delta_{极}$——起伏变形的极限变形程度；

　　　　δ——材料的伸长率；

　　l_0，l_1——变形前后长度，参见图 6-6（a）；

0.7～0.75——系数，视胀形时断面形状而定，球形肋取大值，梯形肋取小值。

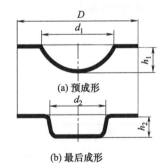

(a) 预成形

(b) 最后成形

图 6-7　深度较大局部
胀形件的成形方法

如果计算结果符合上述条件，则可一次成形。否则，一般可先压制成半球形过渡形状，然后再压出工件所需形状，即：第一道工序用大直径的球形凸模胀形，达到在较大范围内聚料和均匀变形的目的，第二道工序最后成形得到所要求的尺寸（图 6-7）。若需局部胀形件的底部有孔，则可先预冲孔，利用孔的扩大来弥补胀形时中间部位材料的不足。表 6-5 为一次能成形的加强筋的形式和尺寸。

① 加强筋的成形极限。在设计加强筋及其模具时，还要注意加强筋与边框距离不能过小，当在坯料边缘局部胀形时，由于在成形过程中，边缘材料要向内收缩，如图 6-7（b）所示，因此，影响工件质量。一般加强筋与边框距离应大于（3～3.5）t，对产生边缘材料收缩的起伏成形件，应预先留出切边余量，成形后再切除。表 6-6 给出了起伏成形的间距及起伏边距的极限尺寸。

② 成形凸包的极限高度。在生产中对压凸包的判断，可依据成形部分的毛坯直径与凸模直径的比值进行，若大于 4，则属于胀形性质的起伏成形，否则便成为拉深。

表 6-5　加强筋的形式和尺寸 　　　　　　　　　　　　　　　　　　　　mm

名称	简　图	R	h	D 或 B	r	α
弧形筋		$(3\sim4)t$	$(2\sim3)t$	$(7\sim10)t$	$(1\sim2)t$	—
梯形筋		—	$(1.5\sim2)t$	$\geqslant 3h$	$(0.5\sim1.5)t$	$15°\sim30°$

表 6-6　起伏间距及起伏边距的极限尺寸 　　　　　　　　　　　　　　mm

简　图	D	L	l
	6.5	10	6
	8.5	13	6.5
	10.5	15	9
	13	18	11
	15	22	13
	18	26	16
	24	34	20
	31	44	26
	36	51	30
	43	60	35
	48	68	40
	55	78	45

　　凸包成形高度受材料塑性、模具几何形状及润滑条件的限制，一般不能太大，表 6-7 所示为平板毛坯压凸包时的许用成形高度。如果零件要求的凸包高度超过表 6-7 所列的数值，则同样可采取图 6-7 所示的加工方法。

表 6-7　平板毛坯压凸包时的许用成形高度

	材料	许用凸包成形高度 $h_{\min}$
	软钢	$\leqslant(0.15\sim0.2)d$
	铝	$\leqslant(0.1\sim0.15)d$
	黄铜	$\leqslant(0.15\sim0.22)d$

　　2）冲压力的确定

　　冲压加强肋的变形力按下式计算：

$$F=KLt\sigma_b$$

式中　F——变形力，N；

　　　K——系数，$K=0.7\sim1$（加强肋形状窄而深时取大值，宽而浅时取小值）；

　　　L——加强筋的周长，mm；

　　　t——料厚，mm；

　　　σ_b——材料的抗拉强度，MPa。

（2）凸肚的工艺计算

　　凸肚的工艺计算主要是确定以下加工工艺参数。

　　1）胀形系数

　　凸肚的变形特点是材料受切向和母线方向拉应力。主要问题是防止拉深过头而胀裂。空心毛坯胀形的变形程度以胀形系数 m 来表示：

$$m = \frac{d_{\max}}{d}$$

式中　$d_{\max}$——零件最大变形处变形后的直径，mm；

　　　d——该处原始直径，mm，如图 6-8 所示。

胀形系数 m 与坯料的伸长率 δ 的关系为：

$$m = 1 + \delta$$

表 6-8 所示是一些材料的极限胀形系数和极限变形程度的试验值。

表 6-8　极限胀形系数和切向许用伸长率的试验值

材料	厚度/mm	极限胀形系数 m	切向许用伸长率 $\delta \times 100$
高塑性铝合金[如 3A21(LF21-M)]	0.5	1.25	25
纯 铝 [如 1070A、1060(L1,L2)	1.0	1.28	28
1050A、1035(L3,L4)	1.5	1.32	32
1200、8A06 (L5,L6)]	2.0	1.32	32
黄 铜	0.5~1.0	1.35	35
如 H62、H68	1.5~2.0	1.40	40
低碳 钢	0.5	1.20	20
如 08F、10、20	1.0	1.24	24
耐热不锈钢	0.5	1.26	26
如 1Cr18Ni9Ti	1.0	1.28	28

2）毛坯尺寸的计算

胀形毛坯的直径 d 按下式计算：

$$d = \frac{d_{\max}}{m}$$

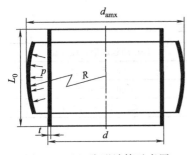

图 6-8　毛坯胀形计算示意图

胀形毛坯的原始长度 L_0 如图 6-8 所示，按下式近似计算：

$$L_0 = L[1 + (0.3 \sim 0.4)\delta] + \Delta h$$

式中　L——工件的母线长度，mm；

　　　δ——工件切向最大伸长率，$\delta = \dfrac{(d_{\max} - d)}{d}$，前面的系数 0.3~0.4 是考虑切向伸长而引起高度缩小的影响；

　　　Δh——修边余量，取 5~8mm。

3）胀形力的计算

根据胀形结构形式的不同，胀形力的计算也不一样。

① 刚模胀形力 F 按下式计算：

$$F = Ap$$

$$p = 1.15\sigma_b \frac{2t}{d_{\max}}$$

式中　F——胀形力，N；

　　　A——胀形面积，mm^2,；

　　　p——单位胀形力，MPa；

　　　σ_b——材料抗拉强度，MPa；

　　　$d_{\max}$——胀形最大直径，mm；

t——材料厚度，mm。

② 软模胀形时所需单位压力 p：

两端不固定允许毛坯轴向自由收缩：

$$p = \frac{2t\sigma_b}{d_{max}}$$

两端固定毛坯轴向不能收缩：

$$p = 2t\sigma_b\left(\frac{1}{d_{max}} + \frac{1}{2R}\right)$$

式中 σ_b——材料抗拉强度，MPa，其他符号如图 6-8 所示。

③ 液压胀形的单位压力 p，在生产实际中，考虑许多因素，可按经验公式计算：

$$p = \frac{600t\sigma_s}{d_{max}}$$

式 σ_s——材料屈服点，MPa；

d_{max}——胀形最大直径，mm；

t——材料厚度，mm。

6.1.3 缩口与扩口的工艺计算

(1) 缩口加工工艺参数的确定

① 缩口系数 缩口变形的极限变形程度受到侧壁的抗压强度或稳定性的限制，其缩口变形程度以切向压缩变形大小来衡量，用缩口系数 m 表示：

$$m = \frac{d}{D}$$

式中 d——缩口后直径，mm；

D——缩口前直径，mm。

极限缩口系数的大小主要与材料种类、料厚、模具形式和坯料表面质量有关。

表 6-9 所示是不同材料、不同厚度的平均缩口系数。表 6-10 所示是不同材料、不同支承方式的极限缩口系数。

表 6-9 平均缩口系数 m

材料	材料厚度/mm		
	<0.5	>0.5~1	>1
黄铜	0.85	0.8~0.7	0.7~0.65
钢	0.85	0.75	0.7~0.65

表 6-10 锥形凹模缩口的极限缩口系数 m

材料	支承方式		
	无支承	外支承	内外支承
软钢	0.70~0.75	0.55~0.60	0.3~0.35
黄铜 H62、H68	0.65~0.70	0.50~0.55	0.27~0.32
铝	0.68~0.72	0.53~0.57	0.27~0.32
硬铝(退火)	0.73~0.80	0.60~0.63	0.35~0.40
硬铝(淬火)	0.75~0.80	0.63~0.72	0.40~0.43

注：凹模半锥角 α 为 15°，相对厚度 t/D 为 0.02~0.10。

② 缩口次数的确定 如果零件的缩口系数小于极限缩口系数 m_{min}，则需要多次缩口。缩口次数 n 可根据零件总缩口系数 $m_\text{总}$ 与平均缩口系数 m 来估算，即：

$$n = \frac{\lg m_{总}}{\lg m}$$

③ 缩口力的确定　缩口力的大小可按经验公式计算，对于无支承的缩口，缩口力 F 为：

$$F = (2.4 \sim 3.4) \pi t_0 \sigma_b (d_0 - d)$$

式中　t_0——工件缩口前材料厚度，mm；

　　　d_0——工件缩口前中心层直径，mm；

　　　d——工件缩口后口部中心层直径，mm；

　　　σ_b——材料抗拉强度，MPa。

(2) 扩口加工工艺参数的确定

① 扩口系数　扩口变形的极限变形程度主要受扩口变形区材料的破裂和传力区的失稳两因素的限制，其变形程度以扩口系数 K 来衡量：

$$K = \frac{D_1}{D}$$

式中　D_1——扩口后外缘的直径，mm；

　　　D——扩口前管坯的直径，mm。

极限扩口系数的大小主要与材料种类、相对料厚、模具结构形式和凸模锥角等因素有关。极限扩口系数 K_{max} 可按失稳理论计算，为：

$$K_{max} = \frac{1}{\left[1 - \dfrac{\sigma_k}{\sigma_m} \times \dfrac{1}{1.1(1 + \tan\alpha/\mu)} \right]^{\tan\alpha/\mu}}$$

式中　σ_k——抗失稳的临界应力，MPa；

　　　σ_m——变形区平均变形抗力，MPa；

　　　α——凸模的半锥度，(°)；

　　　μ——摩擦系数。

从上式可以看出，比值 σ_k/σ_m 是影响极限扩口系数的重要因素，提高 σ_k/σ_m 值就可提高极限扩口系数，为此，可采取管坯的传力区部位增加约束，提高抗失稳的能力，以及对扩口变形区局部加热等措施来达到目的。此外，t/D 愈大，允许的极限变形程度也就愈大。钢管扩口时，极限扩口系数与相对壁厚的经验关系式为：

$$K_{max} = 1.35 + \frac{3t}{D}$$

当采用半锥角 $\alpha = 20°$ 的刚性凸模进行扩口时，其极限扩口系数见表 6-11。

表 6-11　极限扩口系数 K_{max} 与相对厚度 t/D 的关系

t/D	0.04	0.06	0.08	0.10	0.12	0.14
K_{max}	1.45	1.52	1.54	1.56	1.58	1.60

② 毛坯尺寸计算　在扩口件毛坯尺寸计算时，对于给定形状、尺寸的扩口管件，其管坯直径及壁厚通常取与管件要求的筒体直径及壁厚相等的数值。

管坯的长度尺寸 l_0 按扩口前后体积不变的条件来确定，等于扩口部分所需的管坯长度加上管件筒体部分的长度，即：

$$l_0 = \frac{l}{6} \left[2 + K + \frac{t_1}{t}(1 + 2K) \right]$$

式中　K——扩口系数，$K = \dfrac{D_1}{D}$；

　　　l——锥形母线长度；

t——扩口前管坯壁厚；

t_1——扩口后口部壁厚。

6.1.4 校平与整形加工

校平与整形属修整性的成形工序，用以消除零件经过各种成形加工后几何形状与尺寸的缺陷，将毛坯或冲裁件的不平度和翘曲度压平，即所谓校平；将弯曲、拉深或其他成形件校整成最终的正确形状，即所谓整形。

校平与整形是控制冲压产品质量、提高尺寸、形状精度的重要工艺措施。

(1) 平板零件的校平

平板零件的校平，根据板料厚度不同和零件表面平直度要求，主要分为平面校平模和齿形校平模两种。平面校平模是上、下模均为光面平板，模具结构如图 6-9 所示。

为避免压力机台面和滑块的精度影响，一般校平模都采用浮动式结构。

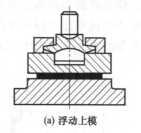 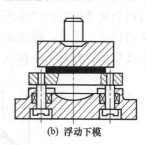

(a) 浮动上模   (b) 浮动下模

图 6-9 浮动式结构的校平模

齿形校平模分尖齿模和平齿模，结构如图 6-10 所示。

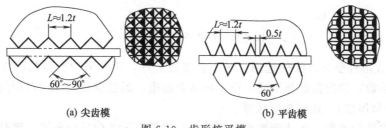

(a) 尖齿模   (b) 平齿模

图 6-10 齿形校平模

(2) 成形零件的整形

成形零件的整形是在弯曲、拉深或其他成形工序之后进行的，此时，工件已接近于成品零件的形状和尺寸，但圆角半径可能较大，或是某些部位尺寸形状精确度不高，需要整形使之完全达到图纸要求。整形模和先行成形工序模大体相似，只是模具工作部分的公差等级较高，粗糙度更低，圆角半径和间隙较小。

(3) 校平加工的正确使用

① 正确选用校平模 平面校平模主要用于薄料零件或表面不允许有压痕的较厚料且表面平直度要求不高的零件。

尖齿校平模主要用于料厚大于 3mm、表面上允许有细痕的平直度要求较高的零件；平齿校平模主要用于料厚 0.3~1.0mm 的铝合金、黄铜、青铜等板料制成的零件，且表面不允许有深压痕。

齿形模的上、下模齿尖应相互错开。当零件的表面不允许有压痕时，可以采用一面是平板、另一面是带齿模板的校平方法。

② 合理选用压力机 校平加工一般可选用摩擦压力机或液压机进行，但均应保证压力机的公称压力大于校平力 F，校平力 F 由下式计算：

$$F = Aq$$

式中 A——校平投影面面积，mm；

q——校平单位压力，MPa，一般取 50~200MPa。

(4) 整形加工的正确使用

1) 正确选用整形加工方法

正确地选用好整形加工方法，有助于保证整形质量，加工中，若整形加工方法选用不对，还可能对零件起反作用。

① 弯曲件整形方法的选用。弯曲件的整形方法主要有压校法和镦校法两种。压校法［图6-11（a）］一般只对弯曲半径与弯角进行整形，主要用来校形一般用折弯方法获得的零件；零件一般尺寸较大，并可与弯曲工序结合起来进行。镦校法［图6-11（b）］除了在工件表面垂直方向上施加压力作用外，还通过使整形部位的展开长度稍大于零件相应部位的长度，从而使弯边长度方向上也产生压缩变形，使零件断面内各点形成三向受压的应力状态，使零件得到正确的形状。因此，镦校法除可对弯曲件的弯曲半径与弯角进行整形外，还可兼对弯曲件的直边长度整形；但对于有孔或宽、窄不等的弯曲件，则不宜采用。

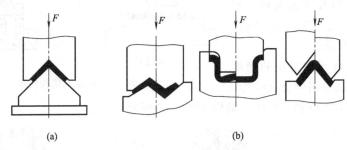

(a)   (b)

图 6-11 弯曲件的整形方法

② 拉深或成形件整形方法的选用。对于直壁筒形件，通常采用变薄拉深法进行整形，一般取大的拉深系数，并把整形与最后一道工序结合起来，通过取负间隙，单面间隙 $Z=(0.9\sim0.95)t$（t 为材料厚度），达到整形效果。

对带凸缘零件的整形，为达到整形目的，常对零件以下部位进行校平：底部平面及侧面曲面，凸缘平面，凸缘根部与壁部之间的圆角半径。其中，校平底部平面与校直侧壁的校形工作，一般同直壁零件整形法一样，即采用负间隙变薄拉深整形法；而对于校平凸缘平面，应采用模具的压料装置完成整形加工。

2) 合理选用压力机

整形加工一般可在摩擦压力机、液压机或机械压力机上进行，但均应保证压力机的公称压力大于整形力 F。整形力 F 可按下式计算：

$$F=Aq$$

式中　A——整形投影面面积，mm^2；

　　　q——单位整形力，MPa，一般为 $150\sim200MPa$。

6.2 常见压筋模的结构

6.2.1 压筋模

图 6-12（b）所示为加工图 6-12（a）所示客车中墙板的压筋模。成形压筋是成形加工中常见的工序。压筋成形的极限变形程度主要受材料的塑性、几何形状等因素的影响，表 6-12 给出了凸筋的合理尺寸。若超出表中数值要求，则可先压制成半球形过渡形状，然后再压出工件所需形状。

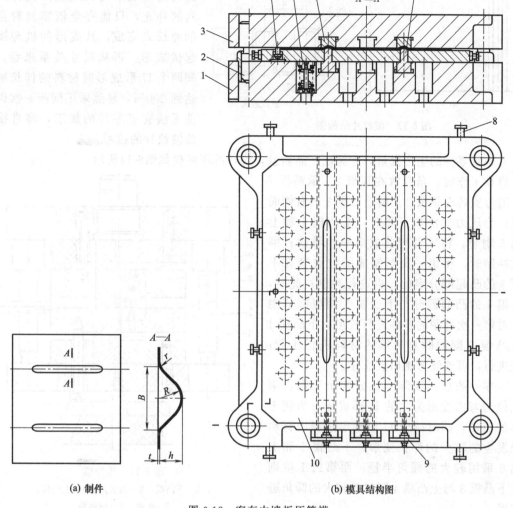

(a) 制件　　　　　　　　　　(b) 模具结构图

图 6-12　客车中墙板压筋模

1—下模座；2—导向装置；3—上模座；4—定位装置；5—压边弹簧装置；6—凹模；7—凸模；
8—吊柱；9—凸、凹模夹紧装置；10—压料板

表 6-12　凸筋的合理尺寸

材料	R	h	B	r
普通低碳钢板	$(6\sim7)t$	$\leqslant8t$	$\geqslant3h$	$2t$
09Mn2Cu	$(5\sim6)t$	$\leqslant7t$	$\geqslant3h$	$2t$

　　考虑到中墙板的外形尺寸较大，且其宽度有多种规格，筋的长度也有所不同，根据这些特点，该压筋模结构设计时针对性地采取了以下措施：

　　压筋凸模、凹模和压料板设计成镶块结构，以实现其根据制件的不同需要可以更换。为保证板料的平整性，压料板 10 下面均布了多个压边弹簧装置 5，试模过程中，若出现压出的板料不平整的现象，则应调节、合理分布压边弹簧装置 5 的弹簧力。

6.2.2　波纹片压弯模

　　图 6-13 所示为波纹片的结构，采用料厚 0.15mm 的铝箔 LF21-Y2 制成，小批量生产。

　　该零件外形简单，尺寸精度及冲裁断面质量要求均不高，若采用一次性弯曲，则 U 形件

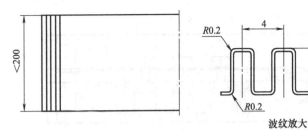

图 6-13　波纹片结构图

的两侧壁成形时很难从外侧得到材料的补充，只能完全依靠材料自身的伸长来完成，其成形的机理属于起伏成形。再从尺寸关系来看，中间两个 U 形成形时材料的伸长率将达到 200%，显然采用同步一次性弯曲无法完成零件的加工，将直接导致波纹片的拉断。

考虑到零件的生产批量，为保证产品质量，设计的压弯模如图6-14所示。

模具工作时，条料放在顶板 2、承料板 7 上，通过安装在顶板 2 上的下凸模 3 的右侧面定位；当压力机滑块下降时，下凸模 1 和上凸模 6 吻合，将零件弯曲成第一挡波纹；第二次冲制时，将第一次弯制成的波纹套在下凸模 3 的凸起部分定位，再进行冲制；此时，上凸模 4 的凸起部分与下凸模 3 相应部分吻合，对第一次冲制的零件进行校形，下凸模 1 和上凸模 6 则同时对后续的材料进行压弯；依次进行，可连续弯制出波纹片。

本零件的加工实际上是分两个工位，第一工位为弯曲变形为主的 U 形成形，为便于材料的流动，同时减少 U 形成形过程中材料可能发生的较大的伸长变形，下凸模 1 和上凸模 6 采用较大的圆角半径；而第二工位则通过下凸模 3 与上凸模 4 同时对较大的圆角进行整形。

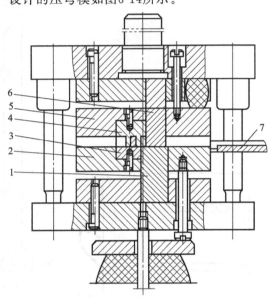

图 6-14　压弯模
1,3—下凸模；2—顶板；4,6—上凸模；
5—推板；7—承料板

6.2.3　护网成形模

图 6-15 为护网的结构图，该零件采用 0.8mm 厚的 08 钢制成，大批量生产。

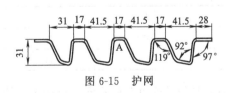

图 6-15　护网

若采用一次弯曲成形，则中间两个 U 形成形很难从外侧得到材料的补充，只能完全依靠材料自身的伸长来完成，从尺寸关系来看，中间两个 U 形成形时材料的伸长率将达到 100%，显然采用同步一次性弯曲无法完成零件的加工，坯料将被拉断。

如若采用不同的模具对零件进行多次弯曲，则零件发生的将是弯曲成形，零件的伸长也将基本消除，自然能加工完成，但需多套模具，工序多，由于是大批量生产，将导致制造成本提高，因此一般不会采用这样的方法。可设计如图6-16所示的成形模完成零件加工。

为克服零件同步弯曲，防止零件产生过大的伸长，模具通过使弯曲成形的下模 8、下模 3 和 10、下模 11，在弹簧和气垫压力的顶出力作用下，处于三个不同的平面上（其中下模 8 最高，下模 11 最低，下模 3 和 11 居中）从而使零件的弯曲成形是分步完成的，减少了板料的伸长，避免了零件的拉裂。

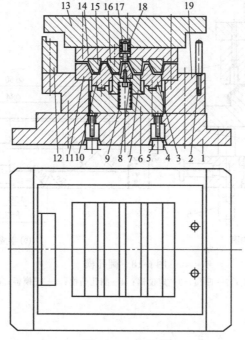

图 6-16 成形模

1—下模座；2—定位杆；3,8,10,11—下模；4,5—托杆；6,7—顶出器；9,17—弹簧；
12—定位块；13—上模座；14—上模固定板；15,16—上模；18—顶出销；19—下模固定板

6.3 常见翻孔模的结构

6.3.1 翻孔模

图 6-17 为通风座的结构图，该零件采用料厚 1.5mm 的 08 钢板制成，中等生产批量。

设计的翻孔模结构如图 6-18（a）所示。图 6-18（b）所示为经过拉深、预冲孔后形成的翻孔前半成品。

模具工作时，将经过第二次拉深并冲好翻边底孔的半成品套入定位器 3 中，当压力机滑块下降时，凹模 2 与翻边凸模 4 共同作用，将半成品零件的底孔翻边成零件成品。

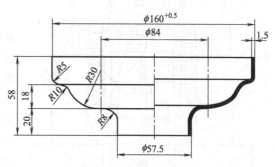

图 6-17 通风座结构图

本翻孔模的翻孔凸模 4 采用了抛物面形结构。一般抛物面形翻边凸模结构可按图 6-19 所示进行设计，图中 d_1 为翻边内孔直径。

应该说明的是：翻边模的结构与一般拉深模相类似，与拉深模不同的是翻边凸模圆角半径一般较大，甚至作成球形或抛物面形，以利于变形；由于翻边时有壁厚变薄现象，所以翻边模单边间隙 Z 一般小于料厚 t，可取 $Z=(0.75\sim0.85)t$。

6.3.2 黄铜套翻边模

图 6-20 为黄铜套的结构图，该零件采用料厚 1.5mm 的 H62 软黄铜板制成，小批量生产。

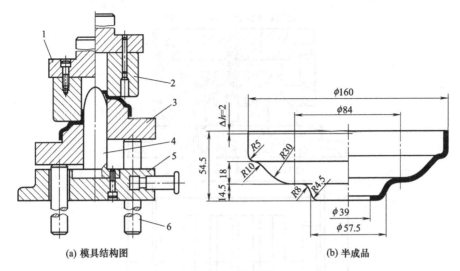

(a) 模具结构图　　　　　　(b) 半成品

图 6-18　翻孔模

1—上模板；2—凹模；3—定位器；4—翻孔凸模；5—下模板；6—顶杆

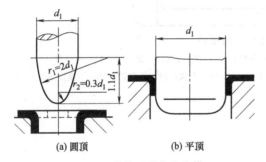

(a) 圆顶　　　　　(b) 平顶

图 6-19　抛物面形翻边凸模

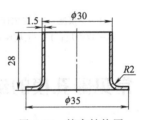

图 6-20　筒套结构图

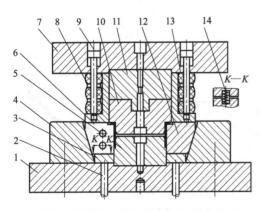

图 6-21　翻边模

1—下模板；2—顶杆；3—托板；4—凹模圈；5—心轴；
6—压边圈；7—上模板；8—隔块；9—卸料螺钉；
10—翻边凸模；11—垫块；12—凹模；
13—弹性体；14—弹簧

设计的翻边模如图 6-21 所示。

模具工作时，可先将管坯套入芯轴 5 中，随着压力机滑块的下行，压边圈 6 首先推动凹模 12，直到凹模 12 接触到坯料为止，随着压力机滑块的继续下行，翻边凸模 10 进入坯料端部，在外载荷的作用下，与翻边凸模 10 的圆角部位接触的坯料首先沿翻边凸模圆角 R 部位表面滑动，同时不断产生塑性变形，直到冲出零件要求的法兰边形状。

整套翻边模中，完成零件翻边的关键件是翻边凸模 10，翻边凸模设计的重点是圆角部位结构设计，圆角 R 过小，则翻边时凸模提供的径向载荷偏小而轴向载荷较大，使坯料产生轴向镦缩，严重时将使翻边难以进行；圆角 R 过大，虽然有利于翻边，却会使产品的圆角半径尺寸超差而不得不增加整形工序，这显然是不经济的，翻边凸模圆角部位结构如图 6-22 所示，加工设计时应注意保持图中的尺寸 $a < R = 2$。

凹模 12 采用 3 等分结构，相邻等分块接缝处安装有两个弹簧 14，托板 3 将凹模托起时，能自动进行径向扩张，有利于放置和取出工件。若翻边时对筒部椭圆度的要求较高，也可采用将凹模12分成4等分的结构形式。

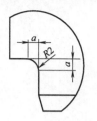

图6-22 翻边凸模

6.3.3 变薄翻孔模

图6-23（b）所示为设计的加工图6-23（a）所示黄铜套的变薄翻孔模。

变薄翻孔模的总体结构与普通翻孔模相似，可看成是多个不同翻孔尺寸翻孔模的组合，其翻孔凸模基本均作成阶梯形结构。

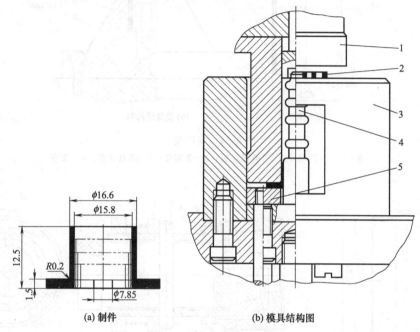

(a) 制件　　　　　(b) 模具结构图

图6-23 变薄翻孔模

1—凹模；2—毛坯；3—导向套；4—凸模；5—顶板

本模具采用阶梯环状凸模（兼定位器），在一次行程内可进行多次变薄加工，通常，第一次翻边是按照许可翻边系数来进行计算的，其后各次凸模逐渐增大变薄量，当毛坯的凸缘边较小时，可在顶板上设置齿形环来增加压边力。

6.4 常见缩口模的结构

6.4.1 圆筒缩口模

图6-24（b）所示为设计的加工图6-24（a）所示缩口圆筒的缩口模。

该模具工作时，管子毛坯放在支座6内，由弹性夹套5定位，支座还起支撑作用，缩口凹模2由螺纹紧固套4拧紧，缩口后由推杆1推出制件。

整套模具采用敞开式结构，具有快换性能，装拆方便。若要改变缩口尺寸，仅需要换凹模即可。

6.4.2 齿轮套缩口模

图6-25为齿轮套的结构图，该零件采用料厚1mm的LF₃-M（5A03）铝板制成，小批量生产。

设计的车用旋压模如图6-26所示。

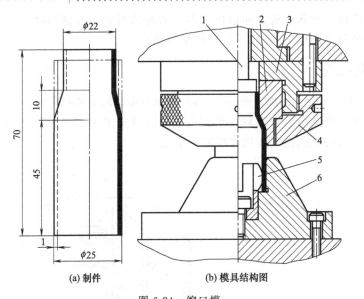

图 6-24　缩口模
1—推杆；2—凹模；3—凹模固定板；4—紧固套；5—弹性夹套；6—支座

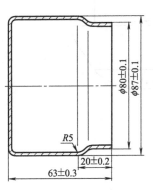

图 6-25　齿轮套结构图

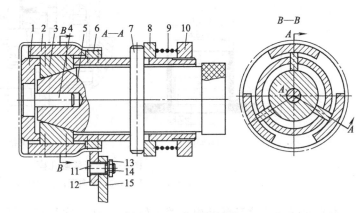

图 6-26　车用旋压模
1—本体；2—定位块；3—滑块；4—导柱；5—锥度心轴；
6—定位圈；7—销子；8—压紧块；9—弹簧；10—压紧圈；11—销轴；
12—滚压轮；13—螺母；14—垫圈；15—车刀杆

模具工作时，将拉深好的零件套于本体 1 的左部，插入锥度心轴 5，拧紧压紧圈 10，通过弹簧 9 传力至压紧块 8 和销子 7，带动锥度心轴 5 将三块均匀分布的滑块 3 顶起，定位块 2 将齿轮套胀紧，实现夹紧。由于胀紧后的齿轮套刚性得到极大提高，因而能方便地利用车床上的三爪实现装夹且不变形。

利用安装在车床刀架上的滚压轮 12 进行缩口加工，便可实现缩口，缩口完成后旋转车床刀架，利用切断刀便可方便地对拉深件缩口后所留的修边余量进行车削修边。

缩口、修边完成，停止车床主轴转动，松开机床三爪，拧松压紧圈 10，将锥度心轴 5 抽出，三个斜面滑块 3 失去锥度支承而自动下落。此时，便可将完成缩口和修边的零件从模具中取出。

模具结构设计时应注意以下方面：

① 设计时使定位块 2 及定位圈 6 尺寸与零件的内形尺寸完全一致，使胀紧后的三个定位块 2 及定位圈 6 与零件的内腔贴合良好，并保证零件的装夹刚性。

② 导柱 4 与本体 1 配合部分成过盈配合，导柱 4 与锥度心轴 5 配合部分成间隙配合，其最大双面间隙仅为 0.04mm，保证零件加工的精度。

③ 锥度心轴 5 与三个滑块 3 斜度均取 16°，同时，保证三个滑块斜度完全一致、三个定位块 2 的外圆尺寸一致，以实现齿轮套内孔的均匀胀紧。

④ 三个滑块 3 及锥度心轴 5 的锥度均进行热处理，硬度为 45～52HRC，以保证其强度及耐磨性，本体采用 45 钢调质处理，以保证整套旋压模强度足够。

6.5 常见扩口模的结构

6.5.1 碗形件扩口模

图 6-27（c）所示为加工图 6-27（a）所示碗形件底部的扩口模，图 6-27（b）所示为其扩口前的半成品坯件。

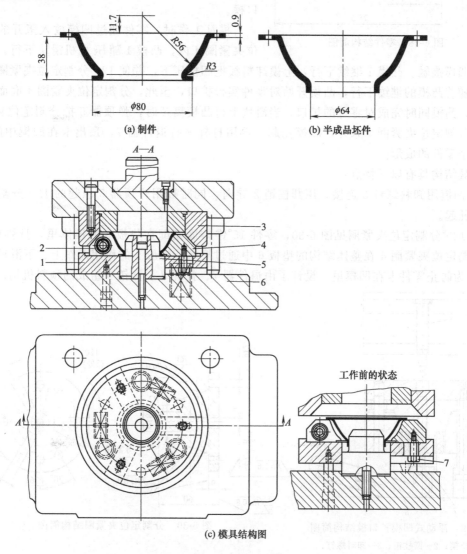

(a) 制件

(b) 半成品坯件

(c) 模具结构图

工作前的状态

图 6-27 扩口模

1—花盘；2—弹簧；3—环形楔；4—卡爪；5—凸模；6—下模座；7—螺钉

模具工作时，坯件放在卡爪 4 上用凸模 5 定位。当压力机滑块下行时，三个卡爪 4 在环形楔 3 的作用下，向中心移动，合成闭合环；随着压力机滑块的继续下行，坯件颈部在凸模 5 上的圆角作用下，逐渐扩开；当压力机滑块下行到小死点时，花盘 1 与下模座 6 镦死，以完成凸缘的校正；当压力机滑块上行时，卡爪 4 在弹簧 2 的作用下扩开。

根据模具的工作原理，在结构设计时，应注意实现：花盘 1 上的椭圆槽允许卡爪 4 作径向移动，卡爪 4 由螺钉 7 与花盘 1 相连接。

6.5.2 浮动凹模扩口模

图 6-28 所示零件采用 $\phi8\text{mm}\times1\text{mm}$ 的纯铜管端头扩口而成。

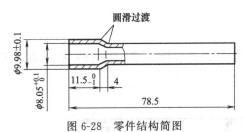

图 6-28 零件结构简图

该零件由于材料规格的差异，造成内孔忽大忽小，加之长径比较大，采用普通的扩口模扩口极易失稳，扩口后的产品质量极不稳定。为此，针对零件毛坯的情况设计了图 6-29 所示的浮动式凹模扩口模。

模具工作时，零件通过凹模放入张开的分割定位夹紧圈 4 内，凸模 1 随压力机滑块下行，卸料板与浮动凹模接触。凸模 1 继续下行，上模卸料板把凹模压下，并使 120°分割定位夹紧圈 4 夹紧零件，随着凸模的继续下行，凸模开始对零件实行扩口，至此，分割定位夹紧圈 4 底面与下模板贴死，凸模同时完成对零件的扩口。当滑块上行凸模离开时，弹顶器 5 把分割定位夹紧圈 4 顶起，分割定位夹紧圈 4 张开，凹模托起，再用打杆 8 打退件器 7，顶出卡在凹模中的零件，完成一个零件的成形。

模具结构具有以下特点：

① 凹模用卸料螺钉 3 连接，用圆柱销 2 导向，同时被用弹顶器 5 顶起的 120°分割定位夹紧圈 4 托起。

② 120°分割定位夹紧圈见图 6-30，零件 15°锥体面镶配在垫板 6 的锥体里，且协调一致，保证分割定位夹紧圈 4 在整体结构的垫板 6 中通过聚氨酯橡胶 5 的作用而作上、下滑动。

③ 为防止零件卡在凹模里，设计了由退件器 7、打杆 8 及圆销 9 组成的顶料机构。

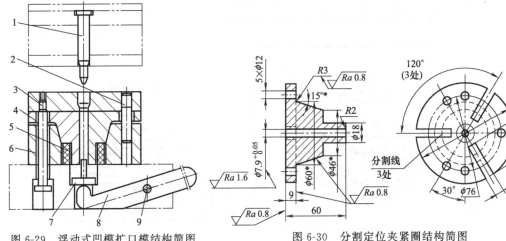

图 6-29　浮动式凹模扩口模结构简图
1—凸模；2—圆柱销；3—卸料螺钉；
4—120°分割定位夹紧圈；5—聚氨酯橡胶弹顶器；
6—垫板；7—退件器；8—打杆；9—圆销

图 6-30　分割定位夹紧圈结构简图

该模具与一般扩口模最大的差别就在于采用浮动凹模即分割定位夹紧，既能解决因长径比大造成的失稳现象，又能解决材质超差易卡模的问题。模具结构合理，性能稳定，拆装方便，产品质量稳定，实用性好。

6.6 常见胀形模的结构

6.6.1 防尘盖胀形模

图 6-31（b）为加工图 6-31（a）所示防尘盖（采用料厚 0.8mm 的 08F 钢板制成）中部凸出台阶的胀形模的结构图。

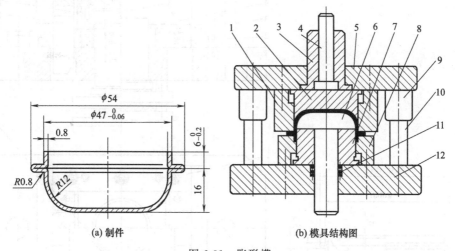

(a) 制件　　　　　　　　　　　(b) 模具结构图

图 6-31　胀形模

1—上压合模；2—卸料器；3—模柄；4—卸料杆；5—上模板；6—定位顶杆；
7—保护器；8—下压合模；9—导套；10—导柱；11—弹簧；12—下模

模具工作时，可先将修好边的拉深筒体放于保护器 7 及下压合模 8 的环形槽中，随着压力机滑块的下行，定位顶杆 6 将卸料器 2 压至上模板 5 底面，卸料器 2 克服定位顶杆 6 的反作用力，压定位顶杆 6 下端面使与保护器 7 上端面贴合，零件上半部进入上压合模 1 中，从而使整个零件毛坯不需变形区域均得到定位顶杆 6、保护器 7 及上压合模 1、下压合模 8 的内、外支承保护，随着压力机滑块的继续下行，上压合模 1 及下压合模 8 共同作用迫使零件向外胀形并压合出零件要求的台阶。

模具结构设计具有以下特点：

① 为保证零件尺寸精度要求，同时提供可靠的支承保护。上、下压合模 1、8 与零件外形尺寸应保证 0.03～0.05mm 的双边间隙。

② 为保证内、外支承保护稳定、可靠，保护器 7 及定位顶杆 6、卸料器 2 要与零件的尺寸和形状吻合一致，以免产生缺陷。

③ 为保证零件顺利进入保护器 7 及下压合模 8 的环槽，车削修边时应于 φ47mm 外圆倒 0.2×45°角。

④ 为使零件口部能得到内、外支承保护，环槽宽度与零件应保持单边 0.01～0.03mm 的间隙。

6.6.2 线圈骨架胀形模

图 6-32（b）为加工图 6-32（a）所示线圈骨架〔采用料厚 0.3mm 的 1035（L4）铝板制

成〕中部凸出台阶的胀形模的结构图。

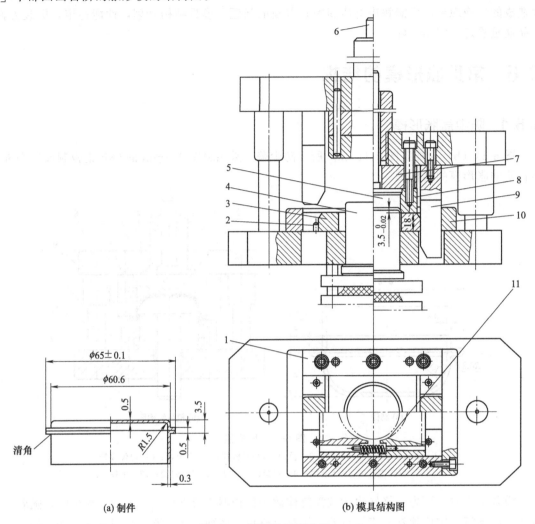

图 6-32　线圈骨架胀形模

1—导轨；2—销；3—滑块；4—凸模；5—推板；6—推杆；7—垫板；8—凹模；9—斜楔；10—挡板；11—弹簧

模具工作时，可先将完成拉深并修好边的坯件套在凸模 4 上，压力机滑块下降时，斜楔 9 推动滑块 3 向中间滑动，将坯料夹紧，随后推板 5 下行压住坯料，随着压力机滑块的继续下降，坯料被挤压在凹模型腔中，并胀形出一凸缘。当压力机滑块上升时，斜楔 9 回升，滑块 3 在弹簧 11 作用下退至原位，夹紧的冲件被松开。凸模 4 在压缩的弹顶器的弹力作用下，带动冲件上行，随后推杆 6 与压力机打料横梁相撞，迫使推板 5 将完成胀形的冲件推出凹模 8 的型腔。

6.6.3　双动压力机用橡胶胀形模

图 6-33（c）为设计的加工图 6-33（a）所示球形罩（采用料厚 1mm 的 1070A 铝板制成）中部球形的胀形模的结构图。图 6-32（b）所示为胀形前的半成品坯件。

设计胀形模结构，首先应根据胀形件的结构确定分型面，而双动压力机胀形模的结构通常都是分三大块，即：成形部分、上模部分、下模部分。其中上模部分、下模部分组成胀形型腔，成形部分为胀形施力部分。其分别安装在双动压力机的外滑块、内滑块及工作台上。

本套模具安装在双动压力机上加工，其中，上芯 8 安装在压力机的内滑块上，上模 7 和上板 9 安装在外滑块上，拉深半成品件放在下模 5 中定位，选用橡胶作介质对毛坯胀形，铝板强度低，变形抗力小，易变形。

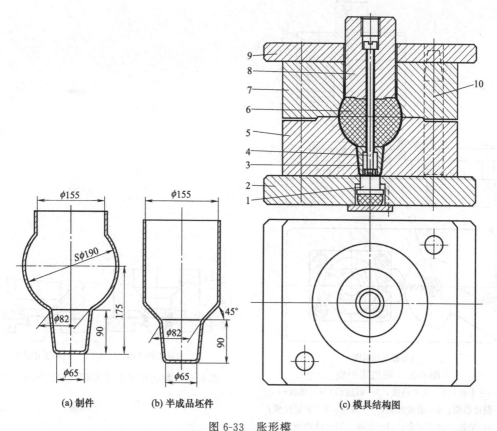

(a) 制件　　(b) 半成品坯件　　(c) 模具结构图

图 6-33　胀形模

1—顶块；2—下板；3—下芯；4—拉杆；5—下模；6—橡胶；7—上模；8—上芯；9—上板；10—导柱

6.7　常见翻边模的结构

6.7.1　端面翻边压平模

图 6-34（d）为设计的加工图 6-34（a）所示端盖（采用料厚 0.5mm 的 10 钢板制成）端面的翻边压平模的结构图。图 6-34（b）所示为翻边压平前的半成品坯件，图 6-34（c）所示为翻边压平过程中的零件中间工序形状。

该模具采用斜楔装置，在一次行程中便可完成翻边压平加工。毛坯件放在固定凹模 8 中定位，扳动凸轮手柄 12 使活动凹模 6 右行，将毛坯件夹紧。上模下行时，压平凸模 2 的导头导正毛坯，环形翻边凸模 5 将毛坯上端部向外压斜翻边，参见图 6-35（a）；上模继续下行，在件 2 的锥面作用下，件 5 沿径向撑开，凸模 2 平台处将工件压平，见图 6-35（b）。

6.7.2　盖内、外缘翻边模

图 6-36（b）为设计的加工图 6-36（a）所示盖（采用料厚 1mm 的 20 钢板制成）内、外缘的内外缘翻边模的结构图。

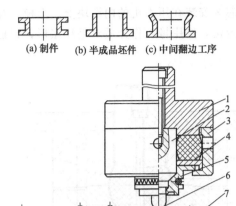

(a) 制件 (b) 半成品坯件 (c) 中间翻边工序

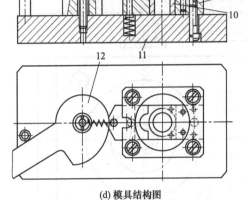

(d) 模具结构图

图 6-34 翻边压平模

1—上板；2—压平凸模；3—固定套；4—垫板；

5—翻边凸模；6—活动凹模；7—盖板；8—固定凹模；

9—垫板；10—下套；11—底板；12—凸轮手柄

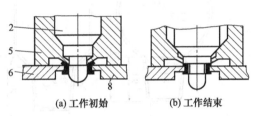

(a) 工作初始　　　(b) 工作结束

图 6-35　翻边压平工作原理（图注同图 6-34）

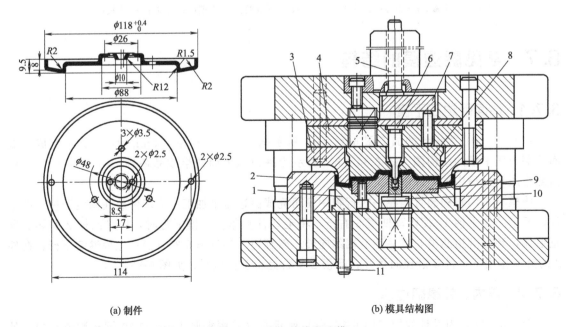

(a) 制件　　　　　　　　　　　　　　　(b) 模具结构图

图 6-36　内、外缘翻边模

1—顶件块；2—凹模；3—凸凹模；4—上固定板；5—打杆；6—凸模；7—打板；8—推件块；9—下凹模；10—顶件块；11—顶杆

该模具用于完成工件外缘 $\phi118mm$ 和内孔 $\phi10mm$ 的翻边。外缘翻边在凸凹模 3 和凹模 2 间完成。内孔翻边在凸模 6 和下凹模 9 间完成。毛坯件用顶件块 1 和下凹模 9 的形状定位，上模下行时，推件块 8 先压住毛坯件保证定位准确。翻边完成后，下模中顶杆 11 和顶件块 10 将工件顶出，上模有刚性和弹性卸料装置。

6.8 常见成形压合模的结构

6.8.1 密封圈装配模

图 6-37（b）所示模具用于图 6-37（a）所示密封圈的装配，即将密封橡胶放入金属包皮的工序件槽中后，用此模具进行内、外翻边（包合）。

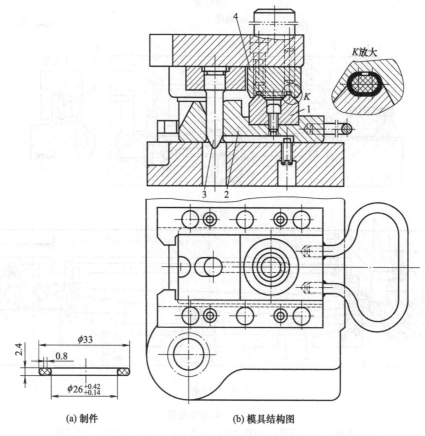

(a) 制件   (b) 模具结构图

图 6-37 密封圈装配模
1—下模；2—固定板；3—导正销；4—凹模

模具工作前，先将固定板 2 向右拉出，将装有密封橡胶的金属包皮工序件放在下模 1 的型槽上，将固定板 2 向左推入模内。上模下降时，导正销 3 先将固定板 2 的位置导正，然后凹模 4 进合翻边（包合）。上模回升后，将固定板 2 向右拉出，即可取出制件，并放入下一个坯料（工序件）。

6.8.2 内、外门板压合模

图 6-38（b）所示模具用于图 6-38（a）所示内、外门板的压合装配工序。

该模具的工作过程及特点主要有：

① 预先将内门板放入外门板的周边内，而后将合件放入冲模中，由浮动定位块 6 定位。压合过程是：先由凹模 5 将外门周边向内压弯成 45°，而后由凹模 2 将周边压死，并由压杆 4 沿周边冲点穴。

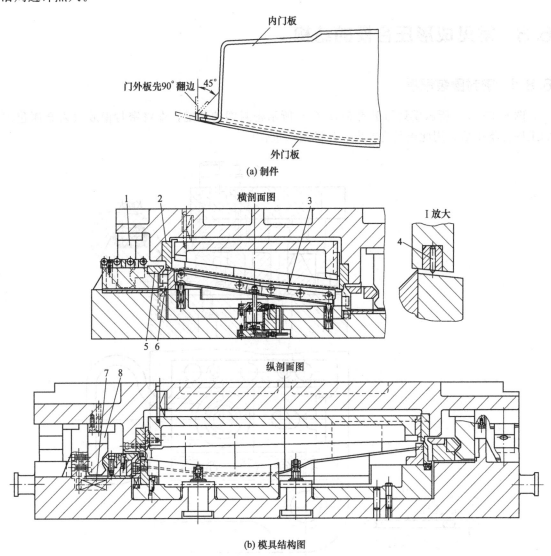

(a) 制件

(b) 模具结构图

图 6-38　压合装配模

1,8—楔块；2,5—凹模；3—顶出器；4—压针；6—浮动定位块；7—弹簧

凹模 5 运动由楔块 1 带动，在完成 45°压弯后立即在弹簧 7 的作用下退回，而后在凹模 2 和压杆 4 的作用下压合及压点穴。

② 定位块 6 上部带 45°斜面，当凹模 5 前移时，在凹模 5 上相应的 45°斜面的作用下，向下移动，不影响凹模 5 工作。

③ 压完后的合件由气动顶出器 3 顶起，合件顺顶出器 3 上的滚道滑出。

第7章 ▶▶▶

典型复合模结构设计实例

7.1 复合模加工的特点及选用原则

在冲床的一次冲压行程中，在一副模具同一工位上能同时完成两种或两种以上冲压工序的模具称为复合模。采用复合模加工，能将原来由多套模具完成的工序复合在一套模具上完成，因此，能成倍地提高生产效率。

(1) 采用复合模加工的特点

① 由于复合模可以在一副模具、一次冲压行程中完成几道工序，因此，采用复合模加工的冲压件，工件的精度较高，工件的毛刺在同一侧，且形位误差小。一般采用复合模加工，冲出的零件尺寸精度可达 IT9～IT11 级，同轴度可达 ± （0.02～0.04）mm。表 7-1 所示为复合模与单工序冲孔模之间所冲孔对外缘轮廓的标准公差对照。

表 7-1 孔对外缘轮廓的标准公差　　　　　　　　　　　　　　mm

模具型式和定位方法	模具精度	工件尺寸		
		<30	30～100	100～200
复合模	高精度	±0.015	±0.02	±0.025
	普通精度	±0.02	±0.03	±0.04
外形定位的冲孔模	高精度	±0.08	±0.12	±0.18
	普通精度	±0.15	±0.20	±0.30

② 由于复合模复合了多道加工工序，从而使模具设计、制造比单工序模复杂，成本也提高。

③ 加工工件若要采用复合模，必须使设计的模具具备各种工序复合的条件，且应能顺利完成各种工序的加工。

④ 由于操作时出件困难，因此，较难实现自动化生产。又因手需伸入模具工作区中取件，故生产的安全性受到一定的影响。

(2) 选用复合模加工的原则

① 生产批量。由于复合模可以在一副模具、一次冲压行程中完成几道工序，因此，能成倍地提高生产效率。复合模结构一般比单工序模复杂，模具的制造成本也有所提高，因此，是否采用复合模需重点考虑该零件的生产批量是否适合使用复合模。在小批量生产中，由于模具结构简单，采用几个单工序模可能比采用一套复合模的成本还低。

② 是否采用复合模除了要考虑生产批量外，还应对模具生产厂家的设备、模具制造能力有准确的评估。

③ 冲压工件的精度。当冲压工件的尺寸精度或同轴度、对称度等位置精度要求较高时，应考虑采用复合模；对于形状较复杂，重新定位可能产生较大加工误差的冲压工件，也可采用复合模具。

④ 分析加工工件是否具备复合的条件，决定复合的各工序采用的模具机构应易于实现要求的动作，动作完成的可靠性应较高。

7.2 常见工序的复合形式及其复合条件

(1) 复合模的种类

复合模按复合工序的性质分类，主要分为冲裁类复合模、成形类复合模、冲裁与成形复合模三大类。各类复合模中常见的型式有：

① 冲裁类复合模　冲裁类复合模主要有：冲孔、落料复合模，冲孔、切断复合模，冲孔、挤边复合模等。

② 成形类复合模　成形类复合模主要有：弯曲复合模，挤压复合模，弯曲、翻边复合模等。

③ 冲裁与成形复合模　冲裁与成形复合模主要有：落料、拉深复合模，落料、弯曲复合模，冲孔、翻边复合模，拉深、切边复合模，冲孔、挤压成形复合模等。

(2) 常见工序的复合形式及其复合条件

1) 预弯和落料复合

卷边零件的落料和预弯可复合为一个成形冲裁工序，只需将落料凸模对应的需预弯的一边倒圆，这样落料的同时完成预弯工序，用于薄料的预弯及落料，如图 7-1 所示。

2) 浅成形件与冲裁复合

浅锥形件、浅球面件、浅弯曲件等成形件，可采用成形与冲裁复合一次冲出。成形冲裁是将冲裁凸模端面加工成冲压件形状，冲裁时材料自动贴紧凸模而形成，一般可不需要成形凹模，一般浅成形件均属于局部成形性质。图 7-2 所示模具为压成浅锥形后再冲孔复合模，同样，该模具结构形式稍加改进便可实现其他浅成形件与落料的复合。

3) 落料和冲孔复合

落料和冲孔复合模是一种常用的复合形式，其有正装及倒装式两种结构。如图 7-3 所示的模具结构中的凸凹模在下模、落料凹模在上模称为倒装式，其复合条件为：凸凹模最小壁厚符合表 7-2 的要求。

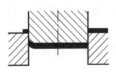

图 7-1　预弯和落料复合模结构简图

图 7-2　浅锥形和冲孔复合模

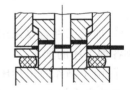

图 7-3　落料、冲孔复合模

当采用正装式复合模结构（凸凹模装在上模、落料凹模在下模）时，其复合条件为：

凸凹模最小壁厚：当冲裁硬材料时，要求最小壁厚不小于 $1.5t$；冲裁软材料时，要求最小壁厚不小于 t。

若采取下述措施：

① 适当加大冲裁间隙。落料双面间隙可取料厚的 10％，冲孔双面间隙可取料厚的 15％。

② 凸凹模的冲孔刃口直接采用 1°锥度线切割加工，刃口没有直边高度，减少了废料对凹

模型腔的胀形压力，确保冲孔废料顺利排出。

表 7-2 凸凹模的最小壁厚　　　　　　　　　　　　　　　　　　　　mm

料厚	0.4	0.5	0.6	0.7	0.8	0.9	1	1.2	1.5	1.75
最小壁厚 a	1.4	1.6	1.8	2	2.3	2.5	2.7	3.2	3.8	4
最小直径 D	15					18			21	
料厚	2	2.1	2.5	2.75	3	3.5	4	4.5	5	5.5
最小壁厚 a	4.9	5	5.8	6.3	6.7	7.8	8.5	9.3	10	12
最小直径 D	21	25		28		32		35	40	45

注：1. 本表所列数值为积聚废料的凸凹模的最小壁厚。

2. 对不积聚废料的凸凹模的最小壁厚，黑色金属和硬材料约为工件料厚的 1.5 倍，但不小于 0.7mm，对有色金属和软材料约等于工件料厚，但不小于 0.5mm。

③ 实行阶梯冲裁。冲孔凸模比落料凹模低 1～2mm，凸凹模进入凹模后才开始冲孔，落料废料紧紧套在凸凹模外面，相当于一个预应力圈，起到保护凸凹模的作用。

④ 凸凹模刃口工作部分以外的非工作部分适当放大，卸料板或顶料板与凸凹模配合部分通过局部减薄来避让凸凹模放大了的非工作部分。

⑤ 采用整体橡胶卸料。卸料橡胶紧套在凸凹模上，以增大凸凹模强度。

⑥ 对于带悬臂的窄长槽类冲压件，可在凹模下部增加一块楔紧块，让悬臂部分与凹模下部形成一个固定整体，使凹模有效工作深度缩为 12～15mm，这样基本上可防止悬臂折断。同样，凸模或凸凹模的悬臂部分也需用固定板固定，以缩短凸模或凸凹模的悬臂部分工作高度。

⑦ 卸料板和顶料板用小导柱导向，防止其因受力不平衡而倾斜从而折断小凸模和凹模悬臂部分。

⑧ 模具材料用 Cr12MoV，反复锻造，保证碳化物不均匀性达 3 级。

⑨ 对较薄弱的凸凹模选用高强度、高韧性的模具钢，如 LD、LD-2、LM1、LM2、65Nb 等。

那么，在冲压材料为低碳钢时，凸凹模允许的最小壁厚一般为料厚的 2～3 倍，凸凹模最小壁厚一般应大于 1.2mm；采取一定措施后凸凹模最小壁厚可小到料厚的 1.2 倍，最小可达 0.5mm。

落料和冲孔复合是各种复合的基础，以其为基础可拓展复合为冲孔、落料、成形和冲孔、落料、翻边等各种复合模。图 7-3 所示模具结构同样适用于落料与切口工序的复合；图 7-4 所示为冲孔与切边工序的模具复合形式，图中的凸凹模零件壁厚可参照落料、冲孔凸凹模要求设计。

4）落料和拉深工序复合

模具结构见图 7-5。落料、拉深复合也是常见的复合形式。使用时须注意拉深凹模有足够的壁厚，即应保证该拉深件的展开料与拉深件外形的差值应大于表 7-2 中复合模凸凹模相应料厚对应的最小壁厚 a 值，否则影响模具寿命，必要时须对此进行强度校核。

该类复合模由于模具结构并不复杂，而生产效率提高明显，因此，在生产中应用广泛。常用于带凸缘或不带凸缘的拉深件加工。

落料、拉深复合是各种复合的基础，以其为基础可复合出落料、拉深、成形和落料、拉深、翻边等各种复合模。

5）落料、拉深和冲孔工序复合

模具结构见图7-6。落料、拉深、冲孔复合，须同时保证拉深凹模、拉深凸模（同时也是冲孔凹模）有足够壁厚。

图7-4　冲孔、切边复合模

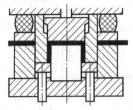

图7-5　落料、拉深复合模

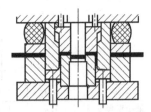

图7-6　落料、拉深和冲孔复合模

6）落料、拉深和冲孔、挤边工序复合

模具结构见图7-7。

落料、拉深、冲孔复合，需同时保证拉深凹模、拉深凸模（同时也是冲孔凹模、挤边凸模）有足够壁厚，挤边多用于料厚较薄（$t \leqslant 3$mm）的无凸缘拉深件的修边。

7）落料、拉深和冲孔、翻边工序复合

模具结构见图7-8。

落料、拉深和冲孔、翻边复合时，应注意控制各工序完成的节奏，即先落料、拉深，最后才冲孔、翻边，否则会因材料流动影响冲孔后零件的尺寸，造成翻边高度不合要求。

由于凸凹模为冲孔、拉深、翻边复合工作零件，因此，须保证其有足够壁厚。

8）切断和弯曲工序复合

模具结构见图7-9。

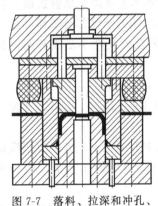

图7-7　落料、拉深和冲孔、
挤边复合模

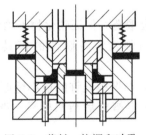

图7-8　落料、拉深和冲孔、
翻边复合模

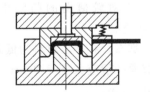

图7-9　切断和弯曲复合模

切断、弯曲工序复合时，切断凸模要有足够的壁厚，同时弯曲的直边要足够长，否则弯后的零件圆角不够清晰、明显且回弹较大。

9）冲孔、成形和切边工序复合

模具结构见图7-10。

冲孔、成形、切边复合时，应注意控制各工序完成的节奏，即先成形，最后才冲孔、切边，否则会因材料流动影响切边及冲孔后零件的尺寸。为达到控制冲压顺序的目的，成形凸模常采用弹力足够的弹性元件（聚氨酯或强力弹簧）支承的浮动结构。也可根据零件要求，通过试验或经验采用变形补偿法进行调整，即预留变形尺寸进行反补偿。

只要控制好图7-10所示模具的闭合高度，便可增加冲孔、成形、切边复合后的成形件的校正功能。上述分析、要求同样适用于落料、胀形、冲孔工序的复合模结构；各工序完成的节奏，即先胀形，最后才冲孔、落料，参见图7-11。

　10）切断、弯曲和冲孔工序复合

　模具结构见图7-12。

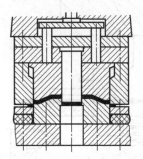 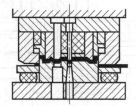 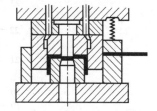

图7-10　冲孔、成形和切边复合模　　图7-11　落料、胀形、冲孔复合模　　图7-12　切断、弯曲和冲孔复合模

　切断、弯曲、冲孔复合时，切断凸模、弯曲凸模要有足够壁厚。

　11）冲孔和翻边工序复合

　模具结构见图7-13。

　冲孔、翻边复合要注意在设计时控制加工的先后顺序，即先冲孔再翻边，否则将使翻边高度不准或导致翻边裂纹；同时要保证冲孔凹模（同时也是翻边凸模）壁厚足够。

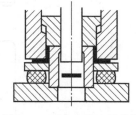

图7-13　冲孔和翻边复合模

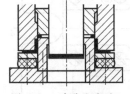

图7-14　冲孔和翻边、挤边复合模

　12）冲孔和翻边、挤边工序复合

　模具结构见图7-14。

　冲孔、翻边和挤边复合要注意在设计时控制加工的先后顺序，即先冲孔再翻边、最后挤边，否则将使翻边高度不准或导致翻边裂纹；同时要保证冲孔凹模（同时也是翻边凸模）壁厚足够，挤边多用于料厚较薄（$t \leqslant 3\text{mm}$）件的修边。

　13）多方向冲裁、成形、弯曲等工序的复合

　在模具设计中采用斜楔和滑块配对应用，变垂直运动为水平运动或倾斜运动，可实现侧冲孔、水平修边或倾斜修边、多向弯曲、侧向成形和按顺序成形等功能。

　此外，采用摆块弯曲模可实现几个方向的弯曲，材料弯曲变形较缓和，材料流动阻力小，适合于多角弯曲件、半封闭弯曲件和封闭弯曲件。

　当冲压件周边弯曲方向相反时，也可用橡胶或强力弹簧支承下浮动凸模，用弱弹簧支承上浮动凸模，下浮动凸模与上凹模先弯曲向下的边，接着上浮动凸模顶底碰硬后与下凹模弯曲向上的边，实现多方向弯曲的复合。

7.3　常见分离类工序复合模的结构

7.3.1　一模三件垫圈倒装式复合模

　图7-15（b）为设计的加工图7-15（a）所示垫圈（采用料厚0.8mm的Q235A钢板制成）的复合冲裁模的结构图。

　考虑到垫圈在各种机械产品中需求量很大，故模具采用一模三件复合冲裁形式，并可采用带料自动送进、压缩空气吹卸冲件出模的连续冲压，每小时生产量可高达近两万件，具有效率

高、质量好等特点。

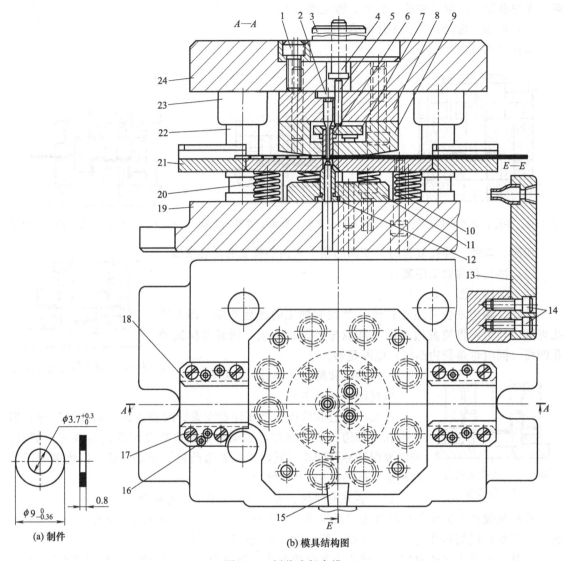

图 7-15 倒装式复合模

1,14—内六角螺钉；2—冲孔凸模；3—模柄；4—打料杆；5—推杆；6—卸件器；7—推板；8—固定板；
9—凹模；10—卸料螺钉；11—下固定板；12—凸凹模；13—支架；15—喷嘴；16—圆柱销；
17—螺钉；18—导料板；19—下模座；20—弹簧；21—承料板；22—导柱；23—导套；24—上模座

该模具具有以下特点：

采用非标准的三导柱滑动导向模架，用自动送料装置控制送料进距，设有专用压缩空气吹卸工件出模的喷嘴，与冲模冲压动作协调联动，当上模回程时，将工件从凹模 9 中推卸出来并落在凸凹模和卸料板表面后，压缩空气喷嘴阀门打开，高压的压缩空气从扁平喷嘴喷出，将工件吹卸出模，进入压力机工作台的零件箱中。操作工人只需监看，不用动手。

这种结构的冲模刚度大，稳定性好，适于高速冲压，模具在高速时运作平稳。其缺点是结构复杂，模体庞大，又需要配压缩空气吹卸零件，故其适用于有气源并进行大量生产的场合。

7.3.2 一模二件号套裁顺装式复合模

图 7-16（c）为设计的加工图 7-16（a）、（b）所示两种规格垫圈（均采用料厚 0.5mm 的

钢纸板制成）的复合冲裁模的结构图。

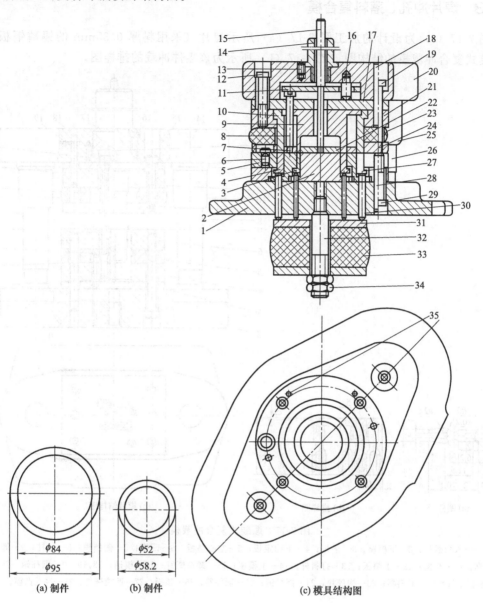

(a) 制件　　　　(b) 制件　　　　　　(c) 模具结构图

图 7-16　有搭边套裁顺装式复合冲裁模

1—下模座；2—凸模；3,4,7—推件圈；5—凹模；6—挡料销；8,12—螺钉；9,10—上凸凹模；11—推件板；
13—顶丝；14—模柄；15—推杆；16—支持销；17—垫板；18,28～30—销钉；19—螺钉；20—上模座；
21—上凸凹模固定板；22—推料板；23,33—橡胶体；24—卸料板；25—导套；26—导柱；27—下凸凹模；
31—推盘；32—拉杆；34—螺母；35—挡料销

该模具为一套钢纸板圆垫圈有搭边（废料）套裁顺装式复合冲裁模，可一模冲出两种纸板垫圈。由于实施了套裁，因而节省了原材料，提高了生产效率。

整套冲模结构较复杂。图 7-16（b）所示工件的凸模 2 嵌装在下凸凹模 27 上，保证了它们的同轴度。为了避免垫板 17 由于凸凹模的压力而产生变形，在上模座 20 的孔内压入三个支持销 16。

该冲模的另一个特点是，所套裁的两个工件是中间有搭边套裁，图 7-16（b）所示工件的外径为 58.2mm，而图 7-16（a）所示工件的内径为 84mm，两者相差甚远，中间还有（84-58.2）mm/2＝12.9mm 宽的搭边废料。故该冲模和无搭边套裁冲模结构不同。

7.3.3 焊片冲孔、落料复合模

图 7-17 (c) 为设计的加工图 7-17 (a) 所示焊片（采用料厚 0.35mm 的锡磷铜板制成）的顺装式复合冲裁模的结构图，图 7-17 (b) 所示为该零件冲裁的排样图。

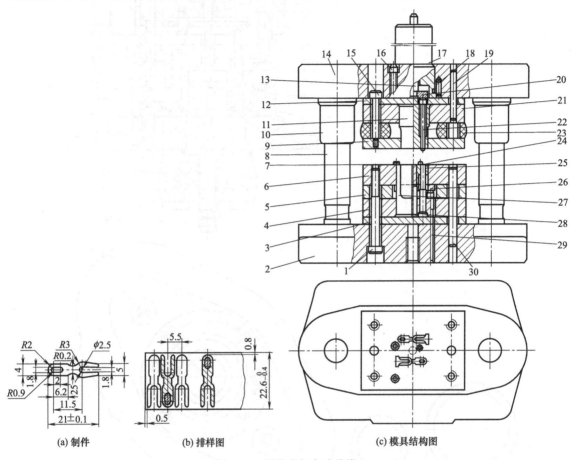

(a) 制件 (b) 排样图 (c) 模具结构图

图 7-17 顺装式复合冲裁模

1,16—内六角螺钉；2—下模座；3—垫板；4—下固定板；5—空心垫板；6—凹模；7—侧挡销；8—导柱；9—卸料板；10—导套；11—凸模；12—上垫板；13—打料杆；14—上模座；15—卸料螺钉；17—模柄；18,19,30—圆柱销；20—推板；21—凸模固定板；22—卸料器；23—橡胶块；24—挡料销；25—顶件器；26—顶板；27—凹模嵌件；28—冲孔凸模；29—顶杆

该复合冲裁模是冲制焊片、弹簧片、接触片等薄板小型仪表零件的一种典型结构形式。冲裁零件料厚 $t=0.35mm$，采用国标 GB/T 16743—2010《冲裁间隙》规定的 Ⅰ 类小间隙时，单边冲裁间隙 $C=0.016mm$，故应选用 Ⅰ 级滑动导向精密模架或滚动导向滚珠导柱模架，以确保模芯的良好导向和均匀的冲裁间隙，从而达到更高的模具寿命。

该冲模采用顺装式结构，采用侧挡销与定位（挡料）销手工送料共同控制送料进距，冲制好的零件从凹模洞口平稳顶出，平面度高而无拱弯翘起，冲压精度高。

冲模结构设计时，将冲件一端宽×长＝1.8mm×8.75mm 的开口槽孔用一个 T 形嵌件镶入凹模刃口，降低了凹模制造难度，使凹模的刃磨、修理趋于简便。该冲模如用双边错开布置的侧刃，并配以压缩空气喷卸工件，则可实现连续高速冲压。

7.3.4 上装式聚氨酯橡胶冲孔、落料复合模

图 7-18 (b) 所示为设计的加工图 7-18 (a) 所示不锈钢薄片齿轮（采用料厚 0.15mm 的

不锈钢板制成）的聚氨酯容框上装式复合模。聚氨酯橡胶冲裁模适合于冲裁材料厚度在0.3mm 以下的中、小批量生产的金属及非金属薄膜等制件。它具有冲裁质量好、尺寸稳定、无毛刺、模具制造成本低、周期短等优点。

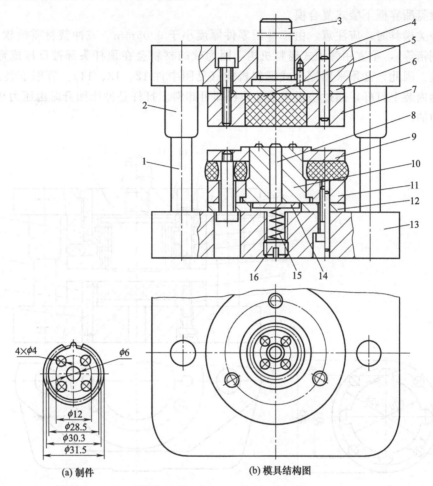

图 7-18　容框上装式复合模

1—导柱；2—导套；3—模柄；4—上模座；5—聚氨酯橡胶；6—垫板；7—容框；8—顶杆；9—压板；
10—凸凹模；11—固定板；12—衬板；13—下模座；14—推板；15—弹簧；16—螺塞

该类模具一般由下列几部分组成：

① 模架部分（导柱、导套和上下模座）。其功能与普通钢模相同，但精度比钢模具要求低，三级精度可满足要求。

② 聚氨酯橡胶容框。图示为件 5、6、7，通过螺钉和圆柱销连接在一起，组成分离式橡胶容框。在模具中的位置可分为上装式和下装式，本模具为上装式。其特点是条料在冲压时定位方便，易于取件和清除废料。

③ 切割分离及成形元件。凸凹模 10、压板 9、顶杆 8 和聚氨酯橡胶垫组成切割或成形元件。

④ 退（顶）料机构。冲孔后的废料残留在凸凹模的孔内，必须顶出加以清除。衬板 12、推板 14、顶杆 8、弹簧 15 与螺塞 16 组成顶料机构。

衬板 12 和推板 14 不仅是退（顶）料必不可少的元件，而且通过调整它们的高度差值，可以控制聚氨酯橡胶的压入深度。

7.3.5　下装式聚氨酯橡胶冲孔、落料复合模

图 7-19（b）所示为设计的加工图 7-19（a）所示垫圈（采用料厚 0.2mm 的 LF21M 铝板制成）的聚氨酯容框下装式复合模。

设计该类模具时，应注意：由于冲压零件厚度小于 0.05mm，或冲裁材质松软（如铝箔、锡箔、紫铜箔等），不宜用弹顶式退料机构，因为软的材料会在顶杆头部被反压成形，而影响冲件的质量。因此，必须采用撞击式退料机构（见图中件 12、13、14）。容框下装式的模具，只要在模柄内装上打杆，通过垫板来推动顶杆即可卸料。打杆是冲床回升时由压力机上的打料横杆传递力的。

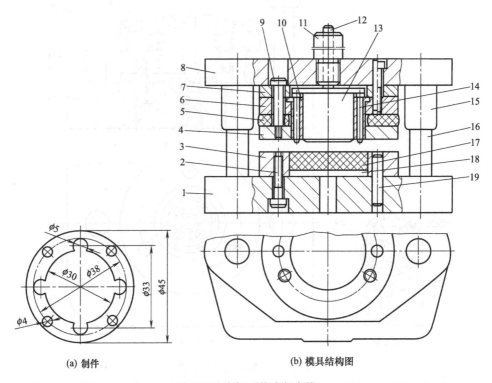

(a) 制件　　　　　　　(b) 模具结构图

图 7-19　容框下装式复合模

1—下模座；2—螺钉；3—容框；4—卸料板；5—橡皮；6—固定板；7—衬板；8—上模座；9—卸料螺钉；10—凸凹模；
11—模柄；12—打杆；13,14—顶杆；15—导套；16—导柱；17—聚氨酯橡胶垫；18—垫板；19—圆柱销

7.3.6　云母片复合冲裁模

图 7-20（b）为设计的加工图 7-20（a）所示云母片（采用料厚 0.5mm 的人造云母料制成）的复合冲裁模的结构图。

模具工作时，将云母料置于下模的适当位置，当上模下降时，凸凹模 20、凸模 22 与凹模镶件 21、27 共同作用将云母料冲裁成符合图示尺寸要求的形状。冲孔废料由凸凹模 20 中重叠向上排除。该模具具有以下特点：

① 整套模具采用正装式复合模结构，考虑到云母片厚度薄，凸、凹模双面间隙很小，对上、下模导向精度有一定的要求，故模具采用了滚珠导向模架及浮动模柄，保证了上、下模正确的导向。

② 凹模采用镶拼结构，由镶件 8、28 与硬质合金镶件 21、27 组成，提高了模具寿命。

③ 为了增加小凸模的使用寿命，凸模长度应尽量缩短。

④ 为了及时排除冲裁时产生的粉尘，一般可在上模安装气嘴，使压缩空气通过吹管尽可能地将进入凸凹模或推板、卸料板等活动部分的粉尘吹走，以提高模具的使用寿命。本云母片冲裁模中的冲孔废料采用由凸凹模 20 中重叠向上排除的结构，使整个模具的结构得到了简化。但采用该种结构要特别注意凸凹模内孔的堵塞问题，凹模刃口直线段长度应尽量缩短。

⑤ 由于模具精度要求高，故顶板与凸凹模或推板与凸模、推板与凹模等一般均采用 H6/h5 配合。

⑥ 由于模具的冲裁间隙小，采用了滚珠导向模架，因此，使用中应保证导柱与导套不脱离，模具应在偏心冲床上使用。

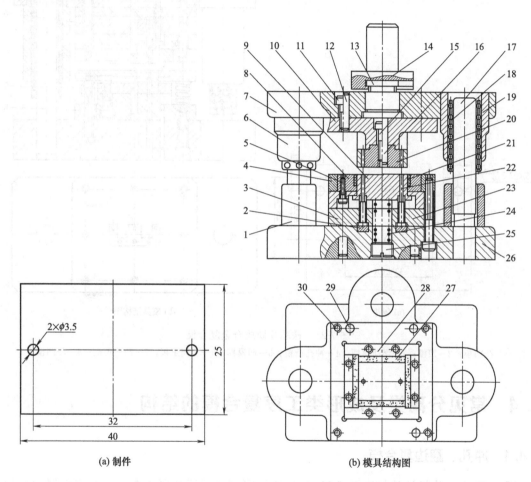

(a) 制件   (b) 模具结构图

图 7-20　云母片复合冲裁模

1—垫套；2—垫板；3—中垫板；4—固定板；5,11,15,30—螺钉；6—导套；7—上模座；8,28—镶件；9—顶板；10—凸模固定板；12,16,29—圆柱销；13—连接轴；14—模柄；17—导柱；18—滚珠套；19—滚珠；20—凸凹模；21,27—硬质合金镶件；22—凸模；23—固定板；24—弹簧；25—螺塞；26—下模座

7.3.7　山字形铁芯片硬质合金复合模

图 7-21（b）为设计的加工图 7-21（a）所示山字形铁芯片（采用料厚 1.5mm 硅钢片制成）的复合冲裁模的结构图。

铁芯片为电机产品上的零件，其生产批量大，对此类零件的冲裁目前多采用硬质合金模加工，本模具采用倒装式复合结构。凸凹模 1 和凹模 2 用冷压法固定在凸凹模框 7 和凹模框 5 中，凸凹模和凹模用硬质合金 YG20 制作，冲孔凸模 4 用 W18Cr4V 制作。为提高硬质合金的使用寿命，本模采用滚珠导向模架和浮动模柄结构。

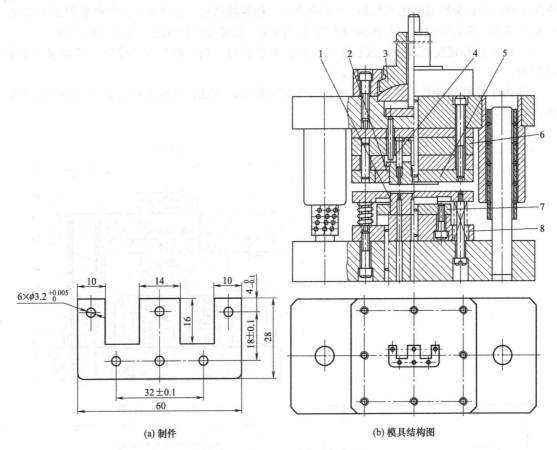

(a) 制件　　　　　　　　(b) 模具结构图

图 7-21　铁芯片硬质合金复合模

1—凸凹模；2—凹模；3—浮动模柄；4—冲孔凸模；5—凹模框；6—上固定板；7—凸凹模框；8—凸凹模座

7.4　常见分离类及成形类工序复合模的结构

7.4.1　冲孔、翻边复合模

图 7-22 (c) 为设计的加工图 7-22 (a) 所示隔套（采用料厚 1.5mm 08 钢板制成）的冲孔、翻边复合模的结构图，该模具适用于翻边高度较高、需拉深后再翻边的零件。图 7-22 (b) 为冲孔、翻边前的拉深坯件图。

模具工作时，将拉深后的毛坯套在凸凹模 3 上定位，随着压力机滑块的下行，凸凹模 3 和冲孔凸模 6 先将毛坯冲孔，随后上模继续下行，翻边凹模 4 和压边圈 19 先对坯料压边，随后凸凹模 3 和翻边凹模 4 再完成工件上部的翻边。

7.4.2　电表指针弯曲、落料复合模

图 7-23 (a) 所示为电表指针的结构，采用 0.3mm 厚的铝箔制成，薄而软。零件细长，长度达 71mm 而宽度仅为 2mm，为细长杆形状，杆部为 V 形弯曲断面。

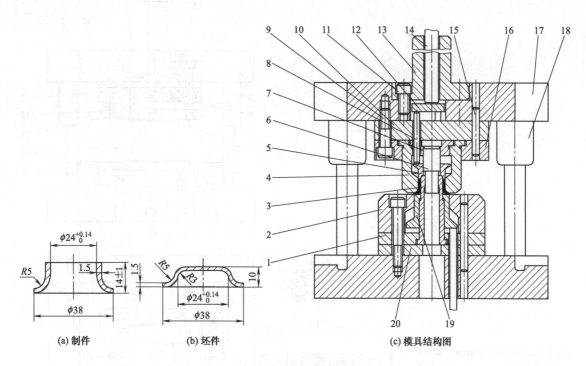

图 7-22　冲孔、翻边复合模

1—凹模固定板；2—导板；3—凸凹模；4—翻边凹模；5—带肩推板；6—冲孔凸模；7—凸模固定板；8—推杆；
9—螺钉；10—垫板；11—螺钉；12—推板；13—模柄；14—推杆；15—销钉；16—翻边凹模固定板；
17—上模板；18—导套；19—压边圈；20—垫板

根据零件结构可采用对排有搭边排样 [图 7-23 (b)]，进行弯形后落料复合冲制，设计的弯曲、落料复合模结构如图 7-23 (c) 所示。

该冲模在结构设计上，充分考虑制模工艺性，采取以下技术措施：

① 冲压工艺采用弯曲、落料复合冲压。利用零件料软、塑性好的特点，压弯成形 V 形杆部。V 形开口仅 2mm，易成形，可在同一工位先弯曲后落料。

② 冲裁落料外形细长，采用镶拼结构凸模和凹模。

③ 冲模整体结构采用顺装式下弹顶模上出件，确保指针平整。

④ 采用 I 级高精度滑动导向对角导柱模架。

该冲模结构适用于冲制材料薄而软、外形窄而长的指针类零件。其细部结构是：凸模由件 2、14 两块拼成，外形为落料凸模，内形为弯曲上模；凹模由件 15、18 拼成，固定在凹模框 16 内。顶块 21 也是弯曲凸模，高出凹模刃口表面 1mm，冲制时先弯曲成 V 形后落料。

7.4.3　落料、拉深复合模

图 7-24 (b) 为设计的加工图 7-24 (a) 所示帽盖（采用料厚 1.5mm 的 08F 钢板制成）所设计的落料、拉深复合模的结构图。该模具为落料、拉深复合加工的典型模具结构。

采用落料、拉深复合模生产有凸缘或无凸缘薄壁空心拉深件，具有生产效率高、质量好、使用广泛等诸多优点。但受拉深材料力学性能的限制，一次落料拉深成形对拉深件形状与尺寸参数有一定条件，不符合条件便不能采用落料拉深复合模一次成形。如无凸缘平底圆筒形拉深件一次拉深成形，对其高度 H、直径 d 要求为 $H = (0.5 \sim 0.75) d$；底部圆角半径 $r \geqslant t$。不

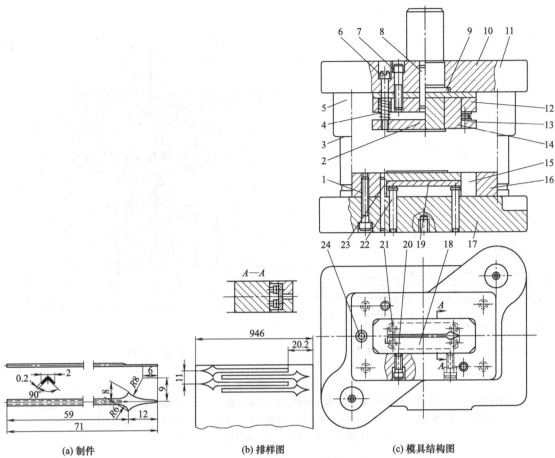

图 7-23 电表指针弯曲、落料复合模

1,7,20—内六角螺钉；2,14—凸模拼块；3—导柱；4—弹簧；5—导套；6—卸料螺钉；8—销钉；9—模柄；
10—垫板；11—上模座；12—凸模固定板；13—卸料板；15,18—凹模拼块；16—凹模框；17—下模座；19—顶板；
21—顶块；22—顶杆；23—销钉；24—定位销

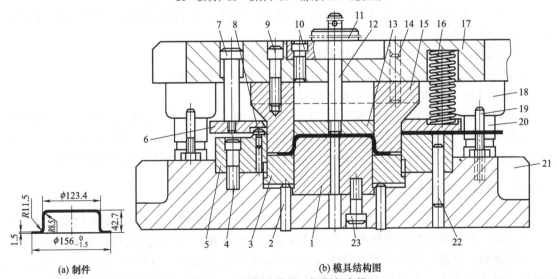

图 7-24 顺装式落料、拉深复合模

1—拉深凸模；2—顶杆；3—顶件器；4,23—内六角螺钉；5—落料凹模；6—卸料板；7—卸料螺钉 8—挡料销；
9,10—内六角螺钉；11—模柄；12—打料杆；13—推板；14—圆柱销；15—凸凹模；16—弹簧；17—上模座；
18—导套；19—导料销；20—导柱；21—下模座；22—圆柱销

同拉深材料的 H、d 值还有差别，但均不超出上述范围。有凸缘的平底圆筒拉深件，只有凸缘转角 $R \geqslant 2t$，以及凸缘直径 $d_凸$ 与圆筒直径 d 达到 $(d_凸 - d)/d_凸 \leqslant 0.6$，才能用落料拉深复合模一模成形。

这类复合模，一般都采用滑动导向导柱模架；用固定挡料销 8 和导料销 19 构成该冲模的送料定位系统，采用手工送料。

7.4.4　矩形罩落料、拉深复合模

图 7-25（c）为设计的加工图 7-25（a）所示矩形罩（采用料厚 1.2mm 的 08F 钢板制成）的落料、拉深复合模的结构图。图 7-25（b）为该零件的排样图。

本模具结构适用于高矩形盒和高圆筒形件拉深。其结构与圆筒形落料、拉深复合模基本相同。该模具的特色有：毛坯排样无中间搭边，冲裁后废料中间自动断开，方便送料，不用设置卸料板。

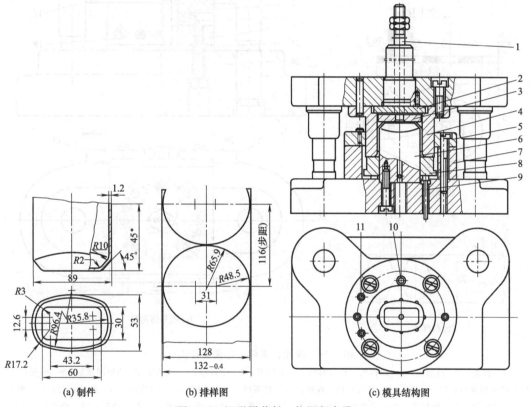

图 7-25　矩形罩落料、拉深复合模

1—顶杆；2—垫板；3—打板；4—凸凹模；5—凹模；6—凸模；7—垫板；8—顶件器；9—顶杆；10—挡料销；11—定位销

本模具是图 5-18（c）所示矩形罩第二次拉深模加工的前一道工序所用模具，用于生产矩形罩第二次拉深的坯料。

7.4.5　表芯冲孔、落料、弯曲复合模

图 7-26（a）所示为表芯的结构，采用 1mm 的冷轧 H62 黄铜带（硬态，抗剪强度 $\tau_b = 390MPa$）制成，该零件形状较复杂，不仅有一个半圆与梯形组合的外形，还有方形与三角形的内孔各一个，而且在冲切的三角形孔底边需弯曲成 90°角的扳边，高 6.5mm，有较高的尺寸与形位精度要求。

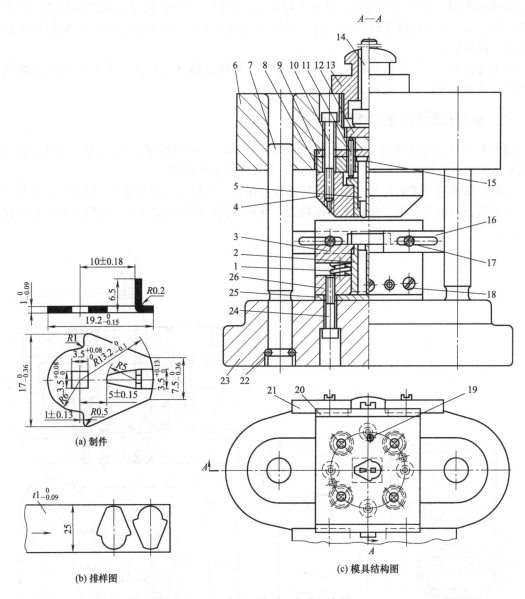

图 7-26 冲孔、落料、弯曲复合模

1—弹簧；2—凸凹模；3—卸料板；4—凹模；5—卸件器；6—上模座；7—导柱；8—凸模固定板；9—垫板；
10—内六角螺钉；11—顶杆；12—推板；13—模柄；14—打料杆；15—凸模；16—前挡板；17—调节螺钉；18—螺钉；
19—挡料销；20—防护罩；21—后挡板；22—卡环；23—下模座；24—内六角螺钉；25—垫板；26—凸凹模固定板

根据零件结构可采用对排有搭边排样［图 7-26（b）］，设计的冲孔、落料、弯曲复合模结构如图 7-26（c）所示。

该复合模采用倒装结构，使用滑动导向、Ⅰ级高精度加厚模座和中间导柱模架。在下模的弹压卸料板 3，向着操作面的外侧有防护栅。落料凹模 4 设计成锥形外廓，与冲方孔凸模、冲三角形孔、弯曲成形的凸模 15 一起构成上模芯，装在上模座沉孔中。凸凹模 2 及其固定板 26、垫板 9 和弹压卸料板 3，均采用覆盖下模座凹模周界大小的矩形模板，用一组四只压簧支承卸料板。弹压卸料板 3 与凸凹模固定板 26 之间有足够的距离，确保冲压时的卸料行程。防护栅进料口两边装有可调侧挡料条，构成送进带料的导料槽。与常规倒装复合模相比，本模具结构具有以下方面的特点：

① 为获得高的冲裁尺寸精度和良好的冲切面质量，采用 GB/T 16743—2010《冲裁间隙》规定的 I 类小间隙冲裁。

② 加固冲孔凸模，将其杆部加粗成圆柱。

③ 将上模芯嵌装在上模座中。由凹模 4、冲孔与凸模 15、卸件器 5、凸模固定板 8 以及垫板等构成的上模模芯制成截锥形，利用车削加工可使模座沉孔与模芯截锥底部圆柱体获得良好配合，达到模芯与模架更好的同轴度。

④ 下模芯做成矩形便于制模并提高制模精度。

⑤ 加厚弹压卸料板，增加导向功能。将弹压卸料板加厚，使其下表面与凸凹模矩形模体接近刃口的一段采用 H7/h6 配合，除对凸凹模导向外，还保证卸料板工作时不倾斜，使模具运行平稳。

⑥ 模架导柱适当加长。在模具开启后，导柱有其直径的 1 倍左右的长度滞留在上模座导

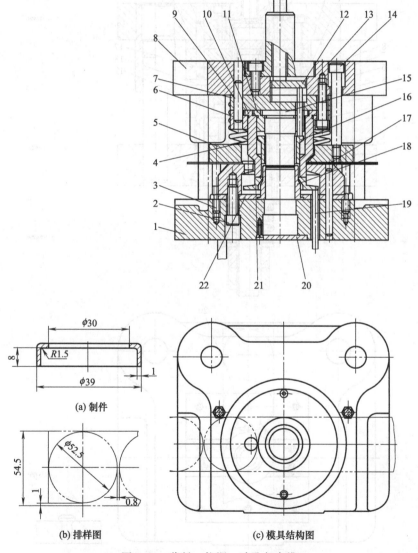

(a) 制件

(b) 排样图

(c) 模具结构图

图 7-27 落料、拉深、冲孔复合模

1—下模板；2—螺钉；3—挡料螺栓；4—弹簧；5—卸料板；6,22—凸凹模固定板；7—垫板；8—上模板；
9—销钉；10,18—凸凹模；11—凸模固定板；12—推板；13,19—推杆；14—卸料螺钉；15—冲孔凸模；
16—打料板；17—落料凹模；20—盖板；21—压边圈

柱孔内，保证上模对下模始终处于良好的导向状态中。

⑦ 采取以上结构措施并按 IT7 级精度制模，保证该冲模的冲压精度符合要求。

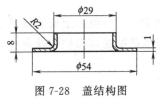

图 7-28　盖结构图

7.4.6　落料、拉深、冲孔复合模

图 7-27（c）为设计的加工图 7-27（a）所示套筒（采用料厚 1mm 的 10 钢板制成）所设计的落料、拉深、冲孔复合模的结构图。图 7-27（b）为该零件的排样图。

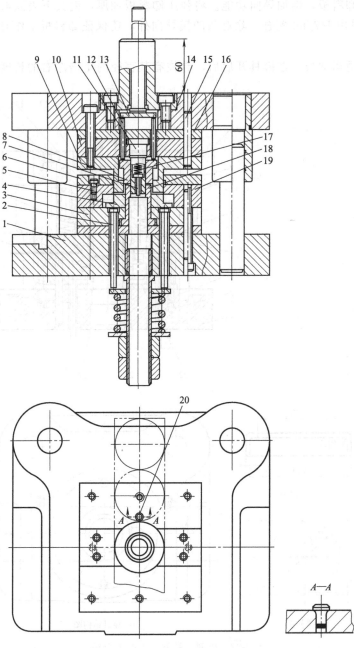

图 7-29　落料、冲孔、翻边复合模

1—下模座；2—顶杆；3—凸凹模固定板；4—顶板；5—螺钉；6—固定卸料板；7,12—打杆；8—打料套筒；9,18—凸凹模；
10—凸模固定板；11—凸模；13—打板；14—上模座；15—圆柱销；16—垫板；17—弹簧；19—凹模；20—挡料销

本模具是在落料、拉深复合模的模具结构基础上再复合一道冲孔工序，从而将落料、拉深、冲孔三道工序复合在一套模具内完成，模具结构略显复杂，若能熟悉落料、拉深复合模及冲孔模的设计，则完成该复合模的设计并不是很困难。应该注意的是：因模架下方设有弹顶器，故在模架下开有纵向槽，并用盖板 20 封口，工作中随时将冲孔废料向后捅出。

7.4.7 落料、冲孔、翻边复合模

图 7-28 所示为零件盖的结构，采用料厚 1mm 的 10 钢板制成，大批量生产。

图 7-29 为设计的加工该零件的落料、冲孔、翻边复合模的结构图。本模具是以落料、冲孔复合模结构为基础，再复合一道翻边工序，适用于可以一次翻成的翻边件。

模具工作时，凸凹模 9、凹模 19 先完成落料；凸模 11、凸凹模 18 完成冲底孔。随着上模的继续下降，凸凹模 9、18 进行翻边成形。打杆 7 将冲孔废料顶入凹模孔中，避免黏附在凸模 11 上。

7.4.8 振膜拉深、冲孔、落料复合模

图 7-30（a）所示为扬声器振膜零件的结构，采用料厚 0.05mm 的铝箔制成，该制件属拉深、冲孔、落料件，成形后要求表面平整，不允许有划痕、皱褶、拉裂，成形处不允许有凹坑、塌陷等缺陷，生产批量较大。

由于零件薄，显然采用多工序加工难以满足零件表面平整的加工要求，而根据零件结构，采用一副拉深、冲孔、落料（切边）聚氨酯橡胶复合模能一次成形该零件，成功解决上述难题。图 7-30（b）所示为加工该零件设计的拉深、冲孔、落料复合模。模具有如下特点：

① 考虑到安装、调整及导向精度高的特点，上、下模采用导柱模架导向。

② 为了消除压力机导向误差对模具导向精度的影响，采用了浮动模柄。

③ 为了控制压料、拉深、冲孔、落料、顶出的先后顺序，采用了双弹顶机构，见图 7-30（c）。3 根顶杆 1 作用在图 7-30（c）所示的套筒顶板 2 上，图 7-30（b）所示的 3 根顶杆螺钉 14 作用在图 7-30（c）所示的顶块 3 上。

工作时，在开模状态下，将铝箔条料送入顶出器 13 的上端面定位。上模下行，切边凸模 11 的下端面在压紧铝箔条料的同时，由于双弹顶机构上的弹顶预紧力不同，顶杆 1 上的预紧力小于顶杆螺钉 14 上的预紧力，故可控制先拉深成形，再冲孔，最后落料。

成形结束后，上模上行，在双弹顶机构的作用下，顶杆 1 推顶出器 13，使制件与废料分离，顶杆螺钉 14 推凸凹模 3，将制件推出。

④ 为了使制件成形后表面平整，无划痕、皱褶、拉裂、凹坑、塌陷等缺陷，以及降低冲孔凸凹模的制造难度，用聚氨酯橡胶 10 作为凸凹模。

⑤ 为了防止合模后导柱的上端面和压力机滑块下端面干涉及方便浮动模柄的安装，在上模座上加了垫板和压板。

7.4.9 浮室盖落料、拉深、冲孔、成形复合模

图 7-31（b）为设计的加工图 7-31（a）所示浮室盖（采用料厚 0.22mm 的软态 H62 铜板制成）的落料、拉深、冲孔、成形复合模的结构图。

该模具的结构设计，充分利用软态 H62 容易成形的特点，采用一块过渡压料圈 21 及活动凸模 20。在模具下模座 1 下边，装有内外两圈压料橡胶体，见图中件 25～30。落料后，过渡压料圈压住板料，由于此时压力机压力未达到最大值，活动凸模 20 还可随其压力将落料毛坯拉深成球面形。上模继续下行，过渡压料圈的内边缘的刃口冲切工件外形后，连同活动凸模一

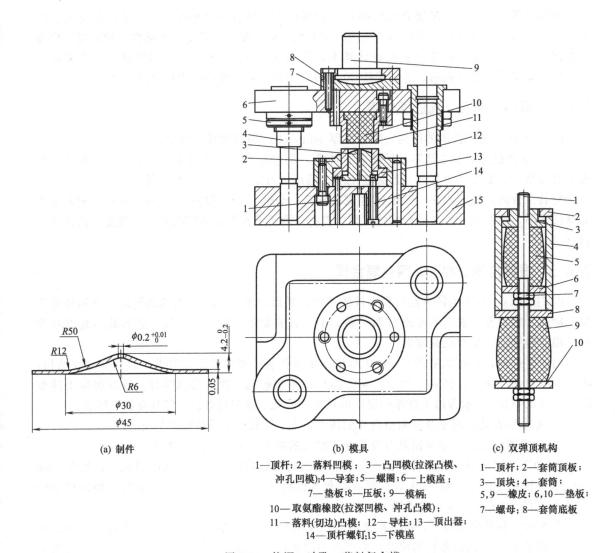

(a) 制件　　　　(b) 模具　　　　(c) 双弹顶机构

1—顶杆；2—落料凹模；3—凸凹模(拉深凸模、
冲孔凹模)；4—导套；5—螺圈；6—上模座；
7—垫板；8—压板；9—模柄；
10—取氨酯橡胶(拉深凹模、冲孔凸模)；
11—落料(切边)凸模；12—导柱；13—顶出器；
14—顶杆螺钉；15—下模座

1—顶杆；2—套筒顶板；
3—顶块；4—套筒；
5,9—橡皮；6,10—垫板；
7—螺母；8—套筒底板

图 7-30　拉深、冲孔、落料复合模

起下降，轴芯凸模 17 拉深出中心凸缘并冲去底料。凸模 2 冲零件 4 处腰圆孔。该冲模采用镶拼结构，制模加工方便，修模刃磨亦较便利。

　　由于冲压材料很薄，故采用滚动导向滚珠导柱模架（图中未示出）。因为滚珠与导柱采用 0.01～0.02mm 的过盈配合，使上、下模在模架中的运作导向精准，没有偏差，故可保证 0.011mm 的单边冲裁间隙，精准到位而又均匀。

　　本模具在一个工位上，在压力机滑块的一次行程中，能完成落料、拉深成形、冲孔、翻孔、周边冲群孔、外形成形切边等多个工序加工要求，实现直接从原材料一模成形冲制成合格零件。

7.4.10　落料、冲孔、拉深、成形、翻边复合模

　　图 7-32 (b) 为设计的加工图 7-32 (a) 所示荧光灯灯头（采用料厚 0.5mm 的 1060 铝板制成）的落料、拉深、冲孔、成形、翻边复合模的结构图。

　　本模具一次性能完成落料、冲孔、拉深、成形、翻边五工序的加工，它不但可以大幅度地缩短生产周期，降低成本，且不需半成品多次进出模具，减少了不安全因素。这副模具的主体

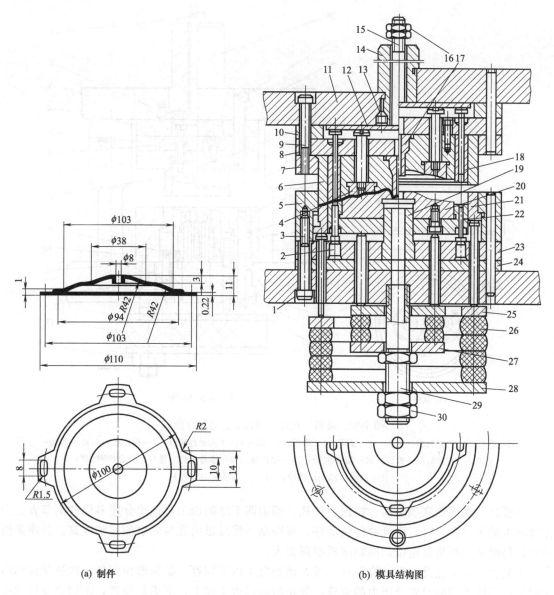

图 7-31 落料、拉深、冲孔、成形复合模

1—下模座；2—冲圆腰孔凸模；3,9—内六角螺钉；4—拉深成形工件；5—落料凹模；6—落料凸模；7,23—固定板；
8,24—垫板；10—空心垫板；11—上模座；12—推板；13—顶丝；14—模柄；15—打料杆；16,30—螺母；
17—轴芯拉深切底凸模；18,22—镶嵌件；19—凹模；20—活动凸模；21—过渡压圈；25—推盘；
26—橡胶体；27—托盘；28—大托盘；29—空心拉杆

需采用电加工工艺保证其精度，模具装配也有一定难度。

结构设计时，应注意控制落料、冲孔、拉深、成形、翻边加工的先后顺序，按此先后顺序加工完成工作零件的结构设计。

7.4.11 落料、拉深、冲孔、切边复合模

图 7-33（b）为设计的加工图 7-33（a）所示异形盖（采用料厚 1mm 的 10 钢板制成）的落料、拉深、冲孔、切边复合模的结构图。

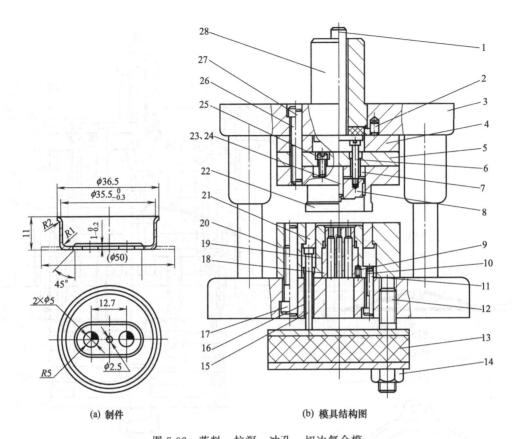

图 7-32　落料、拉深、冲孔、切边复合模

1—打杆；2,11,16,27—销钉；3—模架；4—垫板；5—固定板；6—卸料螺钉；7—固定板；8,21—推板；
9,10,17,25,26—螺钉；12—双头螺栓；13—弹顶器；14—螺母；15—推杆；18,20—凹模；
19—凸模；22—凸凹模；23,24—冲头；28—模柄

(a) 制件　　　　　(b) 模具结构图

　　本模具一次性能完成落料、拉深、冲孔、切边四工序的加工，这比分序多模冲制节省三套冲模和大量工（台）时，而且冲件质量好，特别是一模成形内孔与外廓的同轴度高。分序多模冲制，每模加工都重复定位，同轴度累积误差大。

　　本复合模在工艺及冲模结构设计上较好地解决了以下问题：①异形拉深件一次拉深成形防止起皱；②压力圈的设置及压力的调整；③拉深后切边工步上、下刃口设置；④切边废料的推卸出模；⑤细长冲孔凸模的加固防护。这些也是该类复合模结构设计上应注意的。

　　此外，结构设计时，应注意控制落料、拉深、冲孔、切边加工的先后顺序，按此加工先后顺序完成工作零件的结构设计。

7.4.12　仪表罩壳落料、拉深、成形、切边、冲孔复合模

　　图 7-34（b）为设计的加工图 7-34（a）所示罩壳（采用料厚 0.8mm 的 10 钢板制成）的落料、拉深、冲孔、切边复合模的结构图。

　　该模具采用滑动导向中间导柱标准模架，设计为常见的顺装结构。用橡胶作为弹性元件，用弹压卸料板及弹顶装置（由件 1、件 24~27 共同组成）进行拉深压边，具有比弹簧更平稳的施压特点，噪声也较小。落料凹模及凸凹模均为整体结构，用车削加工便可获得很好的尺寸与形位精度。由于凸凹模承担着拉深凸模、冲底孔、内孔边压形以及外圆切边的多重作用，尺寸虽小但受力复杂，故用 Cr12MoV 高级优质合金工具钢制造，形面与刃口均经研磨抛光，表

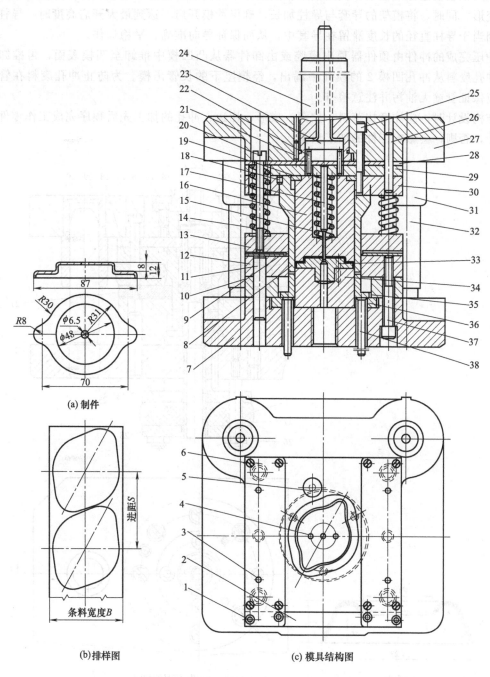

(a) 制件

(b)排样图

(c) 模具结构图

图 7-33 落料、拉深、冲孔、切边复合模

1,6—螺钉；2—承料板；3,11,21,26—圆柱销；4—紧固销；5—挡料销；7—下模座；8—落料、切边凸模；
9—导料板；10—空心垫板；12—落料凹模；13—卸料板；14,15—弹簧；16—拉深凹模；17—冲孔凸模；18—止动销；
19—镶嵌凸肩；20—卸料螺钉；22,38—顶杆；23—打料杆；24—模柄；25,37—内六角螺钉；27—上模座；
28,36—垫板；29—上固定板；30—固定板；31—导套；32—导柱；33—拉深凸模镶块；34—切边凸模；35—压边圈

面粗糙度值 Ra 达到 $0.4 \sim 0.1 \mu m$。其头部成形面形状及尺寸要确保工件顶部 $R1.7mm$ 部位成
形完好，外圆切边刃口的台阶宽度应与工件料厚匹配，否则工件外沿会产生过大毛刺甚至弯
边。切边间隙应控制在 $5 \% t$ 以内（单边），不然也会产生过大切边毛刺。

选用钢板模座标准模架，提高模架长期运作中的抗疲劳能力，连续工作不发生超过允许范围的变形。同时，将模架的导套与导柱加长，确保冲模开启、达到最大开启高度时，导柱仍有大约相当于导柱直径的长度滞留在导套中，从而保证导向准确、平稳运作。

冲压完成的冲件由顶件器顶出模腔或由卸件器从凸凹模中推卸至凹模表面，再推卸或吹模。冲孔废料从冲孔凹模 2 的模孔中漏出，经模座下的长管出模。为防止冲孔废料在管中聚积，应保证管壁无油污并注意检查。

结构设计时，应注意按落料、拉深、成形、切边、冲孔的加工先后顺序完成工作零件的结构设计，否则，会影响工件的加工质量。

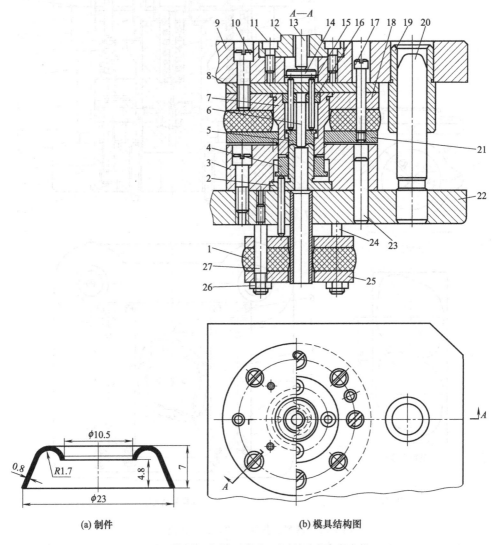

(a) 制件　　　　　　　　　　(b) 模具结构图

图 7-34　落料、拉深、成形、切边、冲孔复合模

1—橡胶体；2—冲孔凹模；3—凹模；4—顶件器；5—卸件器；6—冲孔成形凸模；7—落料切边凸模；8—垫板；
9—上模座；10,11—螺钉；12—模柄；13—打料杆；14—推板；15,24—顶杆；16—固定板；17—卸料螺钉；
18—凸凹模固定板；19—导套；20—导柱；21—卸料板；22—下模座；23—销钉；25—托盘；26—螺母；27—拉杆

7.4.13　落料、拉深、穿孔翻边复合模

图 7-35（b）为设计的加工图 7-35（a）所示轴盖（采用料厚 0.5mm 的 08F 钢板制成）的

落料、拉深、穿孔、翻边复合模的结构图。

本复合模直接用板裁条料经落料、拉深，再由预冲孔翻边双重组合凸模一次穿孔翻边，完成零件加工。结构设计时，应注意按此加工先后顺序完成工作零件的结构设计，否则，会影响工件的加工质量，甚至出现废品。

本模具在同一工位安排三个模位，并使其围绕模具压力中心成120°等距离布置，能一次性能完成三件零件的翻边成形加工。

该冲模不用模架，模体精小而结构紧凑。其主要结构特点如下：

① 采用顺装结构、弹压卸料板，模上推卸或吹卸出件。

② 整体结构用不同材质、不等料厚的八层模板加模芯、导柱叠装而成，闭合高度小，工作行程小，模体小，用料省。

③ 上、下模导向用装在凸模固定板上的四根导柱与下模四角的四个导柱孔，采用基孔制

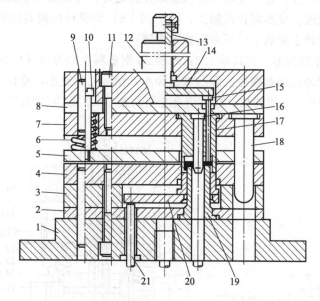

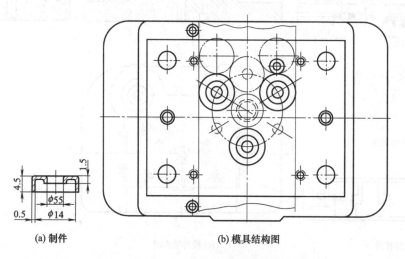

(a) 制件   (b) 模具结构图

图 7-35 落料、拉深、穿孔、翻边复合模

1—下模座；2—下固定板；3—空心垫板；4—凹模；5—弹压卸料板；6—弹簧；7—上固定板；8—垫板；9—圆柱销；
10—卸料螺钉；11—内六角螺钉；12—带模柄模座；13—打料杆；14—推板；15,21—顶杆；
16—冲孔翻边凸模；17—落料凸模；18—导柱；19—拉深凸模；20—顶板

H7/h6 配合，实现高精度导向。

④ 用挡料销和导料销对送进条料导向、定位。

⑤ 所用模板、模座均为标准件和半标准件，故标准化程度较高。

7.4.14　落料、穿刺翻边、成形复合模

图 7-30（a）所示为轴座零件的结构，采用料厚 1.2mm 10 钢板制成，生产批量较大。该零件不仅尺寸小、形状复杂，而且尺寸精度要求很高，几乎所有标准尺寸，都有较严的公差要求。

若用分序多模冲制，则不仅因尺寸小、精度高、分序重复定位的积累误差将使最终成形零件精度超差，而且多模冲制中间坯料的送进、定位困难，安全隐患多；若用多工位级进模冲制，则工位间送进、定位及零件出模除难度大之外，冲压精度也难以达到要求。为此，设计了落料、穿刺翻边、成形复合模加工，图 7-36（b）为设计的模具的结构图。该模具在冲压工艺及冲模结构设计上采取了以下多项技术措施：

① 采用穿刺翻边。在料厚 1.2mm 的 20 钢板料上要冲出 $\phi4.2$mm、高 3mm 的凸起圆筒，只能采用无预冲孔穿刺翻边。因凸缘直径小，预冲孔径更小，难以实施。

② 凸模 19、20 均细长，除采用合金工具钢 Cr12 或 Cr12MoV 制造外，结构上还要考虑加

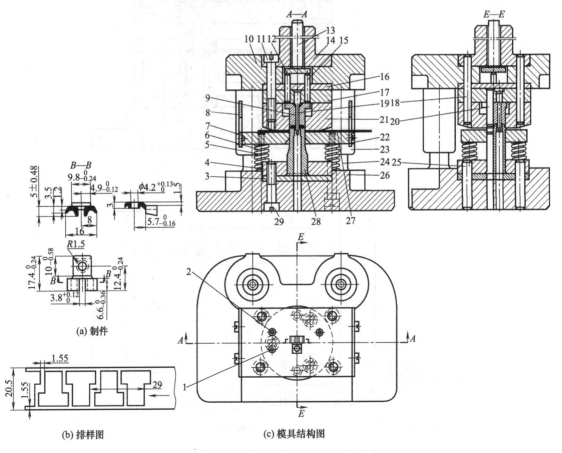

(a) 制件

(b) 排样图

(c) 模具结构图

图 7-36　落料、穿刺翻边、成形复合模

1—挡料销；2—导料销；3—垫板；4—固定板；5—卸料螺钉；6—弹簧；7—卸料板；8—防护栅；9—卸件器；10—上模座；11,22,29—螺钉；12—推板；13—打料杆；14—模柄；15—顶杆；16—垫板；17—上固定板；18,25—圆柱销；19—穿刺翻边凸模；20—成形凸模；21—凹模；23—导套；24—导柱；26—下模座；27—冲压材料；28—凸凹模

固和导向保护,包括加粗杆部、护套导向、匹配卸件导向等。

③ 上、下模芯均整体嵌装在加厚的上、下模座中心沉孔中,以便于制模达到更高的上、下模芯同轴度,增加模具运作稳定性,减小闭合高度。

④ 考虑到操作安全,在送出料两面设置安全防护栅 8。

⑤ 结构设计时,应注意按落料、穿刺翻边、成形的加工先后顺序完成工作零件的结构设计,否则,会影响工件的加工质量。

7.5 常见成形类工序复合模的结构

7.5.1 弯曲、翻边复合模

图 7-37 (b) 为设计的加工图 7-37 (a) 所示弯曲件(采用料厚 2mm 的 10 钢板制成)的弯曲、翻边复合模的结构图。

模具工作时,条料通过定位销 2 和定位块 3 定位。当压力机滑块下行时,条料首先被凸模 1 和由托杆 6 作用下的顶出器 5 压弯成形,而后在凹模镶块 7 的作用下进行翻边,最后压力机将其镦死、校正;当压力机滑块上行时,接近上死点时,工序件被由推杆机构作用下的推销 4 推下。

为保证翻边凹模镶块 7 的刚性,凹模镶块 7 安装在整体的固定座 8 内。

7.5.2 扩、缩口复合模

图 7-38 所示为圆管零件的结构,采用外径 60mm、壁厚 3mm 的 08 钢管制成,生产批量较大。因结构需要,钢管两端分别要进行扩径、缩口。由于制件较长,受生产设备的限制,选在 YB-300 油压机上采用立式方法由模具加工而成。

设计的扩、缩口复合模结构如图 7-39 (a) 所示。该模具具有以下特点:

① 工作时,管子毛坯由定位板 4 初定位,为便于毛坯的放进和制件的取出,定位板做成开口型,见图 7-39 (b)。

② 弹簧 7 的工作力必须保证($P_{弹总} \leqslant P_{缩} - P_{扩}$),且其工作行程 $s \geqslant 25\text{mm}$,否则制件扩口段 25mm 尺寸难以达到。

③ 上、下模闭合高度的控制即凸模的限位,由限位柱 3 保证,保证制件长 309mm。

④ 因为扩口力小于缩口力,所以工作过程中先完成扩口变形后,在上模继续下行的同时完成缩口变形。制件的退出或卸下,靠卸料板 5 或压机的顶缸顶杆通过顶柱 2 完成。

⑤ 凸、凹模采用优质合金工具钢制造,硬度为 58~62HRC,表面粗糙度 $Ra \leqslant 0.8\mu\text{m}$。其形状尺寸见图 7-39 (b)。

⑥ 顶柱 2 在其头部(图中 A 部位)实际上为一芯轴,主要是对缩口端部成形尺寸进行控制,即增加对口部成形尺寸进行校正的工序。该部位与缩口凹模 1 间的间隙取 2.85mm,略小于料厚 3mm。

7.5.3 弯曲、扭转复合模

图 7-40 所示为弯曲件的结构,采用 1mm 厚的 08 料制成,生产批量大。

该零件成形包含两端圆弧的弯曲和中部 90° 的扭转工序,为两种成形类工序的复合件。为保证产品质量并提高产品的生产效率,可设计弯曲扭转复合模一次冲压成形。图 7-41 为设计的弯曲、扭转复合模的结构图。

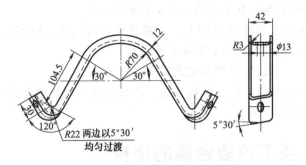

(a) 制件

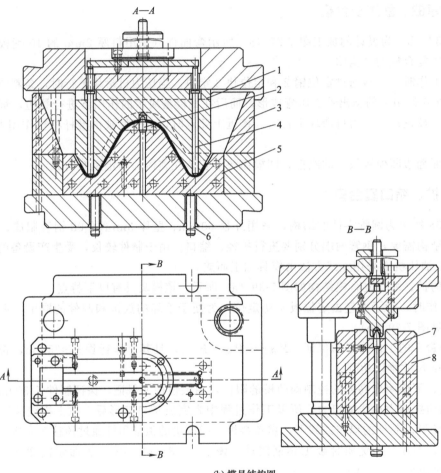

(b) 模具结构图

图 7-37 弯曲、翻边复合模

1—凸模；2—定位销；3—定位块；4—推销；5—顶出器；6—托杆；7—凹模镶块；8—固定座

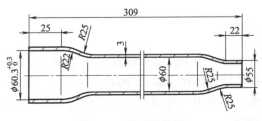

图 7-38 圆管结构图

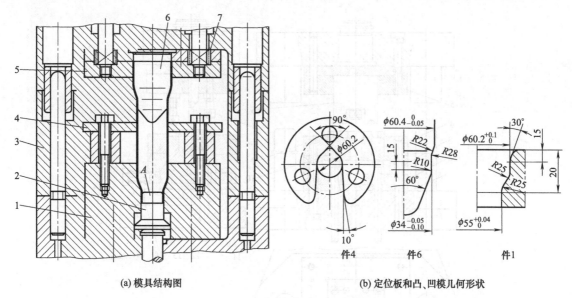

(a) 模具结构图　　　　　(b) 定位板和凸、凹模几何形状

图 7-39　圆管的扩、缩口复合模
1—凹模；2—顶柱；3—限位柱；4—定位板；5—卸料板；6—凸模；7—弹簧（卸料装置）

　　模具工作时，浮动模块 10 在压力机上的橡胶弹顶器作用下经顶杆 1 传递处于其上极限位置，滑块 12 在弹簧 14 和浮动模块 10 作用下也处于其偏离模具中心的极限位置。此时，将毛坯放在浮动模块 10 上，由定位板 8 和 9 定位。

　　随着上模的下行，凸模 6 与浮动模块 10 先使工件两端圆弧成形。此时，橡胶弹顶器未被压缩（因此要求橡胶弹顶器的最小弹顶力，必须大于工件两端圆弧弯曲成形所需的压力）。浮

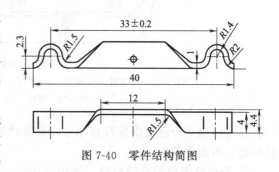

图 7-40　零件结构简图

动模块 10 和滑块 12 静止不动，仍处于其初始位置。随着上模的继续下行，在凸模 6 和两个螺杆 7 的压力作用下，浮动模块下移（橡胶被压缩），工件则被凸模 6 和浮动模块 10 夹持着下移，工件中间部分沿滑块 12 上端斜面扭转 90°。当上模再次下行时，浮动模块 10 下端斜面使滑块 12 向中心移动，将工件矫正整形，使工件最终成形。

　　随着上模上升，工件留在浮动模块 10 上，橡胶的弹顶力将浮动模块顶至其上极限位置，操作者从浮动模块上取下工件。

　　该模具采用垂直浮动模块和水平移动滑块，在压力机一次行程中完成弯曲、扭转和矫正整形工序，工作效率高，成形零件精度高。模具结构设计上具有以下特点：

　　① 由于凸模 6 的横截面轮廓为长方形，且尺寸较小，故采用铆接固定工艺。装配时将凸模 6 的底面铆开，然后磨平。

　　② 凸模 6 与浮动模块 10 将工件两端圆弧成形后，上模克服橡胶弹顶力推着浮动模块 10 继续下行。由于凸模与浮动模块的接触面很窄，凸模截面积小，如果上模仅通过凸模推浮动模块下移，则可能导致两种情况发生：其一，因浮动模块上、下受力位置不对称，模块受力不均衡，使模块偏斜；其二，凸模受力太强，易损坏。为此，在上模的固定板 5 上增加两个螺杆 7，两个螺杆位置关于模具中心对称，其下端一高一低（分别与定位板 8 的上平面和浮动模块 10 的上平面相对应）。在工件两端圆弧成形后，两个螺杆同时分别接触定位板 8 和浮动模块

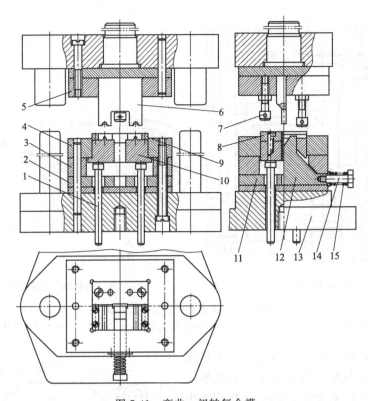

图 7-41　弯曲、扭转复合模

1—顶杆；2,11—导板；3—垫板；4—围框；5—固定板；6—凸模；7—螺杆；8,9—定位板；
10—浮动模块；12—滑块；13—下模座；14—弹簧；15—螺钉

10，并与凸模 6 一起克服橡胶弹顶力，推着浮动模块 10 下移，以保证浮动模块受力均衡、下移平稳、不发生偏斜。

　　③ 为保证零件的成形质量，结构设计时，应注意按弯曲、扭转的加工先后顺序完成工作零件的结构设计，否则，会影响工件的加工质量。

第 8 章

典型级进模结构设计实例

8.1 级进模加工的特点及选用原则

在冲床的一次冲压行程中，在一副模具的不同部位同时完成两道以上工序的冲模称为级进模，又称为多工位级进模、连续模、跳步模。采用级进模加工可以在一套模具不同部位逐步完成冲裁、弯曲、拉深等多道工序，因此，生产效率高。

(1) 采用级进模加工的特点

① 由于级进模要在不同工位完成不同的工序加工，因此，与单工序模和复合模相比，级进模构成模具的结构复杂、零件数量多、模具的导向精度和定位精度及热处理要求高、模具装配与制造复杂，要求精确控制步距，以保证工件的加工精度。

② 由于级进模是一种多工序、高效率、高精度的冲压模，因此，模具制造精度要求高，周期长，成本高，只有在生产批量较大时使用，经济效益才显著。适用于大批量或外形尺寸较小、材料厚度较薄的冲压件生产。

③ 级进模加工时，大多采用条料、带料自动送料，冲床或模具内装有安全检测装置，易实现机械化和自动化加工，也可以采用高速压力机生产，需要的设备和操作人员较少且操作安全，但材料利用率偏低。

④ 由于级进模可分别在不同等距离的工位完成一个或几个基本冲压工序，经多个工序组合形成零件，因此，采用级进模能完成许多工艺性较差冲压件的加工，也不存在复合模中的"最小壁厚"问题。因而模具强度相对较高，寿命较长。

⑤ 使用级进模可以减少压力机的使用数量，减少半成品的运输。车间面积和仓库面积可大大减小。

⑥ 由于模具制造精度高，因此，生产加工的工件精度也较高。表 8-1 为级进模所冲孔对外缘轮廓的标准公差值。但因级进模是将工件的内、外形逐次冲出的，每次冲压都有定位误差，故较难稳定保持工件内、外形相对位置的一次性。

表 8-1 孔对外缘轮廓的标准公差　　　　mm

模具形式和定位方法	模具精度	工件尺寸		
		<30	30~100	100~200
有导正销的级进模	高精度	±0.05	±0.10	±0.12
	普通精度	±0.10	±0.15	±0.20
无导正销的级进模	高精度	±0.10	±0.15	±0.25
	普通精度	±0.20	±0.30	±0.40

(2) 选用级进模加工的原则

① 生产批量。在一副级进模内，可以包括冲裁、弯曲、成形等多道工序，故能成倍地提高生产效率，但材料利用率偏低，因此，需重点考虑该零件的生产批量是否适合使用级进模。在小批量生产中采用单工序模，由于模具结构简单，几个单工序模可能比一套级进模的成本还低。

② 冲压工件的精度。当冲压工件内、外形的尺寸精度或同轴度、对称度等位置精度要求较高时，在采用级进模时应考虑在同一工位加工出，若仍无法保证，则需考虑采用复合模具。

③ 冲压工件的外形结构尺寸。对外形小的冲压件，由于加工的安全性及可操作性均较差，即使生产批量不大，也须考虑使用级进模。

④ 若工件结构尺寸太大，即使工位数不多，考虑到模具与冲床的匹配性、模具外形过大及模具加工的复杂性，也应考虑限制级进模的使用。

8.2 常见工序的组合形式及级进模结构

(1) 级进模的种类

级进模按照各冲压组合工序的不同，可分为冲裁类级进模、成形类级进模和多工序复合类级进模，还有在多工位压力机上的多工位级进模。各类级进模中常见的型式有：

① 冲裁类级进模　冲裁类级进模主要有：冲孔、落料级进模，冲孔、切断级进模等。

② 成形类级进模　成形类级进模主要有：弯曲级进模，拉深级进模等。

③ 多工序复合类级进模　多工序复合类级进模主要有：冲裁、拉深、弯曲级进模，冲裁、压印、弯曲级进模等。

(2) 常见工序的组合形式及其级进模结构

常见工序的组合形式及其级进模结构如表 8-2 所示。

表 8-2　常见工序的组合形式及其级进模结构

工序组合方式	模具结构简图	工序组合方式	模具结构简图
冲孔、落料	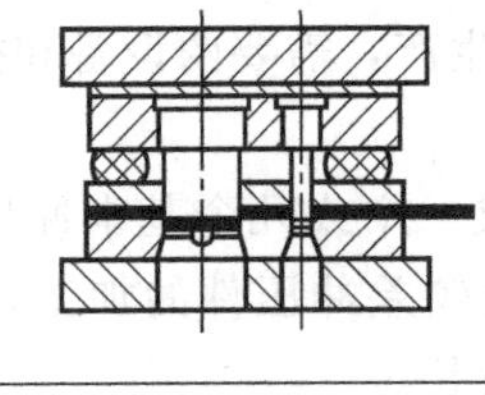	冲孔、切断	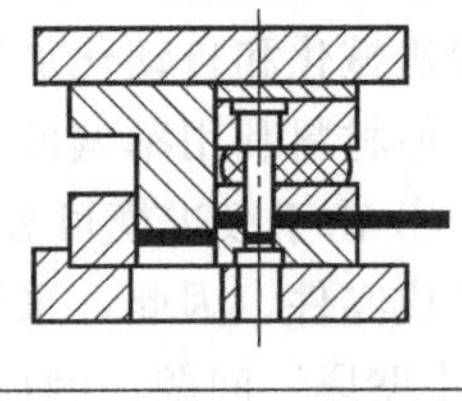
冲孔、截断	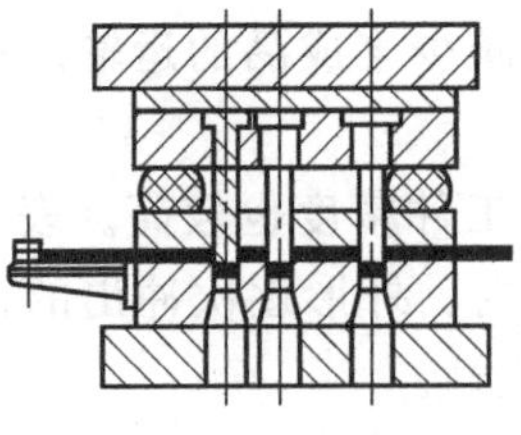	连续拉深、落料	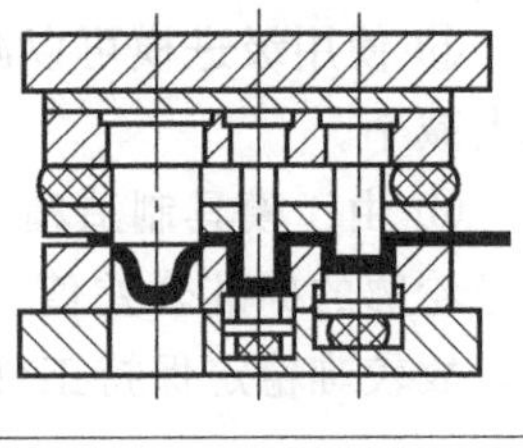
冲孔、弯曲、切断	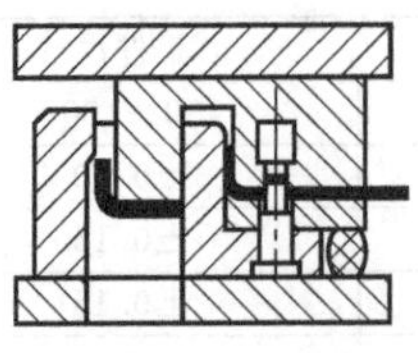	冲孔、翻边、落料	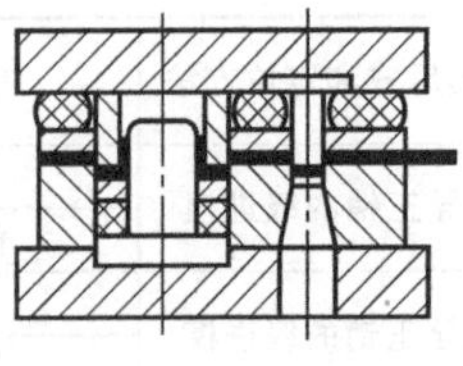

续表

工序组合方式	模具结构简图	工序组合方式	模具结构简图
冲孔、切断、弯曲		冲孔、压印、落料	
冲孔、翻边、落料		连续拉深、冲孔、落料	

8.3 常见分离类工序级进模的结构

8.3.1 冲孔、落料级进模

图 8-1（c）为设计的加工图 8-1（a）所示底板（采用料厚 1.5mm 的 H62 铜板制成）的冲

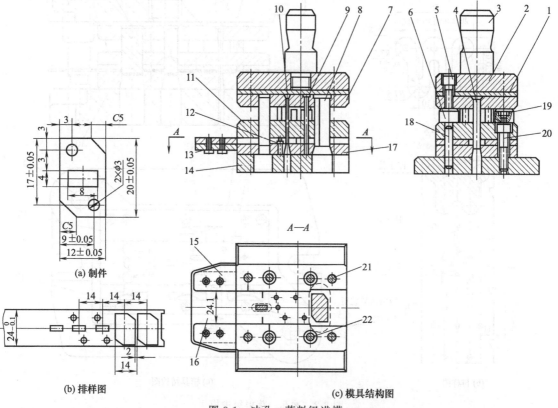

(a) 制件

(b) 排样图

(c) 模具结构图

图 8-1 冲孔、落料级进模

1—垫板；2—上模座；3—模柄；4—冲矩形孔凸模；5—螺钉；6—限位柱；7—凸模固定板；8—落料凸模；9—导正凸模；
10—冲圆孔凸模；11—导板；12—固定挡料销；13—圆柱头螺钉；14—下模座；15—导料板；16—承料板；
17—凹模；18,21—圆柱销；19,20,22—内六角螺钉孔、落料级进模的结构图，图 8-1（b）所示为该零件冲裁的排样。

整个模具分 4 个工位，其中：1 工位冲矩形孔，2 工位冲 ϕ3mm 圆孔，3 工位是空工位，4 工位落料。

该冲模是固定卸料导板式冲模中最具代表性的实用典型结构。零件排样采用了单列直排，取侧搭边与工件间搭边的宽度相等（取 2mm）。由于冲压件为近似矩形，在两个 90°斜对角内各有一个 ϕ3mm 的孔，孔边距 $B_{min}=1.5mm=t$，4mm×8mm 矩形孔与坯料边缘距离为 2mm，与上部 ϕ3mm 圆孔的两孔间壁距太小，其最小处仅为 1.5mm，显得较为薄弱。因此，冲裁排样图中设计采用先冲 4mm×8mm 矩形孔，接着冲两个 ϕ3mm 圆孔，最后落料。考虑 ϕ3mm 凹模孔距落料凹模太近，冲裁时很容易磨损和损坏，故在两工步之间即落料之间，加一个空当工位，把凹模加长，凹模刃口壁加厚一个进距 $S=14mm$。由于矩形孔大且又在两圆孔中间，故先冲矩形孔便可消除矩形孔凹模刃口距两个 ϕ3mm 圆孔和冲压件外廓落料刃口过近、间距过小的缺点。同时，利用矩形孔挡料定位和对送料进距限位，省去了始用挡料装置和落料工位挡料销，简化了结构。

整套模具采用手工送料，单面冲裁间隙取 0.035～0.06mm。

8.3.2 锁垫冲孔、落料级进模

图 8-2（c）设计的为加工图 8-2（a）所示锁垫（采用料厚 1.2mm 的 65M 钢板制成）的冲

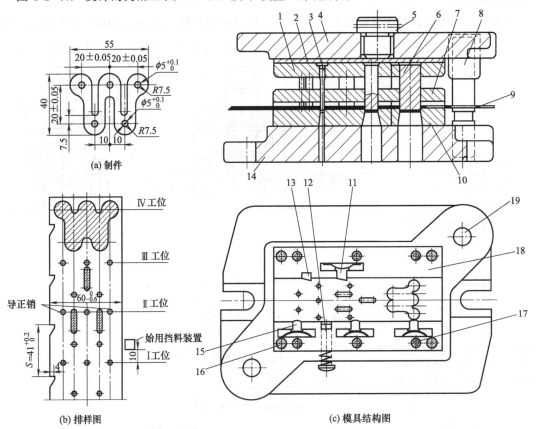

(a) 制件

(b) 排样图

(c) 模具结构图

图 8-2 冲孔、落料级进模

1—凸模固定板；2—垫板；3—冲孔凸模；4—上模座；5—模柄；6—落料凸模；7—卸料板；8—导套；
9—搭边框；10—凹模；11—定位块；12—始用挡料销；13—侧刃；14—下模座；15—侧压装置；
16—螺钉；17—圆柱销；18—导料板；19—导柱

孔、落料级进模的结构图，图8-2（b）所示为该零件冲裁的排样。

该冲裁件形状比较复杂，尺寸精度要求较高，且材料强度高。考虑到冲裁件三个开口长槽孔，宽仅为5mm而长度$L>25$mm，最小壁厚$W_{min}=5$mm，但为两边刃口，三槽并列。若用复合冲裁模冲制，凸凹模承载过大，其危险断面的平均压力会超过凹模材料的许用承载，模具寿命会很低。而用级进模冲制，则无此问题。为此，根据零件结构，整套级进模分4个工位，其中：1工位冲孔，2工位冲槽，3工位冲槽，4工位落料。

模具采用滑动导向对角导柱模架固定卸料结构。在冲模结构设计时，为确保达到冲压零件精度要求，设置了完善的送料定位系统：用切口侧刃13配专用弹压活动定位块11，控制送料进距；用共3组侧压装置推压入模，带料紧靠侧刃边导料板送进，保证送进带料不会偏斜；用始用挡料装置为带料入模的料端定位，保证切口侧刃第一个切口位置精准。入模带料在上述定位系统控制下，经冲孔、两次冲槽孔后落料获得合格冲件。

整套模具采用手工送料，单面冲裁间隙取0.03～0.05mm。

8.3.3 带钢珠夹持送料器的切断、压弯模

图8-3（b）为设计的加工图8-3（a）所示U形钢丝（采用直径为7mm的60Si2Mn钢丝

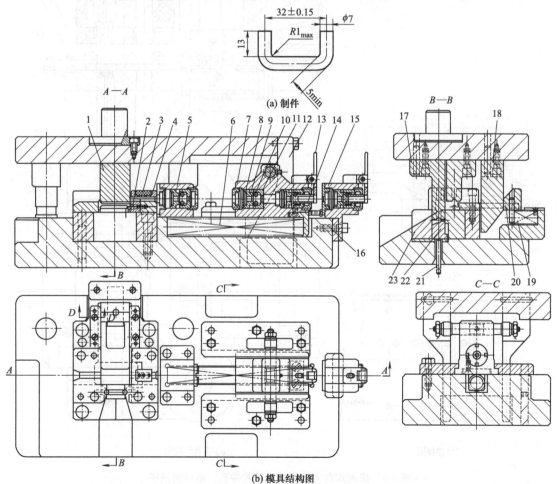

(b) 模具结构图

图8-3 带钢珠夹持器的切断、压弯模

1,2—切断刀；3—油毛毡；4—退料板；5,15—制动器；6,8,19—弹簧；7—送料器；9—压紧块；10—钢珠；11—套筒；
12,18—斜模；13—摆叉；14—导向套；16—螺钉；17—压弯凸模；20—送料板；
21—托杆；22—顶出器；23—凹模

制成）的切断、压弯级进模的结构图。整个模具分 2 个工位，其中：1 工位切断，2 工位压弯。该模具的工作原理为：

首先转动摆叉 13，推动导向套 14 使钢珠松开后将钢丝插入送料器中。

压紧块 9 在弹簧 8 的作用下推动钢珠 10，钢珠 10 沿着套筒 11 内的 6° 锥面移动，夹紧钢丝。

当压力机滑块上行时，送料器 7 在斜楔 12 的作用下前移。这时，送料器 7 上的两个钢珠夹持器在钢丝与钢珠间摩擦力的作用下紧紧夹住钢丝，而制动器 5 和 15 上的两个钢珠夹持器即松开，所以送料器 7 前移一个进距时钢丝也被送进一个进距。同时，顶出器 22 在托杆 21 的作用下将制件从压弯凹模 23 内顶出，送料板 20 在弹簧 19 的作用下，将把切断刀 1 和 2 切下

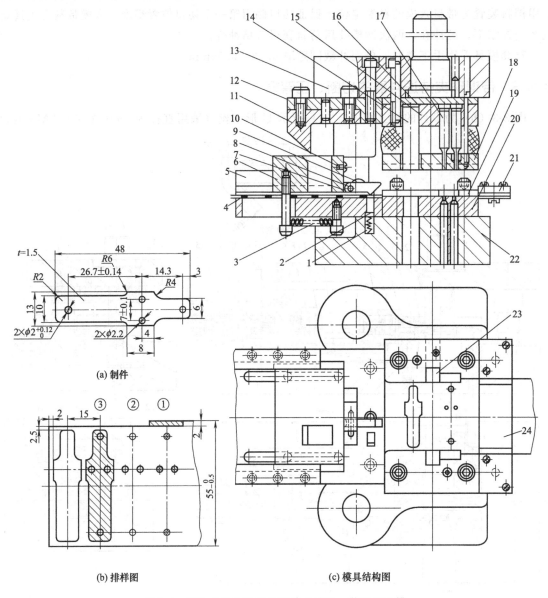

(a) 制件

(b) 排样图

(c) 模具结构图

图 8-4　拉钩式自动送料接触簧片冲孔、落料级进模

1,3—弹簧；2—挡料斜销；4—导轨固定板；5—导轨；6—滑块；7—拉钩；8—圆柱销；9—弹簧片；10—螺钉；
11—斜楔；12—斜楔固定板；13—上模座；14—落料凸模；15—固定板；16—垫板；17—冲孔凸模；18—卸料板；
19—导料板；20—凹模；21—压板；22—下模座；23—侧刃挡块；24—承料板

的料送到压弯凹模 23 的模槽中，并把制件推出。

当压力机滑块下行时，送料器 7 在弹簧 6 的作用下退回。这时，送料器 7 上的两个钢珠夹持器松开，而制动器 5 和 15 上的两个钢珠夹持器夹紧钢丝，故送料器 7 退回时钢丝不动。螺钉 16 起限位和调节送料进距的作用。送料板 20 在斜楔 18 的作用下复位。

同时，切断刀 1 和 2 将钢丝切断，压弯凸模 17、凹模 23 将钢丝压弯成形。

油毛毡 3 中的油从退料板 4 的小孔中渗入导槽中，使钢丝切断前沾上油，减轻切断刀 1 和 2 的磨损。

整套模具装有自动送退料机构，具有较高的生产效率。

8.3.4 拉钩式自动送料接触簧片冲孔、落料级进模

图 8-4（c）为设计的加工图 8-4（a）所示接触簧片（采用料厚 1.5mm 的锡磷青铜板制成）的冲孔、落料级进模的结构图，图 8-4（b）所示为该零件冲裁的排样。

整套模具分 3 个工位，其中：1 工位冲孔，2 工位是空工位，3 工位落料。

模具工作时，开始由手工送料，侧刃定距，待带料上的落料孔送到拉料钩 7 的下面时，开始自动进给。上模下行时，斜楔 11 推动滑块 6 向左移动，带料在拉料钩的钩动下也同时向左移动，挡料斜销 2 被压下，在斜楔 11 完全进入滑块 6 后，带料送进完毕。此时，挡料斜销 2 进入带料空挡处被弹簧 1 弹起，带料也正好被侧刃挡块 23 定位面定位。上模继续下行时，进行冲孔、落料。

上模回程时，滑块 6 及拉料钩 7 借弹簧 3 的拉力复位。拉料钩 7 通过材料搭边时，由于头部的斜面作用而抬起。模具带钩式自动送料装置，结构简单，生产效率高。适用于料较厚、搭边强度高的场合。

8.4 常见成形类工序级进模的结构

8.4.1 弯曲、冲孔级进模

图 8-5（c）为设计的加工图 8-5（a）所示压板（采用料厚 1mm 的 10 钢板制成）的弯曲、冲孔级进模的结构图，图 8-5（b）所示为加工该零件的半成品坯料。

整套模具分 7 个工位，其中：1 工位成形，2 工位校正成形，3 工位是空工位，4 工位是冲孔工位，5、6 工位是空工位，7 工位卸料。

为了操作方便、可靠，模具结构采用对角导柱模、弹压板卸料，在成形前给一定的预压力。成形凸模取两个毛坯宽度，当毛坯进入成形凸模的第一个宽度（1 工位）时，模具闭合，使毛坯成形，成形完成后进入第二个宽度（2 工位）时，模具再次闭合，使成形的毛坯进行校正成形，消除材料的回弹角度。然后依次进入 3 工位（空位），至 4 工位完成冲孔，经过 5、6 空工位后，最后由 7 工位通过打料杆 6 将合格零件推入漏料孔。

模具结构设计主要有以下特点：

① 成形凸模 18 顶端与卸料板 8 下平面保持 0.5mm 的距离，使其在工作中产生一定的预压力。成形和冲孔时，成形凸模 18 下到成形凹模 26 中 7mm 及冲孔凸模 5 下到冲孔凹模 10 中 1.2mm 才能达到最佳效果。为兼顾两者，将成形凸模 18 和冲孔凸模 5 工作端面保持 5.8mm 的距离。

② 为保证制造工艺性能良好、修模方便。将成形凹模 26 和冲孔凹模 10 分开制作，当冲孔凹模 10 需要刃磨时，可将成形凹模 26 一同取下，同时磨冲孔凹模 10 的正面和成形凹模 26

的反面，即图 8-5（c）中所示的 A 面和 B 面，装配后能保证两个凹模的工作面仍然平齐。

③ 整个坯料送进借用压力机滑块的上下往复运动，通过斜楔 21 传递给滑块 23，实现上下运动转变成滑块的平面往复运动。

④ 料筒 22 底部开一个深 1.2mm、宽 36.5mm 的槽。滑块的推料上平面高出导板 30 工作面 0.8mm。导板工作面与成形、冲孔凹模工作面平齐，还与活动定位板 27、固定定位板 31 保持 1.6mm 的距离。毛坯放入料筒，使其一次只能通过一块毛坯。

⑤ 毛坯被滑块推出料筒后靠固定定位板 31、活动定位板 27、弹片 28 和活动块 29 定位。

⑥ 经过 1 工位成形后，零件的定位面有所改变，通过零件 1 工位成形形成的尺寸 6 两侧面定位，然后送到 2 工位校正成形。

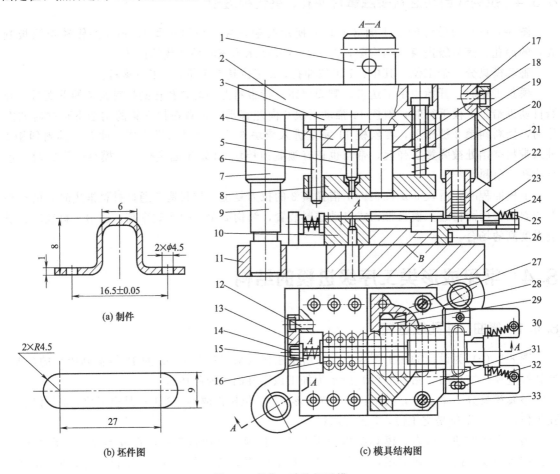

图 8-5　弯曲、冲孔级进模

1—模柄；2—上模板；3—垫板；4—固定板；5—冲孔凸模；6—打料杆；7—导套；8—卸料板；9—导柱；10—冲孔凹模；11—下模板；12,17,32—螺钉；13—固定座；14—顶料销；15—压缩弹簧；16—挡板；18—成形凸模；19—卸料螺钉；20—卸料弹簧；21—斜楔；22—料筒；23—滑块；24—拉伸弹簧；25—销钉；26—成形凹模；27—活动定位板；28—弹片；29—活动块；30—导板；31—固定定位板；33—定位螺钉

8.4.2　连续拉深、冲孔、落料级进模

图 8-6（c）为设计的加工图 8-6（a）所示盖（采用料厚 2mm 的 08Al 钢板制成）所设计的拉深、冲孔、落料级进模的结构图，图 8-6（b）所示为该零件冲裁的排样。

整套模具分 5 个工位，其中：1～3 工位拉深，4 工位拉深、冲孔，5 工位落料。

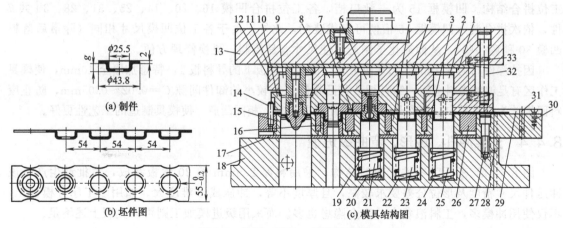

图 8-6　拉深、冲孔、落料级进模

1—卸料板Ⅰ；2—拉深凸模Ⅰ；3—凹模嵌件Ⅰ；4—拉深凸模Ⅱ；5—凹模嵌件Ⅱ；6—拉深凸模Ⅲ；7—凹模嵌件Ⅲ；
8—冲孔凸模；9—落料凸模；10—卸料板Ⅱ；11,17—垫板；12—凸模固定板；13—上模座；14—挡料销；15—落料
凹模嵌件；16—冲孔凹模嵌件；18—下模座；19,22,24,33—弹簧；20—垫板；21—顶件器Ⅲ；
23—顶件器Ⅱ；25—顶件器Ⅰ；26—凹模板；27—内六角螺钉；28,31—圆柱销；
29—导料板；30—螺钉；32—卸料螺钉

对大批量生产的中小型拉深件，尤其是各种复杂形状的薄壁空心件，采用带料（卷材）连续拉深成形，具有生产率高、冲压件一致性好、互换性强、质量高、便于冲压过程的机械化与自动化、操作安全、劳动强度低等诸多优点，是现代冲压技术的发展方向。

用带料连续拉深成形分为整带连续拉深和有工艺切口连续拉深两大类。本模具为整带料连续拉深、冲孔与落料级进模的实用典型结构。通常情况下，这类多工位连续拉深级进模都采用具有大凹模周界的后侧导柱模架或对角导柱模架，横向送料居多。该冲模采用各工位分别镶嵌凹模的结构形式，原材料由通用送料装置自动送进，拉深件拉深高度仅为8mm，在平直凹模表面，沿直线送进，到最后第5工位落料的成品零件，靠自重漏跌入压力机台下成品箱中或从模座下推出台面。

整带料连续拉深的缺点是：拉深毛坯周边都与带料相连，材料的充分合理流动受牵制，材料拉深性能受限，故仅适用于拉深变形量不大、外形尺寸较小，产量很大的拉深件。

一般整带料连续拉深仅用于料厚 $t=0.2\sim2$mm、直径 $d\leqslant30$mm、高度 $H\leqslant（0.3\sim0.5）$ d 的拉深件。

8.4.3　连续拉深、冲孔、翻边、成形、落料级进模

图 8-7（c）为设计的加工图 8-7（a）所示盖（采用料厚 0.5mm 的 08 钢板制成）的拉深、冲孔、翻边、成形、落料级进模的结构图，图 8-7（b）所示为该零件冲裁的排样。

该零件形状较复杂，成形工步多，但尺寸小、变形量不大。如采用分序多模冲制，则因尺寸小，各工序半成品入模送料、出件都要手工作业，难度大且易出现误操作，工艺流程长，工料浪费大，使用模具多，经济性差；如用有工艺切口连续拉深，则浪费材料，模具结构也复杂，经济性也不好。

根据零件结构，整套模具共分 7 个工位，其中：1~3 工位拉深，4 工位冲孔，5 工位翻孔，6 工位成形，7 工位落料。

本模具适用于采用无工艺切口的整带料连续拉深、翻边、落料一模成形件的加工。模具采用了凹模周界宽大的滑动导向对角导柱钢板模架，刚度好，操作视野好；其多工位凹模采用按

工位拼合结构。凹模框 15 为一敞口槽，各工位拼合凹模 16、20、14、25、31、28、30 共 7 件，依次拼合装入凹模框 15 槽便可完成装配，此外，由于各工位凹模尺寸相同（除最后落料凹模 30 稍宽一些），从而简化了制造，使尺寸容易控制，更换修理方便。

因拉深件高为 6.3mm，为送进方便，固定卸料板下的导料板 1，特意加厚至 10mm，使模具工作区有足够的送料空间；卸料板 2 与凸模间采用较小的卸件间隙 $C=0.02\sim0.05$mm，防止废料回带并为凸模导向。拉深凸模杆部采用相同直径、相同凸肩，使模具制造的工艺性更好。

8.4.4 支架冲孔、成形、弯曲级进模

图 8-8（a）所示为零件支架的结构，采用料厚 2.5mm 的 20 钢板制成，大批量生产。该冲压件尺寸精度及形位公差要求较高，且厚度不等，冲压成形难度大。如用多工序分模加工，不仅使用冲模多，工料浪费大，安全隐患也多。而采用级进模加工则可以克服上述不足。

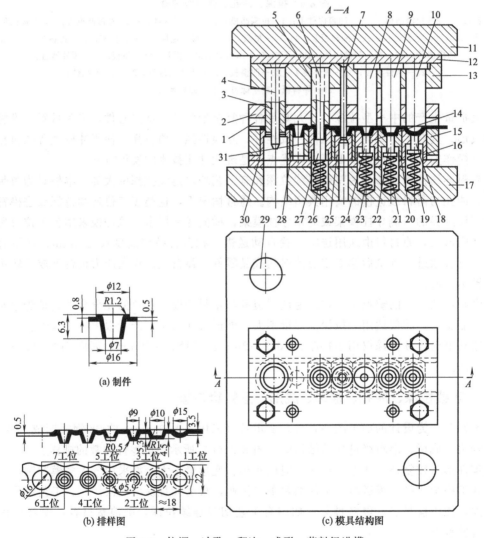

图 8-7　拉深、冲孔、翻边、成形、落料级进模

1—导料板；2—卸料板；3—落料凸模；4—导正销；5—翻边成形凸模；6—翻孔凸模；7—冲孔凸模；8—拉深凸模Ⅲ；9—拉深凸模Ⅱ；10—拉深凸模Ⅰ；11—上模座；12—垫板；13—固定板；14—3 工位凹模；15—凹模框；16—1 工位凹模；17—下模座；18—1 工位顶件器；19,21,23,26—弹簧；20—2 工位凹模；22—2 工位顶件器；24—3 工位顶件器；25—4 工位凹模；27—5 工位顶件器；28—6 工位凹模；29—导柱；30—7 工位落料凹模；31—5 工位凹模

图 8-8（b）所示为该零件冲裁的排样，排样采用裁搭边与沿边冲切成冲压件展开平毛坯外廓，留下少量中间搭边，作为送进材料携带工件至冲压工位纽带的设计方式。整套模具分 4 个工位，其中：1 工位冲裁搭边外形，2 工位冲孔，3 工位成形凸台，4 工位弯曲并切成两个零件。

图 8-8（c）为设计的加工图 8-8（a）所示支架冲孔、成形、弯曲级进模的结构图。

模具结构设计主要有以下特点：利用成形侧刃，通过裁搭边获取冲压件展开平毛坯成形外廓，经打凸成形后，弯形并切断分离成两冲压件出模。根据冲压件形状和尺寸及精度要求，冲模巧妙地利用打凸成形获取冲压件局部的长度（13±0.1）mm、弯边部位厚（3.5±0.15）mm；而冲压件中部的 $\phi6$mm 小圆孔，由于其最小边距 $B_{min}=2.7$mm，接近料厚 t，通过两工

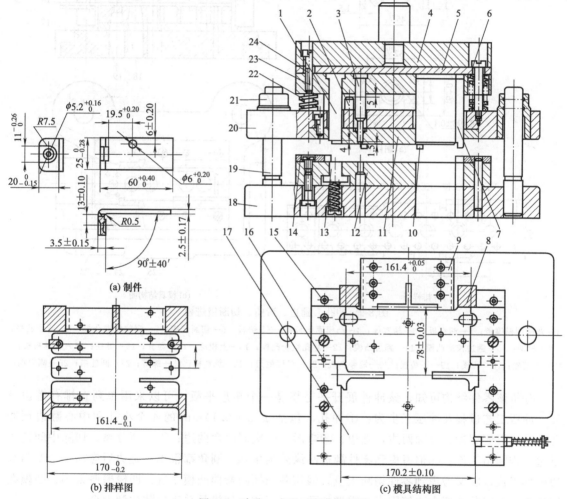

(a) 制件

(b) 排样图

(c) 模具结构图

图 8-8 冲孔、成形、弯曲级进模

1—打凸凸模；2—限位柱；3—凸模；4—上模座；5—垫板；6—凸模固定板；7—成形侧刃；8—弯曲凹模；9—切开凹模；
10—切开凸模；11—导板拼块；12—凹模；13—顶件器；14—导料件；15—内六角螺钉；16,23—圆柱销；
17—承料板；18—下模座；19—导柱；20—卸料板；21—导套；22—弹簧；24—螺钉

步冲裁，即冲孔后再落料，既保证了冲压件质量，也增强了冲裁凹模强度。

此外，该模具在卸料板（即导板）20 上，设有限位柱 2，控制上模打凸和弯曲工位必须限定的位置。该冲模采用纵向送进，选用中间导柱模架。

8.4.5 连接座冲孔、翻边、弯曲、切断级进模

图 8-9（a）所示为零件连接座的结构，采用料厚 1.5mm 的 10 钢板制成，大批量生产。

该冲压件若用单工序冲模加工，通常是先冲切出平板展开毛坯，然后用单冲翻边模翻边、单冲弯曲模弯曲成形，总共需要三套冲模，不利于大批量生产，加工经济性差，而设计级进模则可克服上述不足。

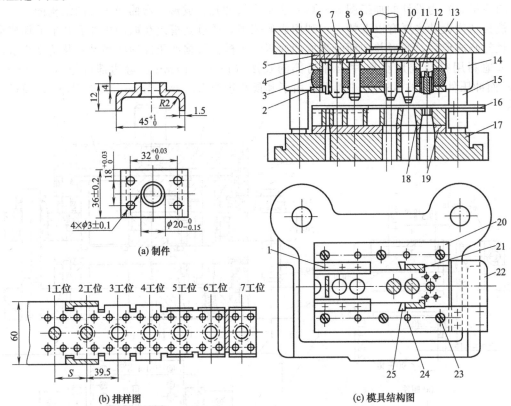

图 8-9　冲孔、翻边、弯曲、切断级进模

1—弯曲凹模镶条；2—卸料板；3—橡胶体；4—凸模固定板；5—上垫板；6—切断凸模；7—定位校准凸模；8—弯形凸模；9—模柄；10—翻边校形凸模；11—翻边凸模；12—冲孔组合凸模；13—上模座；14—导套；15—导柱；16—长导料板；17—下模座；18—凹模；19—下垫板；20—短导料板；21—成形侧刃；22—承料板；23—螺钉；24—圆柱销；25—侧刃挡块

分析该零件结构可知，该冲件展开平毛坯是一个矩形平板，可以采用单列直排有搭边排样，冲压工艺过程及冲压工步为：①冲孔，包括 $\phi(3\pm0.1)$mm 的 4 个小孔和中心翻边预冲孔；②成形侧刃冲切外廓两边，翻边；③弯形，一次同时弯两边；④切断分离，切除中间连接搭边，推卸出工件；⑤但考虑到零件翻边凸缘外圆角和内圆角都很小，翻边后应加一个专门翻边校形工位；⑥又考虑到零件切断工位，因切断凸模距弯曲凸模太近、凹模壁厚太小、凸模在固定板上的安装位置太小等因素，需增加两个空工位，使模具总工位数达到七个。

图 8-9（b）所示为该零件冲裁的排样，整套模具分 7 个工位，其中：1 工位冲孔（含中心翻边预冲孔）；2 工位冲切外廓两边，翻边；3 工位校形；4 工位空位；5 工位弯形；6 工位空位；7 工位切断。

各工位间的送进方式采用分切式携带法，采用有搭边排样。将中间搭边作为工位间送进的纽带，依靠送入原材料携带工件（坯件）至各工位，也确保外廓冲切尺寸精度的补偿搭边，在最后工位切除这部分纽带；在入模条料的宽度方向两边，分别设两组成形侧刃，用裁搭边法冲切出工件展开平毛坯的两端及要弯边的外廓。为确保四个小孔的孔距精度及翻边凸台的高度，翻边前的顶冲孔应与四个小孔在同一工位一次冲出。

图 8-9（c）为设计的加工图 8-9（a）所示连接座的冲孔、翻边、弯曲、切断级进模的结构

图。该冲模全部 7 工位沿送料方向在同一平面成直线布置，工位间送进采用分式携带法解决。其结构设计关键之一是第 1 工位冲孔凸模的结构设计，在矩形断面的杆端车出翻边预冲孔圆凸模直径，其长度达到卸料板厚度的 2/3，矩形杆的总长为计算凸模总长度。在该矩形杆的圆、矩形断面的交接平面的四角，按 $32^{+0.01}_{0}$ mm×$18^{+0.01}_{0}$ mm 的孔距公差，加工出镶装短的冲 4 个 $\phi(3\pm0.1)$ mm 小孔凸模的台阶通孔，制出第 1 工位冲 5 个孔的凸模。此外使用成形侧刃取代普通标准侧刃，对送进原材料进距限位。成形侧刃沿料方向的刃口长度，通常与送料进距相等，另给出单向正公差 0.010～0.015mm。

8.4.6 黄铜管帽拉深多工位级进模

图 8-10（c）为设计的加工图 8-10（a）所示黄铜管帽（采用 0.4mm 的 H68M 黄铜板制成）的拉深多工位级进模的结构图。图 8-10（b）为该零件拉深的排样图。

整套模具分 10 个工位，其中：1、3、4、5、6 工位拉深，7、8 工位成形，10 工位落料，2、9 工位为空位。

整套模具采用无工艺切口整带料进行连续拉深，其中：第 1 工位首次拉深用弹性压板 12，

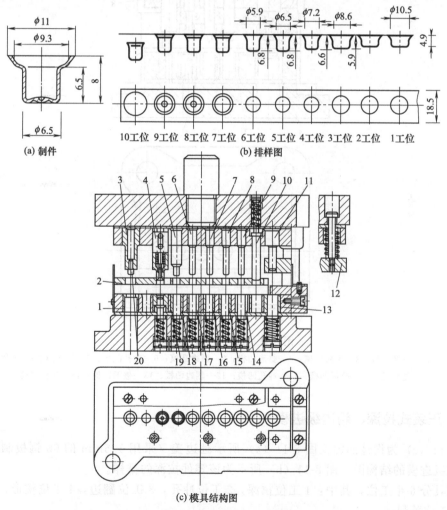

图 8-10 拉深多工位级进模

1—落料凹板；2—固定卸料板；3—落料凸模；4,5—成形凸模；6～9,11—拉深凸模；
10—活动压料杆；12—弹性压板；13～17—拉深凹模；18,19—成形凹模；20—导正销

以后各工位采用固定卸料板 2；第 2 工位为空位，加一活动压料杆 10，可避免拉深过程中带料滑移和翘起。落料时用导正销 20 导向。

凹模采用镶套结构。带料送进采用自动送料机构。

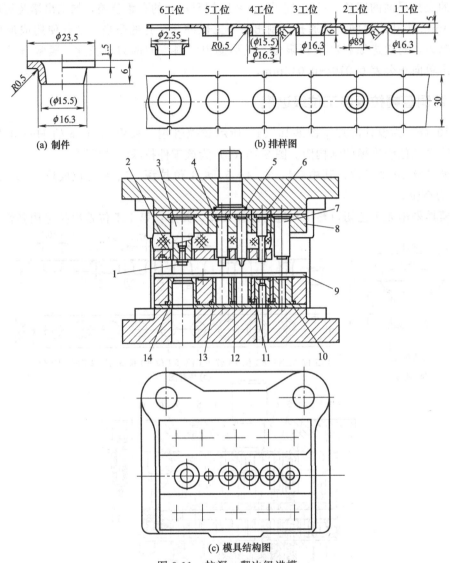

(a) 制件

(b) 排样图

(c) 模具结构图

图 8-11　拉深、翻边级进模

1—导正销；2—卸料板；3—落料凸模；4—整形凸模；5—翻边凸模；6—冲孔凸模；7—拉深凸模；8—固定板；
9—侧导板；10—拉深凹模；11—冲孔凹模；12—翻边凹模；13—整形凹模；14—落料凹模

8.4.7　正装式拉深、翻边级进模

图 8-11（c）为设计的加工图 8-11（a）所示翻边盖（采用 1.5mm 的 08 钢板制成）的拉深、翻边级进模的结构图。图 8-11（b）所示为该零件拉深的排样。

本模具分 6 个工位，其中：1 工位拉深，2 工位冲孔，3 工位翻边，4 工位整形，5 工位为空位，6 工位落料。

整套模具采用的是无工艺切口整带料拉深，带料采用自动送料装置送料，翻边、整形工位用凸模自动找正，落料时由安装在落料凸模 3 上的导正销 1 定位。凹模各工位都采用镶套结构。

8.4.8 电器插座冲孔、弯曲、切断级进模

图8-12（c）为设计的加工图8-12（a）所示电器插座（采用1.5mm的QSn6.5板制成）的冲孔、弯曲、切断级进模的结构图。图8-12（b）所示为该零件加工的排样。

整套模具分6个工位，其中：1工位冲切外形和导正销孔，2工位冲切余料，3工位冲孔和弯曲，4工位弯曲；5工位弯曲冲切；6工位切断。

本模具采用的冲压排样为一模二件、双排横排对称排列，采用成形侧刃。作精定位的导正销孔设置在工位间连接桥部位。

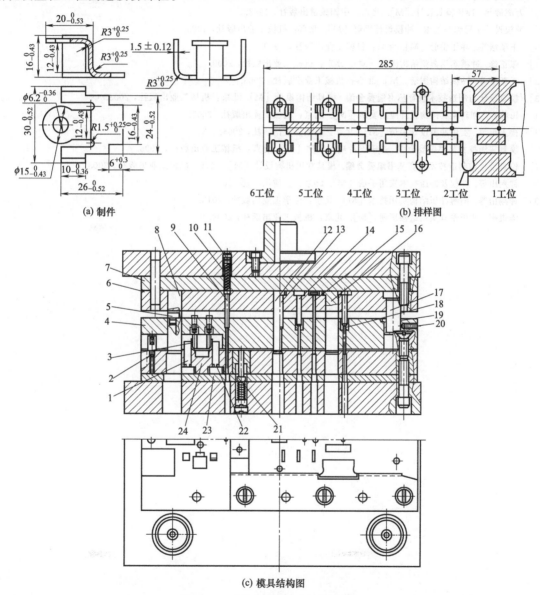

(a) 制件

(b) 排样图

(c) 模具结构图

图 8-12 冲孔、弯曲、切断级进模

1,22—弯曲镶块；2—挡料钉；3—弯曲凸模；4—卸料板；5—限位柱；6—上固定板；7—上垫板；8—切断凸模；
9—导正销；10—弹簧；11,20—螺塞；12~15—凸模；16—成形侧刃；17—导柱；18—冲孔凸模；
19—导套；21—浮顶器；23—凹模垫板；24—凹模板

参 考 文 献

[1] 钟翔山等. 冷冲模设计应知应会 [M]. 北京：机械工业出版社，2008.

[2] 钟翔山等. 冷冲模设计案例剖析 [M]. 北京：机械工业出版社，2009.

[3] 钟翔山等. 冲压模具精选 88 例设计分析 [M]. 北京：化学工业出版社，2010.

[4] 钟翔山等. 冲压模具设计技巧、经验及实例 [M]. 北京：化学工业出版社，2011.

[5] 翁其金等. 冲压工艺与冲模设计 [M]. 北京：机械工业出版社，2006.

[6] 张正修. 冲模结构设计方法、要点及实例 [M]. 北京：机械工业出版社，2007.

[7] 杨占尧等. 冲压模典型结构 100 例 [M]. 上海：上海科学技术出版社，2008.

[8] 万战胜等. 冲压模具设计 [M]. 北京：中国铁道出版社，1983.

[9] 冲模设计手册编写组. 冲模设计手册 [M]. 北京：机械工业出版社，1988.

[10] 王孝培等. 冲压手册 [M]. 北京：机械工业出版社，1990.

[11] 张正修. 冲模实用典型结构图集 [M]. 北京：机械工业出版社，2009.

[12] 王新华等. 冲模结构图册 [M]. 北京：机械工业出版社，2003.

[13] 模具设计与制造技术教育丛书编委会编. 模具结构设计 [M]. 北京：机械工业出版社，2003.

[14] 田福祥. 创新模具结构设计应用实例 [M]. 北京：机械工业出版社，2008.

[15] 楊玉英等. 实用冲模设计手册 [M]. 北京：机械工业出版社，2004.

[16] 模具实用技术丛书编委会编. 冲模设计应用实例 [M]. 北京：机械工业出版社，2006.

[17] 模具设计与制造技术教育丛书编委会编. 模具常用机构设计 [M]. 北京：机械工业出版社，2003.

[18] 钟翔山等. 冲模及冲压技术实用手册 [M]. 北京：金盾出版社，2015.

[19] 钟翔山等. 图解冲压结构实用技术 [M]. 北京：化学工业出版社，2013.

[20] 陈炎嗣. 冲压模具实用结构图册 [M]. 北京：机械工业出版社，2009.